編＝
遠藤徳孝
小西哲郎
西森　拓
水口　毅
柳田達雄

地形現象のモデリング

［海底から地球外天体まで］

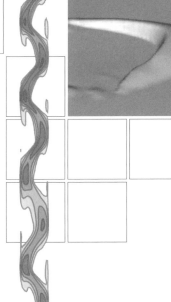

名古屋大学出版会

地形現象のモデリング

目　次

ii

序　章　地形現象のモデリングとは ……………………………………… 1

　　0.1　地形の2つの顔　1
　　0.2　モデルとモデリング　4
　　0.3　地形現象のモデリング　5
　　0.4　本書の構成　7

第I部　流れによる地形現象

第1章　河川 ……………………………………………………………… 13
　　〜表面流による地形形成の線形安定解析〜

　　1.1　はじめに　13
　　1.2　界面不安定現象としての地形現象　15
　　1.3　河床不安定の線形安定解析　17
　　1.4　斜面上の水路群形成の線形安定解析　31
　　1.5　まとめと今後の展望　37

第2章　河川 ……………………………………………………………… 41
　　〜流路形成の計算機実験〜

　　2.1　はじめに　41
　　2.2　河川の観測・実験・モデル　44
　　2.3　河川のモデリング　48
　　2.4　計算機実験　52
　　2.5　まとめと今後の展望　61

第3章　砂丘 ……………………………………………………………… 67
　　〜形づくりと運動の数理モデリング〜

　　3.1　はじめに　67
　　3.2　砂丘の数理モデリングの背景　69

目　次　iii

　　3.3　多様な砂丘の形状　70
　　3.4　複雑な砂丘のダイナミクス　86
　　3.5　まとめと今後の展望　92

第4章　砂丘 ……………………………………………………………… 97
〜バルハン砂丘のアナログ実験〜

　　4.1　はじめに　97
　　4.2　水槽実験の方法　100
　　4.3　自然界に見られるバルハン砂丘　104
　　4.4　バルハン砂丘のアナログ実験　108
　　4.5　まとめと今後の展望　121

第5章　砂丘 ……………………………………………………………… 125
〜地球外における形態の観測〜

　　5.1　はじめに　125
　　5.2　各天体の砂丘の共通項，注意点，各天体諸元　126
　　5.3　金星の砂丘　128
　　5.4　土星衛星タイタンの砂丘　130
　　5.5　冥王星の砂丘様地形　133
　　5.6　火星の砂丘　135
　　5.7　まとめと今後の展望　146

第II部　破壊による地形現象

第6章　雪崩 ……………………………………………………………… 151
〜観測と実験によるアプローチ〜

　　6.1　はじめに　151
　　6.2　雪崩の観測と人工雪崩実験　154
　　6.3　雪崩の内部構造　156

iv

6.4 雪崩の縮小実験　163

6.5 近年の雪崩観測　165

6.6 まとめと今後の展望　168

第7章　雪崩 ……………………………………………………… 171
～理論とシミュレーション～

7.1 はじめに　171

7.2 雪崩の縮小実験　172

7.3 雪崩の理論モデル　173

7.4 雪崩の粒子群の力学モデリング　178

7.5 粒子群モデルの数値シミュレーション　183

7.6 まとめと今後の展望　190

第8章　断層 ……………………………………………………… 193
～付加体のモデル実験～

8.1 はじめに　193

8.2 南海トラフの付加体　195

8.3 付加体をモデル実験で再現するために　198

8.4 実験による付加体と断層の再現　203

8.5 まとめと今後の展望　206

第9章　柱状節理 ………………………………………………… 213
～火成岩の亀裂とそのモデル実験～

9.1 はじめに　213

9.2 柱状節理　216

9.3 デンプン柱状節理　224

9.4 2つの柱状節理　232

9.5 まとめと今後の展望　234

目　次　v

第10章　クレーター 243
～低速衝突実験と緩和・流動モデル～

10.1　はじめに　243

10.2　衝突クレーター　244

10.3　無次元数による評価　248

10.4　柔らかな衝突によるクレーター形成　250

10.5　衝突によるクレーターの緩和　261

10.6　まとめと今後の展望　267

補説　地形モデリングにおける無次元化について　269

あとがき　273

索　　引　275

序　章
地形現象のモデリングとは

0.1　地形の2つの顔

　地形は我々に最も身近な自然の1つである．山岳，河川，海岸線の形は日々の暮らしや街・社会の形成過程に直接かかわっている．一見，そこにあった自然地形を人工物で覆い隠してしまったように見える都市であっても，街区のつくりのそこここに，かつての河川や池などの名残をとどめていることがよく知られている（芳賀, 2013）．都市の埋立地では海岸地形の名残もみられる．また，地形の理解は古来より都市の設計や防衛にとって必須の事項であった（マキアヴェッリ, 1998）．一方，山岳，洞窟，砂丘，氷河など美しい自然の光景も地形の1つの現れであり，観光の対象としても人気が高い．さらに，観光の目的地としては幾分遠すぎるが，火星や冥王星など地球外天体の地形にも，関心が集まっている．近年になって，これらの天体表面の詳細な画像が探査衛星を通して得られるようになり[1]，とくに生命の存在にかかわる水の有無と関係してその成因が盛んに議論されている．このように地形は，日々の暮らしや社会で身近にみられる自然の姿としてのみならず，遠く離れた天体を知る重要な手がかりとして人々から関心を集め続けている．

　では，その地形を理解するにはどのような方法があるだろうか．山や川はそれぞれ固有の形を持っており，山の稜線の輪郭や川の流路の形を見るだけで，

---

[1] たとえば NASA による Mars Curiosity Image Gallery では，火星の興味深い地形がみられる．http://www.nasa.gov/mission_pages/msl/images/

山や川の名前を言い当てることができる人も多いであろう．また，洪水など災害対策においても，個別の河川の特性を知ることが重要であり，実地調査に基づく精緻な観察は防災の基礎となる．こうした対象ごとに異なる個性の把握は地形研究の醍醐味であり原動力ともなる．このような地形に関する理解を深める方法の1つは，個別の名前を持つ地形——たとえば信濃川と石狩川，富士山と立山など——の特徴的な性質を調べ，また異なる地形間の差異を明確にすることである．これはいわば博物学的記述スタイルと言える．

　一方で，現在の地形をより深く理解する上で，その地形がどのような経緯で形成されてきたかを知ることも欠かせない．ただし，地形は非常に長い年月をかけて形成されるものであり，多くの場合我々は形成過程のすべてを見ることはできない[2]．では，地形形成のダイナミクスの理解に対して，我々の直接的観察は意味をなさないのだろうか．そうではない．地層やクレーター，亀裂や三日月湖など，多くの地形はそれを形成した過程の痕跡を含んでいる．言い換えるなら，目の前で観察される現状の地形そのものに，自身の形成のメカニズムを解明するヒントが隠されている．そのため，地形形成で取り扱う問題は，いわば，現状の地形を元にして，その形成過程を推定する「逆問題」という見方もできる．

　ところが，この逆問題を解こうと試みると，そこには大きな困難が待ち受けている．すなわち，仮説検証の問題である．上で述べたように地形形成には長大な時間スケールが必要とされ，しばしば空間スケールも巨大であるため，実験的に再現することは不可能に思われる．また，力学や流体力学の基礎方程式をもとに，計算機によって地形形成をシミュレートすることで仮説の検証を試みた場合，地形の巨大さはそのまま構成要素数の巨大さとなって現れる．河川や氷河の動きに対して構成原子の動きまでさかのぼる全原子計算，すなわち第

---

2) https://hinderedsettling.com/2014/03/16/rivers-through-time-as-seen-in-landsat-images/
では，https://earthexplorer.usgs.gov.に蓄積された衛星画像を用いて10年スケールに及ぶ地形変化を動画にしたものを見ることができる．リンク先の動画は川の蛇行と三日月湖の形成を30年間追ったもの．

一原理的計算は現在の計算機の能力でははるかにおよばない．また，河川流路変動や砂丘形成の過程では，河床や砂丘の侵食・堆積と水・風の流れ，砂の移動という，時間スケールの大きく異なる複数のプロセスが同時進行する．このように，計算量の問題のみならず，システムのもつ本来的な複雑さにより，すでに確立した基礎理論からボトムアップ的に地形形成の理解に挑む手法は多くの困難に直面するのである．

　では，地形の形成過程は再現性を持たない現象であり，実証的なアプローチは，地形研究に馴染まないのであろうか．ここでもう一度類似した地形群をいくつか眺めてみると，地形の持つ普遍性に気づく．たとえば，1つ1つの河川の流路の形は異なっていても，蛇行の仕方は概ね似ている．また，ある程度の長さ以上の川であれば，中流に扇状地があり，河口には三角州を有するという特徴を共有し，流路の中にできる砂州の形態も，似通ったものがさまざまなスケールでたくさん見つかる．このように，河川が流れている場所により土砂の構成が変わり，微視的ダイナミクスが異なるにもかかわらず，流路の形は定性的には概ね似ているのである．蛇行に限らず，地形には，カルデラや扇状地などの名前があり，それは形状を元にした普遍的な特徴を捉えたものに他ならない．言うなれば，世界中どこへ行っても山は山，川は川であり，それぞれの地形のなかで普遍的な性質があると考えられる．また，バルハンと呼ばれる砂丘は，世界のさまざまな砂漠地帯において類似した形状を有する砂丘の総称であり，バルハンに類似した地表形状は，地球のみならず火星表面でもひろく観察される．

　以上のように，地形にはいわば，形成地域や形成物質に依存する個別性の顔と，場所や構成物質を選ばない普遍性の表情が混在している．その中でも，普遍性の存在は，理解への一般的指針が見えにくい対象である地形現象について，博物学的観点とは異なるアプローチの可能性を示唆している．この普遍性を足掛かりにすれば，地形形成の過程にアプローチできるのではないだろうか．さらに言えば，多様な地形の有様を比較的単純な共通原理の組み合わせによって鳥瞰することができるのではないだろうか．

0.2 モデルとモデリング

　上記の共通原理を探るために有用な手法が，本書でいうところのモデリング（モデル化）である．「モデル」という言葉については，古くからさまざまな規定が試みられてきた．たとえば，

　　研究対象となる現象のある側面をクローズアップし人的な操作／解析を可能
　　にするために設定された「人為的なシステム」

という定義も，モデル（後述の「数理モデル（理論モデル）」，「アナログモデル」の双方を含む）を簡潔に表すひとつの表現と言える．上の表現に基づくなら，モデリングの目的は，現象のできるだけ正確な記述ではなく，未知の現象をある視点から理解するための「足場」の提示と言える．「足場」と記したのは，モデリングという行為において，現象の見えない部分の補完プロセスや抽象化などが必然的に付随し，モデル作成者の主観が入りこむ余地があるからである．それゆえ，モデルの妥当性はモデルの内部からは判定困難となり，モデルによって産出される結果と現象の諸断面の比較（現象の再現能力や説明能力）によってはじめてその妥当性が検証されることになる．その結果，妥当でないモデルは淘汰され，淘汰を逃れたモデルは，更新と淘汰の繰り返しの中でさらなる妥当性を獲得する．このようにモデルは，全面的には信頼できない部分を本来的に含みつつも，試行錯誤のダイナミズムの中で，我々と現象を接近させていく役割を果たすのである．

　以上の考察は，モデリングによるアプローチが，詳細な測定やデータ収集を許さない格段に複雑な現象の理解に有効となることを強く示唆している．とくに，先に記したような，博物学的観点とは異なった視点——比較的単純な共通原理を探る視点——からの地形現象の探究において，モデリングのアプローチは高い有効性を発揮するものと考えられる．

0.3 地形現象のモデリング

　本節では，地形現象の研究全般におけるモデリングのアプローチを概観していこう．

　地形研究の先駆者たちが行った，実証的アプローチを振り返ると，地形形成に対して，ある共通の操作——現象の簡略化——がしばしば行われてきたことがわかる．たとえば Schumm らは，河川を模した斜面と流路を室内に再現して侵食や蛇行過程を再現した（Schumm and Khan, 1972）．また，彼らは河岸段丘の発達に関する実験も行っている（Schumm and Parker, 1973）．時代をもっと遡れば，Gilbert は 1800 年代に三角州に関する実験を行った（Gilbert, 1885）．また，Allen は河床形態の実験を行った（Allen, 1968）．注意する必要があるのは，ここで「実験」と記したアプローチは，物理学や化学で実験と呼ばれている手法とは多少ニュアンスが異なるということである．後者においては，研究対象に外場やノイズなどの人為的操作を加えて，その応答を観測するという手続きがしばしばとられる．一方，地形学の実験で扱う系は，「理解したい研究対象そのもの」（自然の河川や河岸段丘）ではなく，研究対象を模しながらも——大幅に縮小する／構成要素を極端に単純化するなどして——人為的な制御や操作を可能にした系である．これは，上に論じた「モデル」の範疇に属する．そのため，自然地形を模して新たに構成された人工系を，我々は，地形における「モデル実験系」あるいは「アナログモデル」と呼んでいる[3]．繰り返すが，地形研究の「モデル」は現象そのものでない．場合によっては大胆な簡略化のために，現象から遠く離れている場合も多い．それでも現象の本質を掬い上げるという基本ハードルはクリアする必要がある．そのためには「良いモデル」の設定と，より良いモデルを目指した改良のプロセスが欠かせない．

---

3) アナログモデルを使った実験がアナログ実験となる．第 4 章も参照されたい．自然そのものよりスケールが小さくなることがしばしばであり，その場合は縮小モデルや縮小実験とも呼ばれる．

6

　以上のように，地形学においては「モデル実験系」の構築と振る舞いの解析
を通して，直接的検証の困難な大規模な造形・長時間ダイナミクスの理解が推
し進められてきた．並行して，近年では「理論モデル」という立場から地形現
象を再構築する試みも盛んになってきている．理論モデルは，現象を可能な範
囲内で数学的な表式や一連のルールに焼き直し，その性質を解析するものであ
り，「数理モデル」とも呼ばれる．中でもとくに，得られた表式やルールを計
算機アルゴリズムに書き換え，数値計算によって現象を解析するためのモデル
を「計算機モデル」や「数値モデル」と呼ぶことがある[4]．こうした地形に関
する理論モデルの具体例として，河川地形のダイナミクスのモデリングが挙げ
られる．その際，水流に関しては流体の基礎方程式に，川底や側面における土
砂の掘削や堆積については経験的表式に基づく「モデル組み合わせ」の手法が
多く用いられてきた（本書第1章および第2章）．ただし，地形の中の水流は，
時々刻々変化する川底や側面の形状に大きく依存する．すなわち，「移動境界」
の問題を含んでいる．また，土砂を多く含んだ水流は，流体の基礎方程式では
十分に表現できない．さらに，土砂の輸送そのものに対する基礎法則は確立し
ていない．それゆえ，これらの困難を克服するために，現時点でもモデリング
の方法にはさまざまな工夫がなされつつある．アナログモデルの場合と同様に
理論モデルにおいても「モデリング」の良し悪しとその改良が研究の成否を握
ることは言うまでもない．

　以上，アナログモデルおよび理論モデルは，地形および地形にまつわる現象
の本質に一歩でも近づくために，自然そのものから一定の距離を置いた「人為
的なシステム」だと言える．自然とモデルの間合いの取り方は，モデルの目指
す目標によって千差万別であるが，現象をなるべく忠実に再現することを目指
す場合には，より多くの過程や要素を取りいれることが重要だと思われる．防
災などに役立てるためには，こういうアプローチが欠かせないであろう．一方，
現象をできる限り正確に再現する方向ではなく，現象のある側面に着目し，見

　4）計算機モデルを使った計算は，計算機実験あるいは数値シミュレーションなどと呼ば
　　れる．

たい側面の再現に限定してできる限り最小のルールセットをあぶり出すことを目的とする場合もあり，これは「ミニマルモデル」と呼ばれる[5]．いずれの場合も，「良いモデル」にたどりつくためには，現象の重要と思われる部分とそうでない部分の取捨選択を上手に行うことが必要になる．そして，それこそがモデリングの要諦である．

こうして得られたモデルについて，実験的あるいは理論的に検証をすすめることで，現実の地形形成過程から，普遍性・共通性を持った骨格部分，ある種の「理想地形」のようなものを理解できるようになるのではないだろうか．構成された「理想地形」は，現実に地球上に存在する地形だけではなく，（本書第5章で述べるような）重力や大気組成などが地球と大きく異なる他の惑星上の地形の理解をすすめる上でも，大変強力なツールとなることだろう．

さらには，個々の地形現象に共通する原理から，「地形形成一般に共通する普遍原理」を考えることも不可能ではないだろう．本書ではあえて蛮勇をふるい，その原理を暫定的に「流れ」「破壊」と捉えることとする．

0.4 本書の構成

本書は，第I部「流れによる地形現象」と第II部「破壊による地形現象」の2部から構成される．

第I部「流れによる地形現象」では，風や水の流れとともに徐々に形成される地形現象に着目しており，対象となる地形は河川と砂丘である．まず第1章では，河床形状，およびガリーと呼ばれる降水により地表面が削られてできた地形の形成過程に関する理論的なアプローチについて解説する．第2章では，河川の流路形状に対するシミュレーションによる取り組みを紹介する．続いて第3章では，砂丘についての理論とシミュレーションの結果を紹介する．第4

---

5) ミニマルモデルに対応するモデルは，本書第3章と7章で取り扱っている．ミニマルモデルを調べることは，特定の手法が適用できる範囲を調べるといった側面もある．

章では，アナログ実験による砂丘形成について解説を行う．近年話題になることが多い地球外天体の砂丘，とくに火星の砂丘については，第5章で解説する．

第II部「破壊による地形現象」で登場するのは，雪崩，断層，柱状節理，クレーターなどである．これらは，不連続な過程で急激に生ずる地形現象である．まず第6章で，雪崩現象とその観測や実験について解説する．これを受けて第7章では，雪崩の理論とシミュレーションを紹介する．雪崩には流れの要素と同時に破壊の要素も効いてくることが重要である．続く第8章では，断層に対するアナログ実験について解説を行う．第9章では，柱状節理とそのアナログ実験について解説する．第II部の締めくくりである第10章では，衝突によるクレーター形成を理解するための実験について述べる．

なお本書全体を通じて，いくつかの無次元数が共通して出てくるが，それらの解説を巻末に掲載したので，適宜参照されたい．

本書を貫くキーコンセプトである「モデリング」については上で説明した通りだが，それを踏まえて，それぞれの章では，モデリングをどう捉えるか，そして地形そのものをどのようにモデリングしたのかについても述べている．どの章もある程度独立して読むことができるので，読者は関心のあるところから読み進めていただいてかまわない．

地形とその形成過程は多様性に富んだ複雑な現象である．我々はこの魅力的な対象に対し，さまざまなモデリング手法を導入することで，地形形成の普遍的な側面を理解しうるとの希望を持っている．また，こうした研究アプローチが地形形成研究のなかで議論の場を形成しうると考えている．本書を通じて，地形の魅力と，地形形成のダイナミクスを探究する面白さを感じていただけたら，編者としては望外の喜びである．

参考文献

Allen, J. R. L. (1968): *Current Ripples : Their Relation to Patterns of Water and Sediment Motion*, North Holland Publishing Company, Amsterdam.

Gilbert, G.K. (1885) : The topographic features of lake shores. *US Geol. Surv. Ann. Rep.*, 5, 69-123.

芳賀ひらく（2013）：『古地図で読み解く 江戸東京地形の謎』，二見書房.

マキアヴェッリ（河島英昭訳）（1998）：『君主論』，第 14 章，岩波文庫.

Schumm, S.A. and Khan, H. R.（1972）: Experimental study of channel patterns. *Geol. Soc. Am. Bull.*, 83, 1755-1770.

Schumm, S. A. and Parker, R. S.（1973）: Implications of complex response of drainage systems for quaternary alluvial stratigraphy. *Nature Physical Science*, 243, 99-100.

（西森　拓・小西哲郎）

第Ⅰ部

流れによる地形現象

第1章
河川
～表面流による地形形成の線形安定解析～

1.1　はじめに

　自然はときとして人の想像をはるかに超えた興味深い景観を創り出す．ほぼ等間隔に規則正しく並んだ谷（図 1.1(a)），まさしく扇のように広がる扇状地（図 1.1(b)），樹枝状に発達する水路網（図 1.1(c)），鳥の足跡のような河口デルタ（図 1.1(d)），これらは地殻変動によって隆起した地表面を流れる水（表面流）が削り出したり，それによって発生した土砂が堆積したりすることで創り出された地形である．これらの地形が人の目を奪うのは，その複雑で一見無秩序な形態の中に，きわめて秩序立ったパターンを見出すからであろう．では，その秩序立ったパターンの背景にある物理とは何であろうか．

　宇宙のすべてのものはエントロピー（原子や分子の乱雑さ）が増大する方向に変化すると言われている．エントロピーを減少させる例外的な存在が生物である．発生の段階では，一様に広がるたんぱく質の溶けた溶液に壁を設けることで細胞を創り出し，進化の過程でそれを積み重ねることで高度に秩序を持った自らの形態を形作ってきた．無秩序の中から秩序を生み出す力こそ，生命の本質であると言っても過言ではない．

　それでは，生命以外のものは秩序を生み出さないのかというと，そういうわけではない．自然界の中には地形を含めてさまざまな秩序が存在している．飛行機に乗っていると，きわめて規則的な雲のパターンを窓外に見ることがある．

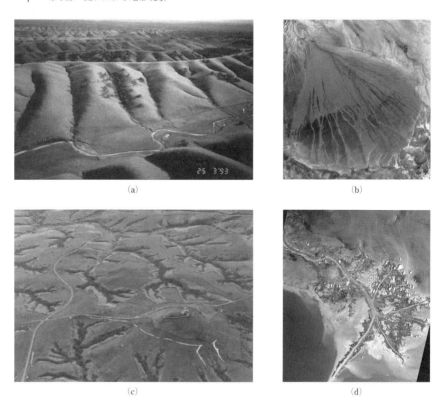

図 1.1 さまざまな地形．(a)アメリカ，カリフォルニアのコースタルレンジに見られる規則正しく並んだ谷（Gary Parker の厚意による）．(b)中国タクラマカン砂漠南縁に広がる扇状地（Wikipedia より）．(c)北海道宗谷丘陵に見られる水路網（北海道開発局提供）．(d)アメリカ，ミシシッピデルタ（Wikipedia より）

　また，橋の上から橋脚の下流側を見ると，左右交互に規則正しく並んだ，カルマン渦と呼ばれる渦列のパターンが観察できる．このような例は流体に限らない．円筒を上下から力をかけてつぶすと，いくつかの規則的な座屈パターンが現れることが知られている（大平，1969）．生物無生物を問わず，自然はときに秩序を持つ構造を自律的に創り出す．このような現象を自己組織化（self-organization）と呼ぶ（カウフマン，2008）．最初は何もない平坦な大地に，雨が降って表面流が発生し，侵食や堆積によって秩序立った地形が形成される過程

も自己組織化の一例である．

1.2　界面不安定現象としての地形現象

　水が地表上を流れるとき，地表面の形状によって流速や水深が決定される．すなわち，地表面は境界条件として流れを決定している．一方，地表上を水が流れると，地表面が削られたり地表上の砂が移動したりするため，境界条件であった地表面の形状が時間的に変化する．つまり，地表面形状は流れの境界条件となりながら，同時に流れによる変形を受けている．そして地表面形状の変化は境界条件の変化となって，流れを時々刻々と変化させている．このように流れと地表面が相互に影響を及ぼし合うことによって，地表面の形状は自律的に形成されているのである．

　性質の異なる2つの均一な相の境界を界面と言う．たとえば水面は気相である空気と液相である水の間の界面であるし，河床面は液相である水と固相である岩盤や土砂との間の界面である．静止した水面上を風が吹くと水面に風波が発生する様子は誰もが目にしたことがあるだろう．同じように，砂で覆われた河床上を水が流れると，河床にも河床波と呼ばれる波が発生する．風波や河床波のように界面に自然と発生する波を総称して界面波と呼ぶ．そして，平坦な界面が不安定となって界面波が現れる現象を界面不安定現象と呼ぶ．

　力学における安定と不安定について，ここで説明しておこう．図1.2(a)は谷底にボールが置かれており，(b)は山の頂上にボールが置かれている．これらはいずれも鉛直方向には，ボールに働く重力と，谷底もしくは山頂の地面によってボールに与えられる抗力がつり合っている．また，水平方向には力が働いていないから，静止していたボールは静止し続けることになる．

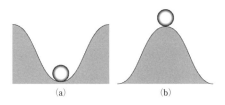

図 1.2　(a)安定な平衡状態と(b)不安定な平衡状態

16   第 I 部　流れによる地形現象

　この平衡状態にわずかな攪乱が与えられた時のことを考えてみよう．ボール
をほんのちょっと蹴とばしてみるのである．図 1.2(a)の状態では，斜面を駆け
上がったボールは斜面下方に沿った重力成分の影響で，もと在った谷底に引き
戻される．一方，図 1.2(b)の状態では，斜面を下ったボールは斜面下方に
沿った重力成分の影響でさらに下へと落ちていく．すなわち(a)および(b)は
いずれも平衡状態であるが，図 1.2(a)が多少の攪乱を受けても維持される平衡
状態であるのに対して，(b)はわずかな攪乱によってたちまち維持できなくな
る平衡状態である．図 1.2(a)を安定な平衡状態と呼び，(b)を不安定な平衡状
態と呼ぶ．

　この議論を界面不安定現象に適用すると次のようになる．勾配が一様で平坦
な河床上では流速と水深が一定である．これを等流状態と言う．等流状態では
底面せん断力[1]も一定である．河床が砂で覆われているとき，水によって河床
上を運ばれる砂の量（流砂量）は底面せん断力によって決まるから，流砂量も
一定となる．後述するように，ある区間での河床高さの時間変化は，入ってく
る砂の量と出ていく砂の量の差によって決まる．出ていく砂の量が多いとき河
床は低下し，入ってくる砂の量が多いとき上昇する．したがって流砂量が一定
であれば河床は低下も上昇もしない．等流状態はすべての力がつり合い，流速
や流砂量が一定となって河床が変化しない平衡状態である．この平衡状態に微
小な攪乱を与える．その攪乱に対して平坦床の状態が安定であれば攪乱は消え
てなくなり平坦床が維持される．平坦床の状態が不安定であれば攪乱はますま
す成長し河床波が形成される．これが河床に発生する界面不安定現象である．
この界面不安定現象を解析するための有力な手法である線形安定解析を，次節
ではまず河床波，そして次々節では水路群の形成プロセスを例にみてみる．

---

1)　底面に対して接線方向に働くせん断力を言う．

1.3 河床不安定の線形安定解析

1.3.1 河床波のいろいろ

河川工学の分野では，河床に形成されるさまざまな形態を河床波も含めて河床形態と呼んでおり，河床形態はさらにスケールの違いによって小規模河床形態と中規模河床形態に分けられる（吉川, 1985）.

小規模河床形態に分類される河床波としては，図 1.3(a)に示すリップルや(b)のデューン，(c)のアンチデューンが挙げられる．リップルは，波長が数 cm から数十 cm，波高が数 mm から数 cm のスケールを持つ河床波であり，流速や底面せん断力が比較的小さい条件下で形成される．一方デューンやアンチデューンは，波長が水深の数倍から数十倍，波高が水深の 10％から 50％のスケールを持つ．また，デューンとアンチデューンは，前者が常流[2]において形成され下流方向に進行するのに対して，後者は射流において形成され，主として上流方向に進行する.

中規模河床形態に分類される河床波としては，図 1.3(d)に示す単列交互砂州や(e)の複列砂州，(f)の網状流路が挙げられる．砂州は小規模河床波とは異なり川幅方向（横断方向）にも明確な周期的構造を持った河床波である．波長のスケールは川幅のオーダーを持ち，川幅と水深の比（アスペクト比）が臨界値より大きくなると現れ，アスペクト比が大きくなるにしたがって横断方向の波数が増加し，交互砂州から複列砂州へと変化していく．網状流路は横断方向波数の大きな複列砂州が不安定になり，カオス的な特徴を持つようになったものと考えられているが，その詳細はわかっていない．次小節からは界面不安定現象の典型的な例として，デューンやアンチデューンを念頭に置いた界面不安

---

2) 流れの慣性と重力の影響の比を表す無次元パラメータをフルード（Froude）数と言う．フルード数が 1 より大きく慣性の影響が大きな流れを射流と言い，1 より小さく重力の影響が卓越する流れを常流と言う.

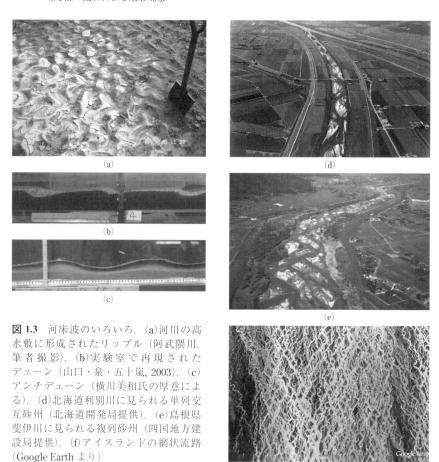

図 1.3 河床波のいろいろ．(a)河川の高水敷に形成されたリップル（阿武隈川，筆者撮影）．(b)実験室で再現されたデューン（山口・泉・五十嵐, 2003）．(c)アンチデューン（横川美和氏の厚意による）．(d)北海道利別川に見られる単列交互砂州（北海道開発局提供）．(e)島根県斐伊川に見られる複列砂州（四国地方建設局提供）．(f)アイスランドの網状流路（Google Earth より）

定の発生を記述する線形安定解析の一例を紹介する．

1.3.2 土砂の輸送と地形の変形

運ばれる砂の量（流砂量）を底面せん断力の関数として次のように表す．

$$q_b = q_b(\tau_b) \tag{1.1}$$

ここで q_b は単位時間単位幅あたりの流砂量であり、τ_b は底面せん断力である。底面せん断力と流砂量の間の関係については 20 世紀に数多くの研究が行われ、沢山の公式が提

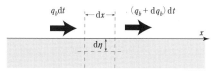

図 1.4 流砂量の収支と河床高さの時間変化

案されている。ここでは底面せん断力が大きくなると流砂量も増えるという程度のことを知っておけば十分である。すなわち、q_b は τ_b に関する増加関数であることを覚えておこう。

図 1.4 のように河床上を砂が流れているとする。河床上、流れ方向に x 軸を取り、河床上に長さ dx の微小区間 $[x, x+dx]$ を考える。ここに時間 dt の間に入ってくる流砂量は $q_b dt$ である。出ていく流砂量は $q_b dt$ からわずかに異なっているので、これを $(q_b + dq_b) dt$ と表す。このとき微小区間に存在する砂の量は差し引き $dq_b dt$ だけ減った（$-dq_b dt$ だけ増えた）ことになり、その分だけ河床は下がる。下がった河床の高さを $d\eta$ とすると、河床が下がったことで減少した体積は $d\eta dx$ である。減少した砂の量は体積から空隙率[3] λ_p の分だけ引いて $(1-\lambda_p) d\eta dx$ となる。この減少した砂の量が流砂量の差し引きに等しいのだから $(1-\lambda_p) d\eta dx = -dq_b dt$ という関係式が得られる。この両辺を $dt dx$ で割ると次式が得られる。

$$(1-\lambda_p)\frac{\partial \eta}{\partial t} + \frac{\partial q_b}{\partial x} = 0 \tag{1.2}$$

これが流砂による河床高さ η の時間変化を表す式であり、Exner (1920, 1925) が提案したことから Exner 方程式と呼ばれている。

1.3.3 河床不安定のモデリング

解析を行う前に河床が不安定になるメカニズムを概念的に考えてみよう。平坦な河床に次のような正弦波擾乱が与えられたとする。

---

3) 砂の層における総体積に対する隙間の体積割合を言う。

$$\eta = \eta_1 \cos kx \tag{1.3}$$

ここで擾乱の振幅 η_1 は水深に比較して十分小さいと仮定する．そのとき流れや底面せん断力，そして流砂量にも正弦波擾乱が生じる．流砂量に生じた擾乱を次のように表す．

$$q_b = q_{b1} \cos(kx - \phi) \tag{1.4}$$

ここで ϕ は位相差である．波状の河床を流れる流体は河床の形に完全に追従できない．流れの条件によっては遅れて応答したり早めに応答したりする．その効果を位相差 ϕ と係数 q_{b1} で表す．

図 1.5(a)のように河床と流砂が完全に同位相である場合を考える．そのとき，

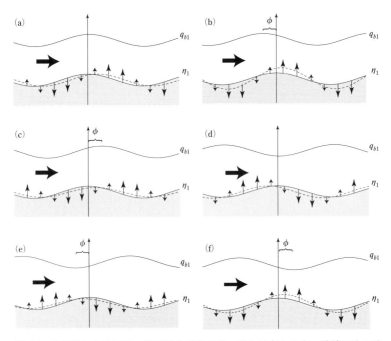

図 1.5 位相差による河床の安定性と不安定性．流れは左から右．破線は次の時間における河床形状を示す

第1章　河川　**21**

$q_{b1}>0$, $\phi=0$ である．前小節で導いた Exner 方程式からわかるように，流砂量が流下方向に増加しているところでは河床は低下し，減少しているところでは上昇する．したがって河床の頂点より上流側では河床は低下し，下流側では上昇する．ただし，河床の頂点では流砂量の x 微分はゼロであるので頂点は上昇も低下もしない．以上のことから，攪乱は波高を維持したまま下流側に伝搬することがわかる．

次に，図 1.5(b)のように河床と流砂はほぼ同位相であるが，流砂量の位相がわずかに進んでいるような場合を考えてみよう．そのとき，$q_{b1}>0$, $\phi<0$ である．このとき攪乱はやはり下流に伝搬するが，河床の頂点で流砂量が減少していることから攪乱は発達する．逆に図 1.5(c)のように流砂の位相が河床の位相よりわずかに遅れているような場合（$q_{b1}>0$, $\phi>0$），河床の頂点で流砂量が増加していることから攪乱は減衰する．このように，流砂の位相が河床とほぼ同位相であるとき攪乱は下流に伝搬するが，流砂の位相が河床の位相より進んでいるとき攪乱は発達し，遅れているとき減衰することがわかる．

図 1.5(d)のように河床と流砂が完全に逆位相（$q_{b1}<0$, $\phi=0$）である場合，攪乱は上流側へ伝搬する．また攪乱は，位相進みがある場合（図 1.5(e)；$\phi<0$）に減衰し，位相遅れがある場合（図 1.5(f)；$\phi>0$）に発達することがわかる．

1.3.4　浅水流モデル

流れの方程式として，解析の容易な浅水流モデルを用いる．浅水流モデルは，レイノルズ平均[4]したナビエ-ストークス方程式を水深方向に平均した方程式であり，流れ方向の長さスケールに比較して水深が十分小さい，薄い流れに適用可能である．実は，河床波の波長は一般に水深の数倍から数十倍であり，十分

4）河川や海，大気の流れの大半は細かい乱れ（乱流変動）を伴う乱流である．この乱流変動をアンサンブル平均することをレイノルズ（Reynolds）平均と言う．アンサンブル平均の厳密な定義は簡単ではないので詳述しない．ここでは，乱流変動を均して平均する程度の理解で十分である．

22　第 I 部　流れによる地形現象

に薄い現象とは言えない．後で浅水流方程式では河床の界面不安定を十分再現できないことがわかるのだが，界面不安定現象の線形安定解析を理解する上できわめて有益であることから，デモンストレーションの意味で浅水流方程式を用いる．なお，これ以降 1.3.8 小節までの内容は筆者の米国留学時代の恩師，Prof. Gary Parker の講義ノートに大きく依っている．

浅水流方程式は次式で表される．

$$\frac{\partial u}{\partial t} + u\frac{\partial u}{\partial x} = -g\frac{\partial h}{\partial x} - g\frac{\partial \eta}{\partial x} + gS - \frac{\tau_b}{\rho h} \tag{1.5}$$

$$\frac{\partial h}{\partial t} + \frac{\partial uh}{\partial x} = 0 \tag{1.6}$$

ここで，t は時間，u は水深平均流速，h は水深，η は一様勾配 S の河床から測った河床高さ，g は重力加速度，ρ は水の密度である．また既に述べたように x および τ_b はそれぞれ流下方向の座標および底面せん断力である．底面せん断力は底面摩擦係数[5] C_f を用いて次のように表す．

$$\tau_b = \rho C_f u^2 \tag{1.7}$$

ここで，C_f は水深と粗度高さ[6]の比の関数であるが，あまり大きく変化しない．そこで，ここでは問題を簡単にするために定数と仮定する．

1.3.5　無次元化と準定常の近似

いま一様な勾配 S の河床上に定常な等流状態が実現しているとする．そのとき t および x に関する微分はゼロとなる．したがって式（1.5）および（1.6），（1.7）から，等流状態における u および h が次のように得られる．

5）底面せん断力を流速と関係づけるために導入される係数．式（1.7）で定義される．
6）底面の粗度（凹凸）を特徴づける長さスケール．底面が砂で覆われている場合は砂の粒径と同程度から数倍と言われている．

$$u_n = \sqrt[3]{\frac{gqS}{C_f}}, \quad h_n = \sqrt[3]{\frac{q^2 C_f}{gS}} \tag{1.8a, b}$$

ここで q は単位時間単位幅あたりの流量であり，$u_n h_n = q$ である．また添字 n は等流状態における値であることを意味している．

　流体力学では無次元化という操作が重要である．無次元化は，方程式の各項の大きさを比較したり，現象を支配する重要な無次元パラメータを導いたりするための有力な手法である．ここでも無次元化を行って各オーダーの比較を行おう．上で導いた等流状態での値を用いてすべての変数を無次元化する．すなわち次のような無次元化を行う．

$$x = h_n x^*, \quad u = u_n u^*, \quad (h, \eta) = h_n (h^*, \eta^*), \tag{1.9a, b, c}$$

$$t = (h_n/u_n) t^*, \quad \tau_b = \tau_{bn} \tau_b^*, \quad q_b = q_{bn} q_b^* \tag{1.9d, e, f}$$

ここで * は無次元量を表す．上式を用いて支配方程式（1.5）および（1.6），（1.2），（1.7）を無次元化すると次式が得られる．

$$F_n^2 \left(\frac{\partial u^*}{\partial t^*} + u^* \frac{\partial u^*}{\partial x^*} \right) = -\frac{\partial h^*}{\partial x^*} - \frac{\partial \eta^*}{\partial x^*} + S - S \frac{\tau_b^*}{h^*} \tag{1.10}$$

$$\frac{\partial h^*}{\partial t^*} + \frac{\partial u^* h^*}{\partial x^*} = 0, \quad \frac{\partial \eta^*}{\partial t^*} + \beta \frac{\partial q_b^*(\tau_b^*)}{\partial x^*} = 0, \quad \tau_b^* = u^{*2} \tag{1.11, 12, 13}$$

ここで F_n は等流状態のフルード数（$= u_n/\sqrt{gh_n}$）である．上式中の S は河床勾配であるからかなり小さい．無次元化した方程式に，このような小さいパラメータが現れるのは，通常であれば無次元化が適当でないことを意味する．ただし，この不具合は無次元化が不適切というより，前述したように浅水流方程式を不適切な用途に使っていることに起因する．S を持つ項を無視しても，S が現れないような無次元化を行っても事態は改善するどころか悪化してしまう．そこで，S については目をつぶろう．ここではもう 1 つの無次元パラメータ β について考える．β は次式で表される．

$$\beta = \frac{q_{bn}/(1 - \lambda_p)}{u_n h_n} \tag{1.14}$$

24   第 I 部　流れによる地形現象

上式の分子は等流状態における（空隙まで含めた）流砂量を，分母は流量を表している．通常，流量と比較すると流砂量はずっと小さいから β は微小である．そこで β の付いた項を微小として無視すると $\partial \eta^*/\partial t^*=0$ という関係式が得られる．すなわち河床高さは時間変化しない．これでは話が始まらない．何が問題だったのか．

　実は時間の無次元化に問題があった．いま考えているような地形現象では，地形の変化は流れの変化と比較すると圧倒的に遅い．式（1.9d）の無次元化で用いた時間スケールは流れの変化する時間スケールであった．この短い時間スケールでみると地形はほとんど動かないように見えるのである．そこで地形の変化する時間スケールを用いて無次元化し直してみる．すなわち次の無次元化を導入する．

$$t = \frac{(1-\lambda_p)h_n^2}{q_{bn}}t^{\star} \tag{1.15}$$

上式は，式（1.9d）の t^* に β をかけたもの βt^* を改めて $t^{\star}$ と置くことと等価である．上式を用いて支配方程式を無次元化すると次式が得られる．

$$F_n^2\left(\beta\frac{\partial u^*}{\partial t^{\star}} + u^*\frac{\partial u^*}{\partial x^*}\right) = -\frac{\partial h^*}{\partial x^*} - \frac{\partial \eta^*}{\partial x^*} + S - S\frac{\tau_b^*}{h^*} \tag{1.16}$$

$$\beta\frac{\partial h^*}{\partial t^{\star}} + \frac{\partial u^* h^*}{\partial x^*} = 0, \quad \frac{\partial \eta^*}{\partial t^{\star}} + \frac{\partial q_b^*(\tau_b^*)}{\partial x^*} = 0, \quad \tau_b^* = u^{*2} \tag{1.17, 18, 19}$$

今度は流れの方程式の時間微分項に微小パラメータ β が現れた．これは，地形変化の時間スケールでみると流れは即座に変化してしまうため，時間変化を無視して良いということを意味している．そこで流れの方程式の時間微分項を無視すると次式が得られる．

$$F_n^2 u\frac{\partial u}{\partial x} = -\frac{\partial h}{\partial x} - \frac{\partial \eta}{\partial x} + S - S\frac{\tau_b}{h} \tag{1.20}$$

$$\frac{\partial uh}{\partial x} = 0, \quad \frac{\partial \eta}{\partial t} + \frac{\partial q_b(\tau_b)}{\partial x} = 0, \quad \tau_b = u^2 \tag{1.21, 22, 23}$$

上式では表記を簡単にするために＊および★を落としてある．以降も＊および★を省略する．このように地形現象の解析において流れの時間変化が即座に生

第1章 河川　25

じると仮定し，時間微分項を無視する近似を準定常の近似と呼ぶ．

　無次元化の最後に等流状態における無次元の解を確認しておこう．流速および水深，流砂量は等流状態の値を用いて無次元化を行っている．したがって，当然のことながら等流状態では $u = h = q_b = 1$ である．また η は等流状態からのズレであるから $\eta = 0$ である．これらの解が式（1.20）〜（1.23）を満足することは容易に確かめられる．また，式（1.21）は積分できて $uh = 1$ となる．

1.3.6　摂動展開

等流状態に対して微小な攪乱を与え，それぞれの変数を次のように表す．

$$(u, h, \eta, \tau_b, q_b) = (1, 1, 0, 1, 1) + (u', h', \eta', \tau_b', q_b') \tag{1.24}$$

ここで ′ の付いた変数が攪乱を表している．このように安定性を確かめたい状態（基準状態，ここでは等流状態）に対して与える攪乱を摂動（perturbation）と呼び，上式のように展開することを摂動展開（perturbation expansion）と言う．

　流砂量は式（1.1）に示したように底面せん断力の増加関数であった．底面せん断力は水深平均流速を用いて式（1.7）のように表される．q_b および τ_b を等流状態での底面せん断力および流速の周りにテーラー展開すると次式が得られる．

$$q_b(1 + \tau_b') = q_b(1) + \frac{\partial q_b}{\partial \tau_b}\bigg|_{\tau_b = 1} \tau_b' + O(\tau_b'^2), \quad \tau_b(1 + u') = 1 + 2u' + O(u'^2) \tag{1.25, 26}$$

ここで $q_b' = [\partial q_b / \partial \tau_b]_{\tau_b = 1}\, \tau_b'$ であり，式（1.23）より $\tau_b' = 2u'$ である．

　線形安定解析では攪乱の発達のごく初期を考える．すなわち山の頂上に置いたボールをほんの少しだけ蹴とばした最初の一瞬を考えるのである．そのようなごく初期には攪乱は未だ小さい．すなわち ′ の付いた変数は微小量である．このような微小量の2乗以上は1乗と比較するとずっと小さい．そこで式（1.24）を支配方程式（1.20）〜（1.23）に代入して展開し，攪乱の1次までの項のみ残すと次式が得られる．

$$F_n^2 \frac{\partial u'}{\partial x} + \frac{\partial h'}{\partial x} + \frac{\partial \eta'}{\partial x} + S\tau_b' - Sh' = 0 \tag{1.27}$$

26 第 I 部 流れによる地形現象

$$u' + h' = 0, \quad \frac{\partial \eta'}{\partial t} + B \frac{\partial u'}{\partial x} = 0, \quad B = 2 \frac{\partial q_b}{\partial \tau_b}\bigg|_{\tau_b = 1} \qquad (1.28, 29, 30)$$

ここで流砂量 q_b は底面せん断力 τ_b の増加関数であるから B は正の値を取ることに注意しよう。上式中には等流状態の解は打ち消しあって現れず，擾乱の1次の項のみからなる線形の同次微分方程式が得られる。これが擾乱の発達初期における時間発展を表す摂動方程式である。

1.3.7 ノーマルモード解析

摂動方程式を解くには擾乱の形を具体的に与える必要がある。擾乱をさまざまな波長を持った正弦関数の和で表す。擾乱がフーリエ級数で表現可能であると仮定するのである。ただし，フーリエ級数中のある波長のものだけに注目する。これをノーマルモード解析と言う。式 (1.27)〜(1.29) は線形の微分方程式である。したがって，ある波長を持った擾乱の挙動がわかれば，すべての波長を持った擾乱の挙動を線形和することで，擾乱全体の挙動を知ることができる。

河床高さに与えられた擾乱が，ある特定の波長 λ を持ち波速 c で進行する正弦波で表されるとする。すなわち次式を仮定する。

$$\eta' = \eta_1 \cos\left[\frac{2\pi}{\lambda}(x - ct)\right] \qquad (1.31)$$

ここで，表記を簡単にするために波長の逆数にあたる波数 $k\,(= 2\pi/\lambda)$ および角周波数 $\omega\,(= kc)$ を導入する。また，正弦関数のままでは微分方程式を解くのが面倒であるので，上式の複素表示である次式を用いる。

$$\eta' = \eta_1 \exp[\mathrm{i}(kx - \omega t)] + \mathrm{c.c.} \qquad (1.32)$$

ここで c.c. は複素共役であり，η' を実数にするために必要である。ただし，線形解析では複素共役の存在を無視してよいので以降無視する。

擾乱の発展が時間にのみ依存すると考えて（時間発展モード），角周波数を $\omega = \omega_r + \mathrm{i}\Omega$ と表し式 (1.32) に代入すると次式が得られる。

$$\eta' = \eta_1 \exp \Omega t \exp[i(kx - \omega_r t)] \tag{1.33}$$

上式には，角周波数の虚部のせいで時間とともに大きさを変化させる部分が現れていることがわかる．しかも，Ω の値によってその挙動は大きく異なる．Ω が正であれば擾乱は指数関数的に成長するが，Ω が負であれば擾乱は減衰し，ゼロに漸近することになる．そして Ω が 0 の時は成長も減衰もしない．すなわち，ω の虚部 Ω が基準状態の安定性を決める重要なパラメータ（擾乱の増幅率）となっている．線形安定解析の第一の目的は，Ω の値を解析的に導くことである．

河床高さに与えられた擾乱に応じて流速や水深にも擾乱が発生する．その擾乱は，少なくとも発達初期では x および t に関して同じ関数形を持っているはずである．したがって次のように仮定する．

$$(u', h') = (u_1, h_1) \exp[i(kx - \omega t)] \tag{1.34}$$

摂動展開（1.32）および（1.34）を式（1.27）〜（1.29）に代入すると，次式が得られる．

$$(ikF_n^2 + 2S)u_1 + (ik - S)h_1 + ik\eta_1 = 0 \tag{1.35}$$

$$u_1 + h_1 = 0, \quad -i\omega\eta_1 + ikBu_1 = 0 \tag{1.36, 37}$$

ここで k および F_n，S は与えられるパラメータであり，これら 3 つの代数方程式は u_1 および h_1，η_1 に加えて ω の計 4 つの未知変数を持つ．したがって一般にはすべての未知変数を決定することはできない．実は以下に示すように，上式が同次線形方程式であるという特殊な事情から，ω が他のパラメータの関数として導かれる．このような問題を固有値問題と言う．

式（1.35）〜（1.37）は次のように書き直すことができる．

$$\mathscr{L} \cdot \boldsymbol{u} = 0 \tag{1.38a}$$

$$
\mathcal{L} = \begin{bmatrix} \mathrm{i}kF_n^2 + 2S & \mathrm{i}k - S & \mathrm{i}k \\ 1 & 1 & 0 \\ \mathrm{i}kB & 0 & -\mathrm{i}\omega \end{bmatrix}, \quad \boldsymbol{u} = \begin{bmatrix} u_1 \\ h_1 \\ \eta_1 \end{bmatrix} \tag{1.38b, c}
$$

上式は必ず $\boldsymbol{u}=0$ という解を持っている．このような解を自明な解（trivial solution）と呼ぶ．我々が求めたいのは自明でない解である．上式が自明でない解を持つためには，$\mathcal{L}$ は逆行列を持たない特異行列でなければならない．$\mathcal{L}$ が特異行列となる条件 $|\mathcal{L}|=0$ を ω について解くと次式が得られる．

$$
\omega = \frac{k^3 B(1-F_n^2)}{k^2(1-F_n^2)^2 + 9S^2} + \mathrm{i}\frac{-3k^2 BS}{k^2(1-F_n^2)^2 + 9S^2} \tag{1.39}
$$

式 (1.35)～(1.37) が同次線形であったため，自明でない解を持つ条件から ω の値を求めることができた．このとき (u_1, h_1, η_1) は固有値問題 (1.38) の固有ベクトルとなっている．

　前述したように B は正である．したがって ω の虚部は常に負の値を取る．これは平坦な河床が安定であることを意味している．前述したように浅水流方程式では河床の不安定性を再現することができないことが示された．しかし，この結果からいくつか重要な情報が得られる．ω の実部 ω_r は波速 c と波数 k の積であった．したがって，ω_r が正であるとき擾乱は下流へ，負であるとき上流へ伝搬する．式 (1.39) を見るとわかるように，ω_r の正負は F_n の値によって決まる．F_n が 1 より小さい常流の場合，擾乱は下流へ伝搬し，1 より大きい射流の場合，上流に伝搬する．このことは，常流域で発生するデューンが下流方向に伝搬し，射流域で発生するアンチデューンが主として上流側に伝搬することを理論的に証明したものである．

1.3.8　修正浅水流モデル

　前の小節の結果はデューンやアンチデューンの発達に必要な位相の進みや遅れが浅水流方程式では適切に表せないことを意味している．そこで浅水流モデルに人工的な位相の進みを導入してみる．次の小節で述べるように位相の進み

が起きているのは流砂ではなく，その原因となっている底面せん断力である．そこで底面せん断力 τ_b を δx だけ下流側の流速を使って見積もる．すなわち，無次元せん断力 $\tau_b = u^2$ の u を x ではなく $x + \delta$ での値を用いて見積もるのである．このとき δ を十分小さいとしてその高次項を無視すると次式が成り立つ．

$$\tau_b = (u(x+\delta))^2 = u^2 + 2\delta u \frac{\partial u}{\partial x} \tag{1.40}$$

上式を用いると流砂量 q_b は次のように表される．

$$q_b(u^2 + 2\delta u \frac{\partial u}{\partial x}) = q_b(u^2) + 2\delta u \frac{\partial u}{\partial x} \frac{\partial q_b}{\partial \tau_b} = q_b + \delta B u \frac{\partial u}{\partial x} \tag{1.41}$$

上式を用いて前小節と同様の解析を行うと，ω は次のように導かれる．

$$\omega = \frac{k^3 B(1 - F_n^2 + \delta S)}{k^2(1 - F_n^2 - 2\delta S)^2 + 9S^2} + \mathrm{i} \frac{-3k^2 BS + k^4 B[\delta(1 - F_n^2) - 2\delta^2 S]}{k^2(1 - F_n^2 - 2\delta S)^2 + 9S^2} \tag{1.42}$$

式（1.42）では，$k^4 B[\delta(1 - F_n^2) - 2\delta^2 S]$ が十分大きければ ω の虚部は正の値を取り河床は不安定となる．このように，人工的に導入した位相の進みによって河床不安定現象を再現することができた．しかし，河床不安定に関するより詳細で正確な描象には，水深方向の流速分布を再現できるせん断流モデルが必要となる．

1.3.9 河床不安定への水深方向流速分布の影響

見てきたようにデューンやアンチデューンの河床不安定は，流速の水深方向分布が表せない浅水流方程式では十分に表すことができない．デューンの場合には位相進みが，アンチデューンの場合には位相遅れが重要であった．流速の水深方向分布がこれらの位相差を生じさせる仕組みについて考えてみよう．

図 1.6(a) および (b) はそれぞれデューンおよびアンチデューンの場合の水面形状と河床波のピーク前後における流速の水深方向分布の概念図である．水理学を学んだことがある人であれば知っていると思うが，流れが常流であるとき，河床が上昇すると水深は小さくなり，流れが射流であるとき，河床が上昇すると水深は大きくなる．常流では水深が大きいほど流れのエネルギーが高いが，

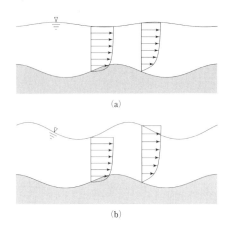

図 1.6 流速分布が位相差に及ぼす影響．(a) 常流の場合．(b) 射流の場合．流れは左から右

射流では水深が小さいほど流れのエネルギーが高い．全エネルギーが保存する場合，河床が上昇すると位置エネルギーが増加し，その分だけ流れのエネルギーを失うため，常流は水深を減少させ，射流は水深を増加させるのである．このことは 1.3.7 小節の式（1.35）と（1.36）において，S を十分小さいとして無視し u_1 を消去して得られる式において，η_1 と h_1 の正負の関係が F_n が 1 より大きいか否かによって逆転することからもわかる．これは浅水流方程式でも再現できる開水路流の基本的な性質である．

同時に，流れには河床高さの変化に完全には追随することができないという性質がある．河床波のピーク前後を比べると，常流（図 1.6(a)）の場合も射流（図 1.6(b)）の場合も，河床面が上昇し始める上流側で境界層が十分発達できないため流速勾配が大きくなる．これによって上流側の方が，底面せん断力は大きく水深は小さくなる．図 1.6(a) のように流れが常流である場合，底面せん断力は河床が高い領域で大きくなるが，そのピークは河床波のピークの上流側に現れ得る．一方，射流の場合，図 1.6(b) に示すように，底面せん断力は，河床が高い領域で小さくなるが，その最小値は河床波のピークの下流側に現れ得る．このとき河床は不安定となる．

この節では，河床波の線形安定解析を，取り扱いが容易な浅水流方程式を用いて行った．残念ながら河床波は，波長のスケールが水深のスケールとほぼ同じであるため，その発生を完全に説明することはできなかった．しかし，この解析によって線形安定解析の概念や河床の安定性における位相の意味を多少とも理解してもらえたと思う．次節では，同じく浅水流方程式を用いた水路群形成の線形安定解析を紹介する．この現象では，水路群の波長（水路群間隔）のスケールは水深のスケールよりもはるかに大きい．このような場合には，浅水

流方程式が実際の現象をとてもうまく説明できる様子を見てほしい.

1.4 斜面上の水路群形成の線形安定解析

1.4.1 山と谷の形成プロセス

　山や谷が形成されるシナリオの1つとして古典的な地形輪廻がある. 地殻変動によって隆起した平坦な面を持つ原地形が, 降雨によって生じた表面流によって部分的に削られ山や谷が形成される. 侵食の進展に応じて谷の発達が未熟な幼年期, 谷が発達して険しい山が形成される壮年期, 侵食が進んで地形がなだらかになる老年期, そしてさらに侵食が進んでほぼ平らとなった準平原となり, 準平原が隆起して再び輪廻が始まる. このシナリオは, 間欠的に発生する隆起イベントの合間に, 侵食による一連の地形発達ストーリーが完結するという点でいささか理想的に過ぎるが, 水路群形成のプロセスを単純化して考えるには都合がよい. 以下でも隆起によって平坦な斜面が存在する状況を考える.

　地形輪廻の最も初期の段階では, 平坦で緩やかな斜面上に比較的単純な水路群が横断方向にほぼ一定の間隔で形成される. この水路群が発達して谷となり, 谷は下刻されて山が形成される. このとき水路群の形成プロセスには, 斜面表面から（あるいは上流から）発生する場合と斜面下流端から発生する場合がある（Izumi and Parker, 1995）. 本節では斜面下流端から発生する水路群の形成を線形安定解析の手法を用いて説明してみよう. なお, 以降本節の理論はすべてIzumi and Parker（2000）による.

1.4.2 水路群の形成プロセス

　いま, 図 1.7 に示すような斜面がある. 斜面上には単位幅あたりの流量が一定の表面流が生じているとする. 表面流は無限遠点から流れてきているとし, 降雨による下流方向への流量の増加は考えない. 降雨によって加えられる水の

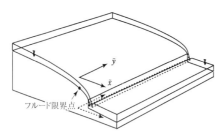

図 1.7 表面流によって侵食を受ける斜面．上流側の勾配は一様であり，下流端付近で勾配が増加する．フルード限界点で流れは常流から射流へ変化する

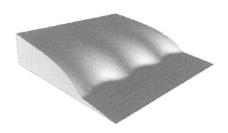

図 1.8 斜面下流端に与える擾乱の概念図

量はそれほど多くないため，無視しても大きな影響はない．斜面下流端付近では斜面勾配が徐々に急になっており，最終的にはほぼ垂直に近い崖を形成している．斜面上流域での勾配は十分小さく，そこを流れる表面流は常流となると仮定する．表面流は勾配の増加する斜面下流端近くで加速され，最終的に崖の表面を流れ下るか，滝を作って自由落下する．いま，表面流の流速に応じた斜面表面の侵食が発生するとする．斜面下流端付近では流れが加速されるため侵食が活発となる．斜面下流端の形状が横断方向に完璧に一様であれば，侵食も横断方向に一様に発生する．

しかしもし，斜面下流端に図 1.8 に示すような横断方向に周期的な擾乱が与えられたらどうなるであろうか．表面流が常流であれば，流れは低い箇所に集まろうとする．するとその箇所はますます侵食を受け，さらに高さを低下させる．このようにして，斜面下流端には流れの集中する箇所が発生する．これが発生初期の水路（ガリー）である．

1.4.3 水路群形成の線形安定解析

斜面上の表面流を浅水流方程式を用いて表現する．水路の形成間隔は水深と比較して十分大きいから浅水流方程式は十分適用可能である．ただし今回は横断方向の流速分布も重要になるから，次の 2 次元浅水流方程式を用いる．

$$u\frac{\partial u}{\partial x} + v\frac{\partial u}{\partial y} = -\frac{\partial h}{\partial x} - \frac{\partial \eta}{\partial x} + \sigma - \frac{\tau_{bx}}{h} \tag{1.43}$$

$$u\frac{\partial v}{\partial x} + v\frac{\partial v}{\partial y} = -\frac{\partial h}{\partial y} - \frac{\partial \eta}{\partial y} - \frac{\tau_{by}}{h} \tag{1.44}$$

$$\frac{\partial uh}{\partial x} + \frac{\partial vh}{\partial y} = 0 \tag{1.45}$$

ここで y および v は横断方向の座標および流速，τ_{bx} および τ_{by} は底面せん断力のそれぞれ流下方向および横断方向成分，σ は斜面勾配 S と底面摩擦係数 C_f の比である．ここで考えている問題でも，地形の時間変化は流れの時間変化に比較して十分に遅いので，上式では準定常の近似を用いて流れの時間微分項を落としてある．また既に，流速をフルード数が 1 となる限界流速（$u_c = \sqrt[3]{gq}$）で，水深および斜面高さを限界水深（$h_c = \sqrt[3]{q^2/g}$）で，x と y を限界水深を摩擦係数 C_f で除した長さ（$= \sqrt[3]{q^2/g}/C_f$）で無次元化している．さらに τ_{bx} および τ_{by} は次式で表される．

$$(\tau_{bx}, \tau_{by}) = \tau_b \frac{(u, v)}{\sqrt{u^2 + v^2}}, \quad \tau_b = u^2 + v^2 \tag{1.46a, b}$$

式（1.46b）を有次元で表すと $\tau_b = \rho C_f(u^2 + v^2)$ であり，ここでも C_f は近似的に定数と仮定する．

　斜面の表面は粘性土で覆われているとする．粘性土の地形変化は土砂輸送ではなく，主として流水による侵食によって生じる．それを次のように表す．

$$\frac{\partial \eta}{\partial t} = -E(\tau_b), \quad E = \begin{cases} -(\tau_b - \psi)^\gamma & (\tau_b \geq \psi) \\ 0 & (\tau_b < \psi) \end{cases} \tag{1.47a, b}$$

ここで ψ は侵食限界における底面せん断力である．γ は土の性質によって決まる定数であり，1 から 3 程度の値を取ると言われている．

　河床の不安定現象では流れも河床高さも変化しない平衡状態が存在したが，侵食の卓越する斜面形状には通常の意味での平衡状態が存在しない．斜面下流端は継続的に侵食を受けて上流方向へ後退していくが，上流方向に一定速度で移動する座標系で見ると形状を変化させないような平衡状態が存在する．この平衡状態を安定解析の基準状態とする．いま，移動座標系を次のように表す．

$$\hat{x} = x + ct, \quad \hat{t} = t, \quad \hat{\eta} = \eta + bt \tag{1.48a, b, c}$$

ここで c および b はそれぞれ斜面下流方向および鉛直方向の座標の移動速度である．式（1.48a, b）より次の微分関係が得られる．

$$\frac{\partial}{\partial t} = \frac{\partial}{\partial \hat{t}} + c\frac{\partial}{\partial \hat{x}}, \quad \frac{\partial}{\partial x} = \frac{\partial}{\partial \hat{x}} \tag{1.49a, b}$$

上式を用いると式（1.43）〜（1.45）中の x は $\hat{x}$ に置き換えられ，式（1.47）は次のようになる．

$$\frac{\partial \eta}{\partial t} + c\frac{\partial \eta}{\partial x} - b = -E(\tau_b) \tag{1.50}$$

ここで ^ は表記を簡単にするために省略した．また以降も省略する．式（1.43）および（1.44），（1.45），（1.50）が支配方程式である．

次のような摂動展開を導入する．

$$\begin{aligned}
(u, v, h, \eta) &= (u_0(x), 0, h_0(x), \eta_0(x)) \\
&\quad + A(u_1(x), v_1(x), h_1(x), \eta_1(x))\exp[\mathrm{i}(ky - \omega t)]
\end{aligned} \tag{1.51}$$

ここで A は攪乱の振幅であり微小である．上式では添字 0 の基本状態の解と添字 1 の攪乱の係数は流下方向に変化するため x の関数となり，攪乱は横断方向（y 方向）に周期性を持つ．上式を支配方程式（1.43）および（1.44），（1.45），（1.50）に代入すると $O(1)$ のオーダーで次式が得られる．

$$u_0\frac{\partial u_0}{\partial x} + \frac{\partial h_0}{\partial x} + \frac{\partial \eta_0}{\partial x} - \sigma + \frac{u_0^2}{h_0} = 0, \quad \frac{\partial u_0 h_0}{\partial x} = 0 \tag{1.52, 53}$$

$$\frac{\partial \eta_0}{\partial t} + c\frac{\partial \eta_0}{\partial x} - b = -E(u_0^2) \tag{1.54}$$

移動座標系で斜面下流端の形状が変化しない場合，式（1.54）の時間微分項はゼロとなる．そのとき，上式を整理し，h_0 および η_0 を消去すると次式が得られる．

$$\frac{\mathrm{d}u_0}{\mathrm{d}x} = \frac{-c^{-1}(b - E(u_0^2)) + \sigma - u_0^3}{u_0 - u_0^{-2}} \tag{1.55}$$

流速は限界流速で無次元化されているから，斜面下流端付近に現れるフルード限界点では $u_0 = 1$ となり，式（1.55）の分母はゼロとなる．この特異性を回避す

るためには分子も同時にゼロとならなければならないことから次式が要求される.

$$-c^{-1}(b-E(1))+\sigma-1=0 \tag{1.56}$$

また上流側無限遠点で次の等流状態が成立する.

$$u_0=\sigma^{1/3}, \quad h_0=\sigma^{-1/3} \quad (x\to-\infty) \tag{1.57}$$

このとき式 (1.55) の分子もゼロとならなければならない. よって次式が成り立つ.

$$b=E(\sigma^{2/3}) \tag{1.58}$$

式 (1.58) を (1.56) に代入して c が次のように得られる.

$$c=\frac{E(1)-E(\sigma^{2/3})}{1-\sigma} \tag{1.59}$$

式 (1.58) および (1.59) を (1.55) に代入し, 境界条件 (1.57) を用いて解けば, u_0 の流下方向分布を得ることができる. さらにその結果を用いて, 時間微分項を落とし式 (1.58) および (1.59) を代入した式 (1.54) を積分すれば, 斜面形状 η_0 を求めることができる.

式 (1.43) および (1.44), (1.45), (1.50) から A のオーダーにおいて次式が得られる.

$$u_0\frac{\mathrm{d}u_1}{\mathrm{d}x}+\frac{\mathrm{d}u_0}{\mathrm{d}x}u_1=-\frac{\mathrm{d}h_1}{\mathrm{d}x}-\frac{\mathrm{d}\eta_1}{\mathrm{d}x}-2u_0^2u_1+u_0^4h_1 \tag{1.60}$$

$$u_0\frac{\mathrm{d}v_1}{\mathrm{d}x}=-\mathrm{i}kh_1-\mathrm{i}k\eta_1-u_0^2v_1 \tag{1.61}$$

$$h_0\frac{\mathrm{d}u_1}{\mathrm{d}x}+\frac{\mathrm{d}h_0}{\mathrm{d}x}u_1+u_0\frac{\mathrm{d}h_1}{\mathrm{d}x}+\frac{\mathrm{d}u_0}{\mathrm{d}x}h_1+\mathrm{i}kh_0v_1=0 \tag{1.62}$$

$$-\mathrm{i}\omega\eta_1+c\frac{\mathrm{d}\eta_1}{\mathrm{d}x}+E_u(u_0^2)u_1=0 \tag{1.63}$$

ここで $E_u=\partial E/\partial u$ である. 上式は, 上流側無限遠点において擾乱が消滅するという次の条件を用いて解かれる.

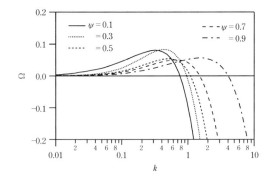

図 1.9 水路群形成の安定性ダイアグラム．図1.8に示したような擾乱の増幅率 Ω を $\sigma=0.1$ の場合について波数 k および ψ の関数として図示してある

$$u_1 = v_1 = h_1 = \eta_1 = 0 \quad (x \to -\infty) \tag{1.64}$$

線形同次微分方程式系（1.60）〜（1.63）が同じく線形同次境界条件（1.64）を満足する自明でない解を持つためには，ω はある条件を満たさなければならない．摂動方程式の解法が再び固有値問題に帰着された．ただし，前節の問題とは異なり，解かなければならないのは代数方程式ではなく微分方程式である．しかも係数が変数であるので解析的に解くのは不可能である．コンピュータを用いた何らかの数値的な計算が必要である．ここでは解法に関する詳細は省くが，擾乱の増幅率（ω の虚部）Ω は次のような関数関係を持つ．

$$\Omega = f(k, \sigma, \psi, \gamma) \tag{1.65}$$

上で得られた擾乱の増幅率 Ω を $\sigma=0.1$ の場合について波数 k および ψ の関数として図示したのが図1.9である．図中の横軸が無次元波数 k であり，縦軸が擾乱の増幅率 Ω である．図によると増幅率は波数が小さくなるとゼロに漸近し，波数が大きくなると負の値をとり，その中間の0.3〜2付近でピークを取ることがわかる．このように増幅率が最大となる波数を卓越波数と呼ぶ．卓越波数を持った擾乱は，他の擾乱より早く成長することから，実際に形成される水路群の間隔は卓越波長に対応していることが予想される．無次元波数 k と波

長 L には次の関係がある.

$$L = \frac{2\pi h_c}{kC_f} \tag{1.66}$$

底面摩擦係数 C_f は 0.01 のオーダーであるとすると,卓越波数に対応する波長は限界水深 h_c の 2000 倍から 300 倍のオーダーとなる.これは,限界水深が 10 cm であるとき水路群の間隔は 30〜200 m になることを意味している.図 1.1(a)に見られる水路群の間隔は 100 m 内外であり,解析から予測された水路間隔は実際に見られる水路間隔と驚くほど一致している.

1.5 まとめと今後の展望

この章では,表面流によって発生する地形現象として,浅水流方程式を用いた河床波および水路群形成の線形安定解析について概説した.河床波の線形安定解析では,敢えて解析の容易な浅水流方程式を用いることで,地形現象に関わる界面不安定現象のとらえ方と,それを解析するための線形安定解析の考え方,地形問題に特有の準定常近似,地形と流砂量の間の位相差の役割などについて理解してもらえたのではないかと思う.

小規模河床波の発生は,既に2次元のせん断流モデルを用いた解析により位相差の発生を含めてかなりの部分が説明できるようになっている(Engelund, 1970;Smith, 1970;Colombini, 2004;Colombini and Stocchino, 2011).さらに近年では,成長した後の河床波の挙動が弱非線形安定解析によってある程度明らかになっている(Yamaguchi and Izumi, 2002, 2003, 2005;Colombini and Stocchino, 2008)が,未だ現象を完全に説明できるとはいい難い.特にデューンの消滅と再発生時に観察されるヒステリシス現象やアンチデューンの不安定性には解の分岐形態が重要な影響を果たしていることが推測されるが,未だ最終的な結論は出ていないのが現状である.今後のさらなる研究が待たれる.

1.4 節では粘着性土砂を仮定した水路群の形成理論について紹介したが,その後さまざまな状況下での水路群の形成理論が提案されている(Izumi, 2004;

Izumi and Fujii, 2006 ; Pornprommin and Izumi, 2008 ; Pornprommin et al., 2010 ; Pornprommin and Izumi, 2010）. しかし，このような単純な水路群が複雑な水路網へと発達していく過程を説明するには，線形安定解析の枠に留まらない非線形性の影響を取り入れた解析が必要になる．これについても今後の研究の進展に期待したい．

参考文献

Colombini, M.（2004）: Revisiting the linear theory of sand dune formation. *J. Fluid Mech.*, 502, 1-16, doi : 10.1017/S0022112003007201.

Colombini, M. and Stocchino, A.（2008）: Finite-amplitude river dunes. *J. Fluid Mech.*, 611, 283-306, doi : 10.1017/S0022112008002814.

Colombini, M. and Stocchino, A.（2011）: Ripple and dune formation in rivers. *J. Fluid Mech.*, 673, 121-131, doi : 10.1017/S00221120110000048.

Engelund, J.（1970）: Instability of erodible beds. *J. Fluid Mech.*, 42, 225-244.

Exner, F. M.（1920）: Zur Physik der Dunen. *Sitzber. Akad. Wiss Wien*, Part IIa, Bd. 129（in German）.

Exner, F. M.（1925）: Uber die Wechselwirkung zwischen Wasser und Geschiebe in Flussen. *Sitzber. Akad. Wiss Wien*, Part IIa, Bd. 134（in German）.

Izumi, N.（2004）: The formation of submarine gullies by turbidity currents. *J. Geophys. Res. Ocean*, 109, C03048, doi : 10.1029/2003JC001898.

Izumi, N. and Fujii, K.（2006）: Channelization on plateaus composed of weakly cohesive fine sediment. *J. Geophys. Res. Earth Surface*, 111, F01012, doi : 10.1029/2005JF000345.

Izumi, N. and Parker, G.（1995）: Inception of channelization and drainage basin formation : Upstream driven theory. *J. Fluid Mech.*, 283, 341-363.

Izumi, N. and Parker, G.（2000）: Linear stability analysis of channel inception : Downstream-driven theory. *J. Fluid Mech.*, 419, 239-262.

カウフマン，スチュアート（米沢富美子訳）（2008）:『自己組織化と進化の論理』，筑摩書房.

吉川秀夫（1985）:『流砂の水理学』，丸善.

大平博一（1969）: 軸圧縮を受ける円筒殻の座屈強度に関する最近の研究（展望）．日本航空宇宙学会誌，17（187），1969 年 8 月.

Pornprommin, A. and Izumi, N.（2008）: Experimental study of channelization by seepage erosion. 応用力学論文集，11，709-717.

Pornprommin, A. and Izumi, N.（2010）: Inception of stream incision by seepage erosion. *J. Geophys. Res. Earth Surface*, doi : 10.1029/2009JF001369.

Pornprommin, A., Izumi, N. and Tsujimoto, T.（2009）: Channelization on plateaus with arbitrary shapes. *J. Geophys. Res. Earth Surface*, 114, F01032, doi : 10.1029/2008JF001034.

Pornprommin, A., Takei, Y., Wubneh, A. M. and Izumi, N. (2010) : Channel inception in cohesionless sediment by seepage erosion. *Journal of Hydro-environment Research*, 3(4), doi : 10.1016/j.jher.2009.10.011.

Smith, J. D. (1970) : Stability of a sand bed subjected to a shear flow of low Froude number. *J. Geophys. Res. Ocean and Atmosphere*, 75, 5928-5940.

Yamaguchi, S. and Izumi, N. (2002) : Weakly nonlinear stability analysis of dune formation. *River Flow 2002*, 2, 843-850.

Yamaguchi, S. and Izumi, N. (2003) : Weakly nonlinear analysis of dunes including suspended load. *Proceedings of 2nd IAHR Symposium on River, Coastal and Estuarine Morphodynamics*, Vol. I, 172-183.

Yamaguchi, S. and Izumi, N. (2005) : Weakly nonlinear analysis of dunes by the use of a sediment transport formula incorporating the pressure gradient. *Proceedings of 4th IAHR Symposium on River, Coastal and Estuarine Morphodynamics*, Vol. II, 813-820.

山口里実・泉典洋・五十嵐章 (2003):デューンの遷移過程に関する実験. 水工学論文集, 47, 613-618.

(泉 典洋)

第2章
河川
〜流路形成の計算機実験〜

2.1 はじめに

　河川は身近にあり，図2.1(a)に示すように，その多様な形態は我々を魅了してきた（Miall, 1978; Schumm, 1985; 高山, 1986; Richards, 2004）．流路は河床勾配，流量，土砂特性などに依存して，直線，屈曲，蛇行，網状などの流路様式をとることが知られている（図2.1(b)）．特に，周期的に蛇行する流路は古くから科学者を惹きつけ，その形成要因を解明すべく多くの研究がなされてきた（Einstein, 1926; 寺田, 1948）．このような多様な流路形状は，河床や河岸における土砂の侵食と堆積により作り出されている．したがって，土砂を侵食し運搬・堆積させる「流れ」が形状を決定する重要な役割を担う．流路内の流れは，大小さまざまな渦の生成と消滅が繰り返される非常に乱れた状態である．たとえば，固体壁で囲まれた直線流路内の流体運動でさえ，その振る舞いは非常に複雑な様相を示す（Faisst and Eckhardt, 2003; de Lozar et al., 2012）．このような流体運動により，河床や河岸が侵食・堆積して流路境界が変動する．さらに，この境界の変動が流体運動にフィードバックされて流路は自律形成される．侵食・堆積過程は砂・シルト・粘土などの微小粒子の移動であるため，形成過程のモデリングには非常に幅広い時空間スケールのダイナミクスを考慮する必要がある．しかしながら，土砂の一粒一粒の運動に着目して流路形成を記述することは不可能であろう．したがって，微視的な粒子の運動からボトムアップし

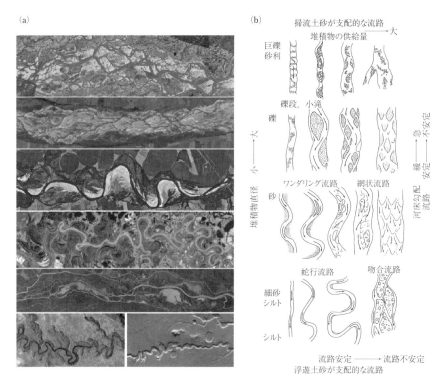

図 2.1 河川の流れ様式とその分類図. (a)河川の典型的な流路様式である蛇行と網状流の衛星写真. 流路様式は流量・河床勾配・土砂特性などの要因で決定される. 上図より網状流路（ブラマプトラ川・インド, 氾濫原幅 10 km）, 網状流路（ラカイア川・ニュージーランド, 氾濫原幅 1.7 km）, 蛇行流路（アリエ川・フランス, 蛇行帯幅 0.8 km）, 蛇行流路（コユークク川・アラスカ, 蛇行帯幅 10 km）, 吻合流路（コロンビア川・カナダ, 渓谷幅 2.1 km）, 蛇行流路（エスカランテ川・アメリカ, 流路幅 60 m）, ナネディ峡谷（火星, 幅 2 km）(Kleinhans, 2010). (b)土砂輸送形式と流路様式の関係図（Schumm, 1981, 1985；Buffington and Montgomery, 2013）

てモデルを構築する方法とは異なるモデリングが必要となる.

　一方で, 蛇行流は大規模な実験流路でも観測され（図 2.2(a)), また, 侵食および堆積過程がないガラス板上の水流（図 2.2(b)）(Nakagawa and Scott, 1984；Le Grand-Piteira et al., 2006；Birnir et al., 2008) でも観測され, さらに, 堆積過程のない氷河上の水路でも観測される. 加えて, 明確な水流の境界がない海流も

第 2 章 河川   43

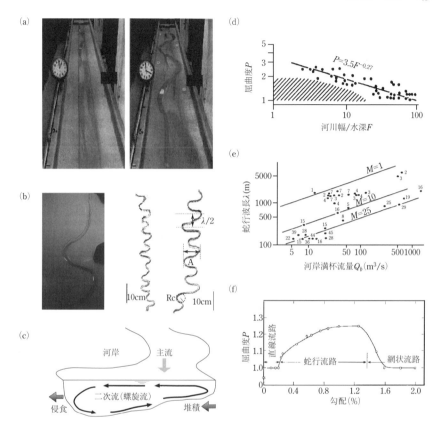

図 2.2 実験流路および観測データ．(a)実験流路における蛇行流の形成過程．直線流が不安定化し交互砂州が形成される（左図）．その後，複数流路の中から主流路が選択・発達して蛇行流が形成される（右図）(Parker, 1976)．(b)傾斜平面板上で観測される蛇行流（Nakagawa and Scott, 1984；Le Grand-Piteira et al., 2006）．(c)蛇行流路で発生する二次流の模式図．下流方向成分である主流と合成すると螺旋流となる．(d)屈曲度 P と河川幅と水深の比 F との関係図．斜線領域は川幅が狭く深い直線河川を表している（Schumm, 1963；Richards, 2004）．(e)蛇行流路の波長 λ と河岸満杯流量 Q_b の関係図（Schumm, 1968）．ここで，M は重み付きシルト・クレイ指標である．また，図中の点に付随する数値はシルト・クレイ百分率である（Richards, 2004）．(f)河床勾配と屈曲度の関係図（Schumm and Khan, 1972）

蛇行することが知られている．このように，河川蛇行に類似した現象がさまざまな条件下で見出されている．また，食卓上のソース瓶の側面に微細な網状流路を見たことがある読者もいるであろう．このように，異なる素過程や時空間

44   第 I 部　流れによる地形現象

スケールを持つ現象間に類似の流路が形成されることから，これらに共通する
パターン形成機構があるように思える．

　前章では，線形安定解析による周期構造の発生機構が解説された．本章では，
流路の周期構造・非周期構造・時間変動などの多様性に着目する．流路形成に
本質的な物理的要因を粗視化したダイナミクスでモデル化することにより，多
様な流路様式の形成過程の再現と解析をこころみる．

2.2　河川の観測・実験・モデル

　蛇行流路の周期的な屈曲は科学者を魅了してきた．寺田寅彦が蛇行に関する
一節で紹介しているように（寺田, 1948），アインシュタインも蛇行形成に関し
て以下の考察を与えている．曲線流路を流れる流体には遠心力が生じるため，
河床抵抗力と合わせて螺旋流（二次流）が発生し，この螺旋流が土砂運搬に影
響を与えて蛇行が形成されるというものである（Einstein, 1926 ; Martínez-Frías
et al., 2006）．ここで，二次流とは図 2.2(c) に示すように蛇行河川の断面に生成
される回転流のことである．流速の下流方向成分である主流と合成すると，流
路内の流れは螺旋流となる．この二次流が蛇行河川が形成される一因であると
現在でも考えられている（Einstein and Li, 1958 ; 木下, 1958）．蛇行流に限らず，流
路形成の主要因を解明するために多くの研究がなされているが，本節では観測・
実験によるアプローチを交えて主に数理モデリングのアプローチを概観したい．

2.2.1　観測・実験によるアプローチ

　河川を特徴づける物理量である河床勾配・流量・河川形状・土砂特性などの
間に成立する多くの経験則が知られている（チョーレーほか, 1995）．たとえば，
浮遊土砂量 Q_s と流量 q との間には，ベキ則 $Q_s \sim q^m (m \sim 2)$ が成立する．また，
蛇行波長 λ と河川幅 $\overline{w}$ との間には $\lambda = 1.32\overline{w}^{1.1}$ なる関係式が成立しており，河
川幅が増加すると蛇行波長が長くなる傾向を表している（Zeller, 1967 ; Ri-

chards, 2004). この関係式は, 侵食により形成された波長 10 cm 程度の石灰岩上の蛇行水路から波長 1 m 程度の氷河上の蛇行水路, さらには, 波長 1 km の蛇行大河まで成立するスケール則である. また, 蛇行河川の上流点と下流点の間の直線距離 L とその間の河川流路の長さ ℓ の比として屈曲度 $P = \ell/L$ を定義すると, 河川幅 $\overline{w}$ と水深 d との比 $F = \overline{w}/d$ との間に関係式 $P = 3.5F^{-0.27}$ が成立する (図 2.2(d)) (Schumm, 1963 ; Richards, 2004). この関係式は, 河川の幅が広く水深が浅い蛇行流路の屈曲度は小さく, 河川幅が狭く水深が深い蛇行流路の屈曲度は大きいことを示している. さらに, 土砂特性に関連した関係式として, 蛇行波長 λ, 河岸満杯流量[1] Q_b, シルト・クレイ指標[2] M との間に, $F = 255M^{-1.08}$ や $\lambda \sim Q_b^{0.43}M^{-0.74}$ なるベキ則の成立が知られている (図 2.2(e)) (Richards, 2004). これらの関係式は, 沈積土が主にシルトおよびクレイで構成された河川の蛇行波は短くて狭く深い形状となり, 沈積土が粗い粒子で構成された河川は侵食されやすいため広く浅い形状となる傾向を表している.

このように多くの関係式が知られているが, 観測では流量・河床勾配・土砂特性などは制御できず, 測定範囲は限られる. このため, 観測だけから流路様式を決定する主要なパラメータの特定は困難であろう. したがって, パラメータを独立に制御できる縮小実験 (Parker, 1998 ; Smith, 1998) や大規模実験 (Dietrich et al., 1989 ; van Dijk et al., 2012) が相補的な方法となる. Schumm は幅約 0.67 m・長さ約 30 m の実験流路を用いて, 河床勾配の増加に伴い流路様式が直線流路・蛇行流路・網状流路と変化することを示した (図 2.2(f)) (Schumm and Khan, 1972 ; Schumm et al., 1972 ; Schumm, 1985). Schumm の実験

---

1) 河岸満杯時の河川の流量を河岸満杯流量と呼ぶ. ここで, 水位が河岸高に達して河川が満水となる時を河岸満杯時と言う. 実際に河岸満杯流量を計測することは困難であるため, 河岸満杯時の流路の断面形状を求めて流量を間接的に算出する. この算出法には, 傾斜-面積法などいくつかの方法がある.

2) シルト・クレイ指標とは, 河床や河岸の土砂にシルト (砂より細かく粘土より粗い沈積土) およびクレイ (粘土) が含まれる重み付き百分率である. S_c を河床沈積土に含まれるシルトおよびクレイの百分率, S_b を河岸沈積土に含まれるシルトおよびクレイの百分率とすると, $M = \{S_c\overline{w} + S_b(2d)\}/(\overline{w} + 2d)$ で定義される.

46 第I部 流れによる地形現象

によれば，直線流は勾配が 0.002 まで安定であり，この勾配を境に流れは蛇行
し始める．河床勾配の増加にしたがい蛇行が発達して，屈曲度 P は増加する．
河床勾配が 0.016 を超えると交互砂州が形成されて流路は網状化する．ここで，
流路が複数ある場合には，主流路（最も流量の大きい流路）を用いて屈曲度を
定義すると，網状流の形成により屈曲度の急激な減少が観測される．この実験
により，Schumm は蛇行流路から網状流路への流路様式の転移を明確に示し
たのである（Schumm and Khan, 1972）．

2.2.2　数理モデルによるアプローチ

数理モデルを用いた河川の解析・シミュレーションは治水・防災・環境など
の観点から盛んに行われている．既に述べたように，流路形成過程では流体運
動とそれに伴う土砂移動が重要である．計算機の演算能力の向上と効率的なア
ルゴリズムの開発により，3 次元流体方程式を用いた短時間での河川変動の解
析が可能となってきた（水山・宮本, 2000）．しかしながら，3 次元流体方程式
は膨大な計算資源を必要とするので，時空間的に大域的な河川変動を扱う場合
には，現在でも流体運動を水深方向に平均化した 2 次元浅水流方程式を用いる
のが一般的である．第 1 章でみたように，この 2 次元への縮約により線形安定
性などの理論解析が可能となる（Parker, 1976）．流体方程式を基礎にするモデ
ル以外にも，流体による土砂運搬過程を粗視化した現象論的モデルが提案され
ている．以下に代表的な数理モデルを概観する．

・3 次元流体方程式＋侵食堆積の経験則モデル：3 次元流体方程式（ナビエ－
　ストークス方程式）を基礎とするシミュレーションは短時間・局所領域で
　の土砂移動の定量的な予測に用いられる．たとえば，架橋周りの土砂が流
　れにより掘り起こされる洗掘現象の解析に用いられている（菅ほか, 2000；
　河村, 2004）．近年の計算機能力の向上により河床変動の計算にも用いられ
　るようになってきたが，定量的予測には侵食および堆積モデルの選択とモ
　デルが持つパラメータの推定が必要である．

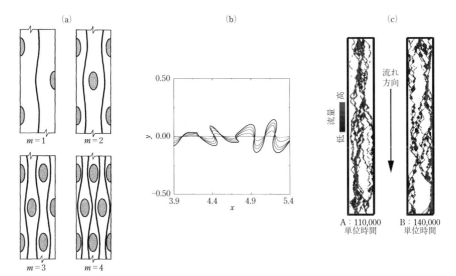

図 2.3 河川のさまざまな数理モデル．(a) 2 次元浅水流方程式を基礎としたモデルの河床に現れる不安定モード（Parker, 1976）．(b) 流路を曲線で記述したモデルで再現された蛇行流路の時間発展（Liverpool and Edward, 1995）．(c) セルオートマトン・モデルで再現された網状流路（Murray and Paola, 2003）．

- 2 次元浅水流モデル＋侵食堆積の経験則モデル：水深方向に平均化した2次元浅水流方程式を基礎とするモデル群である．計算機の演算能力が向上した現在においても，河床変動や河道変化の数値解析の主流モデルである．また，図 2.3(a) に示すように，線形安定解析によって河床に発現する初期の不安定モードを理論的に明らかにできる利点もある（Hansen, 1967；Callander, 1969；Parker, 1976）．
- 蛇行流路の曲線モデル：流路を川幅を縮約した曲線で表し，時間発展方程式を曲率の関数で記述したモデルである．図 2.3(b) に示すように，流路を 1 本の曲線で表すため，流路の分岐や網状流は扱えない．しかしながら，流路の短絡過程（ショートカット）をモデルに導入すれば，蛇行河川の長時間発展とその統計解析が可能となる（Ikeda et al., 1981；Liverpool and Edward, 1995；Camporeale et al., 2005）．
- セルオートマトン・モデル：土砂の実効的な侵食量・堆積量・掃流土砂量

48　第 I 部　流れによる地形現象

をセルオートマトン[3)]で算定するモデルである．流体の運動を陽にモデル
に取り入れず，流量や掃流土砂量を河床勾配の非線形関数で記述する．こ
のモデルは図 2.3(c)に示すような網状流路を再現し，それらの定性的性質
は仮定した非線形関数の詳細に依存しない特徴がある（Murray and Paola,
1994, 2003）．

以上のように，河川流路のダイナミクスは，対象とする時空間スケールや蛇行
流・網状流などの流路形状に応じて物理過程を取捨選択してモデル化される．
このため，流路様式を決定する主要因および数理機構の解明には至っていない
のが現状である．

2.3　河川のモデリング

　時空間スケール・流路形状，さらには目的に応じてさまざまな河川のモデル
がある．本節では，多様な流路形成過程を再現するために，必要最小限の物理
過程を選択して数理モデルを構成しよう．河川流路は侵食・堆積により形作ら
れるため流体運動が重要である．しかしながら，流体の運動方程式である 3 次
元ナビエ-ストークス方程式を用いると広範囲の時空間領域を扱えない．同様
に，一粒一粒の砂の運動を追跡して流路形成を解析することは不可能であろう．
したがって，重要な物理過程を粗視化した実効的なダイナミクスでモデリング
する．この手法は，現実河川の精緻な模写（シミュレート）を主目的としない．
粗視化したレベルでのダイナミクスを変更したり，他のモデルに置換すること

---

3)　セルオートマトンとは空間をセルと呼ばれる小領域に分割して，各セルの状態を離散
　　変数で表した力学モデルである．各セルの状態は時刻 t から $t+1$ と離散的に時間発展
　　する．このとき，セルの状態はそのセルに隣接するセルの状態に依存したルールで更
　　新される．たとえば，各セルが $\lfloor 0, 1 \rfloor$ の 2 状態をとるとき，あるセルの状態が 1 であ
　　り，右隣の状態が 0，左隣の状態が 1 のとき，このセルの状態を 0 に更新するなどと
　　規則を設定する．この更新規則（ルール）を適宜構成することによりさまざまな自然
　　現象のモデリングに用いられている（Wolfram, 1986）．

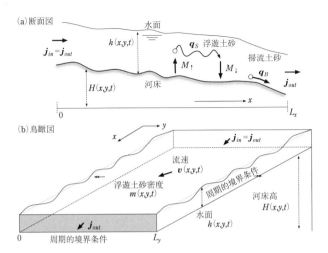

図 2.4 河川流路の自律形成モデル．流路形成モデルの模式図．平均勾配方向を x 軸方向とする．変数は，水深方向に平均化した2次元速度場 $v(x, y, t)$，水深 $h(x, y, t)$，河床高 $H(x, y, t)$，浮遊土砂密度 $m(x, y, t)$ である．(a)断面図，(b)鳥瞰図

により，多様な流路が形成される主要因を発見的に探求するのが目的である．このような手法として，先に述べたセルオートマトン法（Wolfram, 1986）や結合写像格子法（Kaneko and Yanagita, 2014）がある．

　流路形成過程の粗視化モデルを構成するために，流体運動をハンセン（Hansen, 1967；Callander, 1969）と同様に水深方向に平均化した2次元浅水流方程式により記述する（関根, 2005）．一般的に，河道変動の記述には，河岸侵食過程と斜面崩落過程のダイナミクスを個別にモデルに組み入れる．しかしながら，ここで紹介するモデルは，河岸変動も河床変動と同様の簡略化した侵食・堆積（掃流，浮遊土砂流）のダイナミクスのみで記述する．これらの簡略化により，多様な環境条件や広範囲のパラメータ領域での数値実験が可能となる．この利点を活かし，環境やパラメータの変化，さらにはモデル改変に対する流路様式の応答を解析して形状遷移の主要因を探る（柳田ほか, 2001）．

　河川流路の時間変動を記述するため，図 2.4 に示すように水深方向に平均化した2次元速度場 $v = (u(x, y, t), v(x, y, t))$，水深 $h(x, y, t)$，基準水平面からの

50 第 I 部　流れによる地形現象

河床高 $H(x, y, t)$，浮遊土砂密度 $m(x, y, t)$ を変数として考える．そして，流路形成に重要と考えられる素過程として，流体と河床との摩擦，土砂の侵食・運搬・堆積を考え，これらの過程を以下の方程式でモデル化する．

$$\frac{\partial u}{\partial t} + u\frac{\partial u}{\partial x} + v\frac{\partial u}{\partial y} = -g\frac{\partial(h+H)}{\partial x} + \mu\left(\frac{\partial^2 u}{\partial x^2} + \frac{\partial^2 u}{\partial y^2}\right) - \tau_x \tag{2.1}$$

$$\frac{\partial v}{\partial t} + u\frac{\partial v}{\partial x} + v\frac{\partial v}{\partial y} = -g\frac{\partial(h+H)}{\partial y} + \mu\left(\frac{\partial^2 v}{\partial x^2} + \frac{\partial^2 v}{\partial y^2}\right) - \tau_y \tag{2.2}$$

$$\frac{\partial h}{\partial t} + \frac{\partial(hu)}{\partial x} + \frac{\partial(hv)}{\partial y} = 0 \tag{2.3}$$

$$\frac{\partial m}{\partial t} + \frac{\partial(mu)}{\partial x} + \frac{\partial(mv)}{\partial y} = M_\uparrow - M_\downarrow + d_m\left\{\frac{\partial}{\partial x}\left(h\frac{\partial m}{\partial x}\right) + \frac{\partial}{\partial y}\left(h\frac{\partial m}{\partial y}\right)\right\} \tag{2.4}$$

$$\frac{\partial H}{\partial t} + \frac{\partial q_{Bx}}{\partial x} + \frac{\partial q_{By}}{\partial y} = M_\downarrow - M_\uparrow \tag{2.5}$$

式（2.1）（2.2）は流体運動を表す 2 次元浅水流方程式である．右辺第 1 項は動圧を無視した静水圧を表し g は重力加速度である，また，第 2 項は運動量拡散であり，μ は実効的な粘性係数である．第 3 項 τ_x, τ_y は河床と流体との摩擦力（応力）を表している．式（2.3）は流束密度 $\boldsymbol{q} = (hu, hv)$ を持つ流体の体積保存を表している．土砂の運搬は，図 2.4(a) に示すように，流れにより河床土砂が巻き上げられて流体とともに移動する浮遊土砂（suspension load）と，河床を転がりながら移動する掃流土砂（bed load）に分類して考える．浮遊土砂流束密度は $\boldsymbol{q}_S = (mu, mv)$ であるので，式（2.4）は，右辺を 0 とおくと，浮遊土砂の局所保存則を表す．$M_\uparrow$ および $M_\downarrow$ は単位時間あたりの侵食量と堆積量をそれぞれ表している．また，右辺の第 3 項は，浮遊土砂の非線形拡散であり，流れの 3 次元性や微小スケールの渦（乱流）に起因する実効的な拡散を記述している．ここで，d_m は非線形拡散の係数である．式（2.5）は掃流土砂流束密度を $\boldsymbol{q}_B = (q_{Bx}, q_{By})$ としたときの河床の時間変化を表している．正味の侵食・堆積がなく，$M_\downarrow - M_\uparrow = 0$ が成立しているとき，この式は掃流土砂の局所保存則を表す．

　一般に，単位時間あたりの侵食量 $M_\uparrow$ と堆積量 $M_\downarrow$ は土砂特性に依存する．

そのため，定量的な河床変動の解析では，対象とする河川の計測・実験で得られた経験式により侵食量と堆積量を見積もる．ここでは，動力学的特徴を保持した以下の侵食・堆積モデルを用いる．

$$M_\downarrow = \alpha \frac{m}{(h+\varepsilon)} \tag{2.6}$$

$$M_\uparrow = \beta |\boldsymbol{v}| \tag{2.7}$$

式 (2.6) は単位時間あたりの浮遊土砂の堆積量 $M_\downarrow$ が浮遊土砂密度に比例することを表している．ここで，ε は陸地（$h \sim 0$）での発散を抑えるパラメータである．式 (2.7) は単位時間あたりの侵食量 $M_\uparrow$ が流速に比例することを表している．掃流土砂流束密度は河床勾配に比例し，その比例係数が流速の関数 $g(|\boldsymbol{v}|)$ とする以下の非線形拡散で記述する．

$$\boldsymbol{q}_B = -\gamma(g(|\boldsymbol{v}|)\boldsymbol{\nabla}H) \tag{2.8}$$

ここで，関数 $g(v)$ は，流速が閾値 v_c 以下では掃流土砂は発生しない性質を考慮して，$g(v)=0(v \leq v_c)$，$g(v)=v-v_c(v>v_c)$ とした．

流体が河床から受ける応力（抵抗力）は一般にマニング則[4]を用いるが，水深に反比例する以下の応力関数を仮定した．

$$\boldsymbol{\tau} = (\tau_x, \tau_y) = k\left(\frac{u|\boldsymbol{v}|}{(h+\varepsilon)}, \frac{v|\boldsymbol{v}|}{(h+\varepsilon)}\right) \tag{2.9}$$

計算領域 $0 \leq x \leq L_x$, $0 \leq y \leq L_y$ の境界では，変数 u, v, m に関しては周期的境界条件を用いた．すなわち，変数 u に関しては $u(0,y)=u(L_x,y)$, $u(x,0)=u(x,L_y)$ なる条件を課し，他の変数 v, m, H も同様の条件を課した．ただし，河床高 H に関しては，y 方向に周期的境界，すなわち，$H(x,0)=H(x,L_y)$ を

---

4) マニング則とは流路の水面勾配 I と径深 R より平均流速 U を求める経験式の1つであり，$U = n^{-1}R^{3/2}I^{1/2}$ なる関係則である．ここで径深 R とは，流路の断面積を潤辺（水路断面で流体が壁や底と接する長さ）で割ることにより求めた実効的な水深である．また，n はマニングの粗度係数と呼ばれ，水路の摩擦係数を表す．水路の材質に依存し，自然河川では n は 0.025〜0.07 程度の値をとる．

課し，x 方向には $H(0, y) = H(L_x, y) + I_s L_x$ なる条件を課した．この境界条件は，エッシャーのだまし絵[5]のように，下端 $x = L_x$ から流れ出た流体・浮遊土砂・掃流土砂がその量を保存して上端 $x = 0$ から再流入するという "理想的な" 境界条件である．この境界条件により，上端から下端までの平均勾配 I_s は時間変化しない．さらに，全領域での総水量 $I_w \equiv \int_0^{Ly} \int_0^{Lx} h(x, y) \mathrm{d}x\mathrm{d}y$，および総土砂量 $I_m \equiv \int_0^{Ly} \int_0^{Lx} \{H(x, y) + m(x, y)\} \mathrm{d}x\mathrm{d}y$ も時間変化しない．

2.4 計算機実験

前節で述べた流路の自律形成過程のモデルを用いて計算機実験するには，水路（$h > 0$）領域とそれ以外の領域を同時に時間発展させる必要がある．このため，以下の数値技法を用いる．(1) 食い違い格子[6]による空間の離散化，(2) 移流項の一次風上差分[7]による離散化，(3) 閾値パラメータ ε の導入による浅瀬 $h < \varepsilon$ での応力 τ の発散を抑制，(4) Bogacki-Shampine 法[8]による安定かつ効率的な時間積分（Bogacki and Shampine, 1989）．

以下では，これらの技法を用いた計算機実験結果を蛇行形成過程および流路様式の転移を中心に紹介する．

---

5) http://www.mcescher.com/gallery/recognition-success/waterfall/

6) スタッガードグリッドとも呼ばれる．偏微分方程式を数値的に解く際に空間を離散化する方法の1つである．平面を正方格子で分割して，各正方格子の中心点にスカラー変数 h, H を配置し，各辺の中心となる格子点にベクトル量 u, v, q を配置して，微分量などを評価する方法である．数値安定性が向上する利点がある．（水山・宮本，2000）．

7) 一次風上差分とは，関数の空間微分を上にある格子上の値との差分で近似する方法．数値的に安定となる利点がある．

8) 微分方程式を解くための数値積分法の1つである．Bogacki-Shampine 法は二次，三次の陽的 Runge-Kutta 法の埋め込み公式であり，誤差評価に基づいて時間刻み幅を自動的に調整する数値積分法である．適度に堅い微分方程式を解く際には，四次，五次の埋め込み公式よりも効率がよい．

2.4.1 蛇行流路の自律形成過程とダイナミクス

一定水位の直線流路を初期流路として時間発展させ，流路の自律形成過程を調べる[9]．平均勾配 I_s がある臨界値以下では，直線流路の幅は時間とともに増大するが，流路は屈曲することはなく直線形状は安定に保たれる．平均勾配が臨界値 $I_s^{(1)}$ を超えると，図 2.5(a) に示すように直線流路は不安定化して蛇行流路が形成される．直線流路から蛇行流路が形成される過程は平均勾配に依存して下記の (i)〜(iv) に分類される．

(i) 平均勾配が小さい場合には，直線流路の河岸周辺に交互砂州が発生し，この交互砂州が発達して蛇行流路が形成される．このような蛇行形成過程は実験流路でも観測され（図 2.2(a)），定性的に一致する．(ii) 平均勾配が増加すると，図 2.5(b) に示すように直線流路が分岐し，一方の流路が発達・選択され

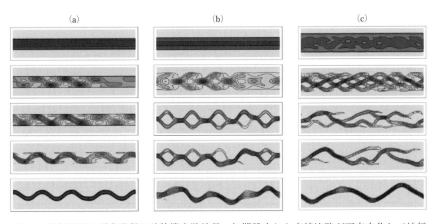

図 2.5 蛇行流路の形成過程の計算機実験結果．初期設定した直線流路が不安定化して蛇行流路となる過程の水深 $h(x, y)$ のグレースケール表示．(a) 平均勾配が小さい場合には，交互砂州が形成された後に周期的な蛇行流路が形成される．(b) 平均勾配が増加すると，分岐流を経て蛇行流路が形成される．(c) 初期の流路幅が広い場合には，複列砂州が発生し，複数の流路から主流路が選択・発達して蛇行流路が形成される

---

9) 初期流路の断面形状は上下反転したガウス型とした．また，初期流路内には静水を満たし，速度場 u, v および河床高 H に微小な擾乱を加えている．

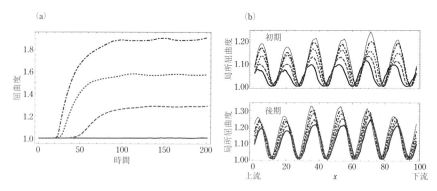

図 2.6 蛇行流路の時間発展．(a)蛇行形成過程における屈曲度の時間変化．平均勾配は実線，破線，点線，一点破線の順で大きくなる．平均勾配の増加にともない屈曲度は急激に増大する．(b)異なる時刻における局所屈曲度の空間依存性（実線，破線，点線，一点破線，細線の順に時間変化している）．局所屈曲度の極大値をとる x 座標に着目すると，時間発展とともに移動していることがわかる．蛇行形成初期では屈曲点は下流に移動し（上図），蛇行の発達に伴い屈曲点は移動方向を変え上流へ移動する（下図）．

て蛇行流路が形成される．これら2つの蛇行流路は空間周期性をもち，長時間安定にその形状を保つ．(iii)さらに平均勾配が増大すると，交互砂州の形成よりも早く河岸が侵食される．この侵食により流路が屈曲して蛇行流路が形成される．このとき，屈曲度は時間とともに増加し，(ii)の場合に比べて大きな屈曲度を持つ蛇行流路に成長する（図2.6(a)）．(iv)初期の流路幅が広い場合やパラメータ γ を調整して掃流土砂量 $|q_B|$ を増加させた場合には，初期配置した直線流路内に複列砂州が形成される．この砂州間を流れる複数の流路が徐々に発達しながら主流路が形成されて蛇行流路となる（図2.5(c)）．このとき，複列砂州から形成された蛇行流路の空間周期性は低い傾向がある．

以上のように，蛇行流路は勾配・初期流路幅・掃流土砂量・水深などに依存して異なる経路で形成され，最終的には侵食と堆積がバランスした平衡状態となる．これは必ずしも流路が時間変動しないことを意味しない．たとえば，図2.6(b)の場合は，蛇行流路の屈曲点が移動する定常な平衡状態である．この屈曲点の移動は平均勾配やパラメータに依存する．たとえば，空間周期的で小さい屈曲度の蛇行流路は下流に移動する傾向があり，大きい屈曲度の蛇行流路は上流へ移動する傾向がある．さらに，不規則に屈曲する蛇行流路では，その屈

第 2 章 河川　55

曲点も不規則に移動する．このような周期的および非周期的な蛇行流路の自律形成や屈曲点の移動は，実際の河川や縮小実験でも見出されている（Parker, 1998；Smith, 1998）．

このモデルでは式（2.4）の右辺第 3 項により，浮遊土砂の実効的な乱流拡散を表している．この乱流拡散の係数 d_m を増加させると，蛇行流路が形成される臨界勾配も増加する．流速一定の流線上で，侵食と堆積がバランスして浮遊土砂量が一定となっている平衡河川を仮定すると，河川深部では流れが速く浮遊土砂量は多く，河岸部では流れが遅いため浮遊土砂量は少ない．この浮遊土砂量の差異により，浮遊土砂は河川深部から河岸部へ拡散輸送されて堆積する．実際，非線形拡散効果をモデルから除外すると，平均勾配が小さいときに安定であった直線流路の流路幅は時間とともに増大し続ける．このように，通常の拡散と異なり，非線形拡散項は河道を安定・維持させる作用をもっている．

2.4.2　流路様式の転移：直線流路，蛇行流路，網状流路

図 2.1 に示したように，現実の河川流路は平均勾配・流量・土砂特性などに依存して多様な流路様式をとる．流路の典型的な様式として，蛇行流路と網状流路がある．Schumm（1985）は河床勾配の増加に伴う蛇行流路から網状流路への転移を実験により示した．数理モデルによる同様な計算機実験により，平均勾配の増大に伴う流路の変化を見ると，直線流路，周期的な蛇行流路，不規則な蛇行流路を経て，流路が分岐する網状流路へと変化することがわかる（図 2.7(a)）．この転移の定性的な要因として以下のフィードバック作用が考えられる．河床からの抵抗は水深に反比例しているため，河床が侵食され水深が増すと流速も増加する．このため侵食のダイナミクスは正のフィードバック作用を持つ．このフィードバック作用による流速増加が流路を不安定化させて転移を促すと考えられる．この作用は侵食率 β を増加させると，直線流路が不安定化する臨界勾配も増加することからも示唆される．

流路様式の転移を河川流域面積，平均流量，平均水深を用いて特徴づけよう．河川流域を流量が閾値 $\overline{Q}$ を越える空間領域 $\Omega = \{(x, y) | q(x, y) > \overline{Q}\}$ として定義

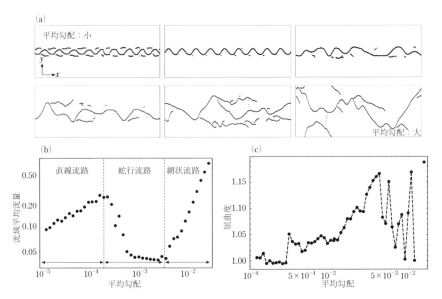

図 2.7 平均勾配と流路様式の関係.(a)流路断面において水深が極大値をとる y 座標を勾配方向（x 座標を変えながら）にプロットした.平均勾配は左上図から右下図へと増加し,蛇行流路から網状流路へと変化する.(b)平均勾配と流域平均流量の関係図.(c)平均勾配と屈曲度の関係図

すると,流域平均流量は $\frac{1}{|\Omega|}\iint q(x, y)\,dxdy$ と表される.ここで,$q(x, y) = \sqrt{(uh)^2+(vh)^2}$ は流量であり,閾値として $\overline{Q} = \frac{1}{L_xL_y}\iint q(x, y)\,dxdy$ なる全空間平均流量を用いた.平均勾配と流域平均流量の関係を図 2.7(b) に示す.直線流路では流域平均流量は平均勾配の増加関数であり,蛇行流路では減少関数となる.これは,蛇行流路が形成されることにより流路に沿った河床勾配が減少するためである.すなわち,平均勾配の増加に伴う流量の増大効果よりも屈曲度増加により流量を減じる効果が強いことを表している.網状流路が形成されると,再び流路平均流量は増加関数に転ずる.この転移は,流路の分岐により主流路の屈曲度が低下するためであると考えられる.実際,平均勾配と屈曲度の関係図 2.7(c) を見ると,屈曲度は直線流でほぼ 1 であり,平均勾配 $I_s \sim 5 \times 10^{-4}$ で蛇行流路が形成されると,屈曲度は平均勾配の増加関数となる.平均勾配が $I_s \sim 5 \times 10^{-3}$ となると,流路は網状化して屈曲度は減少に転ずる.この

第2章 河川　57

屈曲度の勾配依存性は，実験流路での観測結果と定性的に一致する．

2.4.3　流路様式の分類とその大域的構造

　平均勾配と総水量に対する流路様式の変化を調べてみよう．図 2.8 に平均勾配と総水量に対する屈曲度および水深分散の依存性を示した．ここで，水深分散とは流路断面内での水深の変動量であり，水深が一定の水路では 0 となる量である．すなわち，$\bar{h}(x) = \langle h(x, y) \rangle_y$ を流路断面での平均水深とすると，流路断面での水深分散 $\hat{h}(x) = \langle (h(x, y) - \bar{h}(x))^2 \rangle_y$ を勾配方向（x 方向）に平均した量 $\langle \hat{h}(x) \rangle_x$ として定義した．また，総水量は初期水路幅を増減させることにより調整した．単水路から複水路である網状流路へ変化すると，水深分散は増大する．したがって，図 2.8(a) の左図で水深分散が大きな領域は網状流路領域を示している．また，平均勾配が同程度であるとき，屈曲度は総水量，すなわち初期水路幅が広いほど小さくなる傾向がある．これらの特徴量は平均勾配・総水量に対して連続的に変化し，特異的な変化を示さない．このことは，次 2.4.4 小節で考察するように，流路様式の転移には明確な境界がなく，分岐現象とは異なることを示唆している．ここで，平均勾配，初期流路形状および総水量は変数 $H(x, y, t)$ と $w(x, y, t)$ の $t=0$ における値により決定され，システムを指定する外部パラメータではない．したがって，計算機実験によって現れた流路様式の変化は初期流路（初期条件）の違いから生み出された構造である．

　このように，平均水深・屈曲度・水深分散の 3 つの特徴量には平均勾配と総水量に対して連続的に変化して明瞭な境界はない．そこで，統計分析（クラスター分析）により流路様式を分類した（中村，2009）．分類された各クラスターの特徴から，それぞれ直線流路・蛇行流路・網状流路に対応することがわかる．図 2.8(b) に，平均水深・屈曲度・水深分散の空間内における各クラスターの散布図を示す．図中の円錐，立方体，球はそれぞれ直線流路，蛇行流路，網状流路を表し，平均勾配と総水量に依存した流路様式の転移が見て取れる．

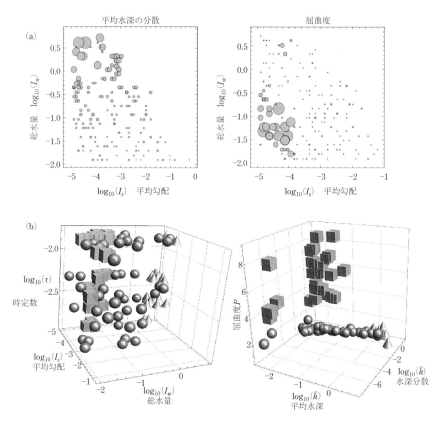

図 2.8 流路様式のパラメータ依存性．(a) 平均勾配と総水量に対する水深分散および屈曲度の依存性．左図：円の大きさが水深分散を表す．水深分散が大きな値である領域が網状流路を示す．右図：円の大きさが屈曲度を表す．屈曲度が大きな値である領域が蛇行流路を示す．(b) クラスター分析による流路形状の大域分類図（円錐：直線流路，立方体：蛇行流路，球：網状流路）．左図：(平均勾配，総水量，時定数) 空間での分類図．ここで時定数 τ は侵食・堆積のパラメータ (α, β, d_m) を τ 倍にスケールするパラメータである．右図：(平均水深，水深分散，屈曲度) 空間での分類図

2.4.4 力学系として見た流路形成

流路形成過程を力学系（Hirsch et al., 2007）の観点から考察してみよう．ある時点での状態から未来の状態が一意に決定されるシステムを力学系と呼ぶ．し

たがって，偏微分方程式で記述した河川モデルも力学系と言える．時刻 $t = 0$ での初期状態，すなわち，すべての変数 $H(x, y, 0)$，$v(x, y, 0)$，$h(x, y, 0)$，$m(x, y, 0)$ の値を指定すれば，未来の状態は完全に決まる．このため，力学系はしばしば決定論的システムとも呼ばれる．

　初期流路から時間発展し最終的に蛇行流路が形成される場合を考えよう．この初期流路の速度場に微小な変化を加えた初期状態から時間発展しても同じ蛇行流路（平衡状態）が形成されるであろう．このように，異なる初期状態から出発しても同じ平衡状態に「吸引」されるとき，このような平衡状態をアトラクターと呼ぶ．流路や速度場が時間変動しない直線流路はアトラクターであり，流路や速度場が時間変動する蛇行流路もアトラクターである．同じアトラクターに「吸引」される初期状態の集合をそのアトラクターの吸引領域（ベイスン）と呼ぶ．

　十分に離れた流量の異なる 2 つの直線流路の時間発展を考えると，それらは相互作用しないためそれぞれ異なる流路様式に吸引されるであろう．一方，これらの直線流路が接近している場合には，流路が合併して先の場合とは異なる平衡流路を形成しうる．したがって，河床抵抗係数や侵食・堆積係数などの外部パラメータが同一であっても，初期流路に依存して平衡状態は変化する．このように，複数のアトラクターを持つ系は多重アトラクター系と呼ばれる．

　河川のダイナミクスは初期状態に応じて複数の平衡状態が存在し，どのアトラクターに吸引されるかは初期状態に依存する．雄大な山々の表面を雨水が流れ集まる様子を想像してみよう．このとき，雨水が流れ下る沼や湖がアトラクターに対応し，それらの分水嶺がベイスンの境界に対応する．すなわち，計算機実験で観測された流路様式の変化は平均勾配や総水量などの初期状態の差異に起因しており，外部パラメータによる解の定性的変化である分岐現象とは異なる．流路形成過程は与えられた初期状態から平衡状態（アトラクター）への収束過程である．そのため，流路様式の分類にはすべての初期状態（相空間）でのベイスン構造を解析する必要がある．前小節のクラスター分析では，高次元の相空間を 3 次元に射影した空間における直線流路・蛇行流路・網状流路のベイスン領域を描いたのであった．ここで示した定常的な平衡状態以外にも，

60   第Ⅰ部　流れによる地形現象

蛇行流路と網状流路を間欠的に変動する状態などの非定常的な状態が存在する．このように外部パラメータによって指定できない複雑な相空間構造が，流路様式の分類とそれらの形成要因の解明を困難にしているのではないだろうか．

2.4.5　比較モデル学：流路様式の選択機構を求めて

　流路様式を決定する主要因を明らかにするために，粗視化したダイナミクスが流路形成に与える影響を調べよう．侵食・堆積および浮遊土砂拡散は現象論的にモデリングされているため，これらの効果が流路様式に与える影響を解析する．これにより，微視的な物理過程のモデルの詳細に依らない性質が明らかにできる．さらに，このようなモデル比較は河川流路・ガラス板上の流路・氷河上の流路などに共通する普遍構造を見出そうという意味合いもある．

　河岸での堆積を強め流路を安定化させている浮遊土砂の非線形拡散効果は浮遊土砂密度と水深に依存すると仮定した．この関数形を変化させ，速度や水深と浮遊土砂密度に依存するとしたモデルが生み出す流路様式を調べ，非線形拡散が流路形成に与える影響を考察した．具体的には，式（2.4）の右辺第3項を $d_m \nabla \cdot (h \nabla \frac{m}{h})$ や $d_m \nabla \cdot (v \nabla \frac{m}{h})$ と再モデル化する．計算機実験の結果，再モデル化により形成される流路様式には定性的に変化が見られず，相空間のベイスン構造は頑健[10]であることがわかった．これは，平均勾配が一定に束縛されており流速 v と水深 h が強く相関しているため，これらのモデル間に定性的な差異が生じなかったと考えられる．同様に，掃流土砂量が河床勾配に比例すると仮定した式（2.8）の右辺を水深や流速の依存性を考慮したモデル γv や $\gamma \tau$ に再モデル化し計算機実験しても流路様式の定性的な変化は見られない．このように，河川の流路様式は浮遊土砂の拡散過程や掃流土砂量を記述する粗視化モデルの詳細に依存しない側面を持っている．このモデル比較は，いわゆる"より良いモデル"を求めると言う意味合いよりは，むしろ，モデルの詳細に

---

10) 頑健性（ロバスト性）とは，ダイナミクスの変化にたいして形成される河川の直線流路，蛇行流路，網状流路といった相構造が定性的に変化しないことを言う．

依らない頑健な構造を探索する試みである.

本章で扱ったモデルには多数のパラメータが含まれる. 浮遊土砂の拡散係数・掃流係数・抵抗係数を変化させて流路様式への影響を解析した. 掃流土砂量に比べて浮遊土砂量が大きいほど流路様式は蛇行流路となる傾向がある. また, 浮遊土砂の非線形拡散効果が強いほど蛇行流となる傾向が強い. さらに, 総水量を増加させると蛇行波長は増加し, 大河川ほど蛇行の波長が長くなる傾向と一致する. このように, 現実の河川で観測されている定性的な依存関係を現象論的モデルにより再現することができる. ダイナミクスやパラメータが変化すると定量的変化こそあれ, システム全体が創出する流路様式の転移を決定する "相空間のベイスン構造" は頑健なのである.

2.5 まとめと今後の展望

河川は勾配・流量・土砂特性などに依存して, 直線・蛇行・網状などの多様な流路様式をとる. この多様性は, 複雑な流体運動に起因する土砂の侵食・運搬・堆積により作り出されている. 流路は時空間スケールの異なる物理過程の絡み合いで形成されるため, 一粒一粒の土砂の運搬を素過程とするモデリング手法では巨視的な流路の形成過程を捉えることはできない. そこで, 流体運動を水深方向に平均化した2次元浅水流で表現し, 土砂の侵食・堆積の過程を現象論的に記述したモデルを構成して流路形成過程を解析した. ここで示したモデルは, 平均勾配の増加に伴う蛇行流路から網状流路への転移を定性的に再現する. 現象論的なダイナミクスを再モデル化して比較することにより, 流路様式の定性的な変化はモデルの詳細に依存しないことを計算機実験により示した. このことは "力学的な関係性 (因果律)" を保持しながら粗視化したダイナミクスでモデル化する手法の有効性を示しているのではないだろうか.

本章では, モデリングと計算機実験により, 流路様式の転移という河川の定性的側面を再現して力学系として考察した. はたして数理モデルは真の河川にどこまで近づけるのであろうか? たとえば, 河川におけるさまざまな経験的

スケール則が現象論的モデルでどこまで再現できるであろうか？　モデルに取り入れた要因と再現される経験則とを比較検討してダイナミクスと経験則の対応関係を明確にし，河川の理解を深めるのは今後の課題である．

　河川の流路形成を考える上で本モデルで考慮していない過程としては，河岸侵食・斜面崩落・土砂の分級，土砂の粘着性・植生などと枚挙にいとまがない．釧路湿原などで見られる大きく蛇行する流路形成には植生の影響が強いと考えられている．植生が流路形成に与える本質的な側面は何であろうか？　たとえば，堆積により河床が陸地となり，時間経過とともに植被されると，その陸地は侵食されにくくなるであろう．陸地における植物の成長過程を直接モデリングせず，河岸における侵食や堆積が過去その場所が陸地であった継続時間に依存する履歴効果とするモデリングにより，植生が河川形成に与える本質的側面を炙り出す作業も今後の課題である．

　河道変化などの定量的な予測には，前に述べたようにさまざまな要因の精確なモデリングおよびモデルが持つパラメータの推定が必要である．しかしながら，緻密で複雑なモデルの多数のパラメータを決定することは容易ではない．また，多くの物理過程を取り入れたモデルが必ずしも正確な予測をするとは限らない（Rousseau et al., 2015）．その他にも，降雨や山岳からの土砂流入などの“環境条件”が流路に大きな影響を与える可能性もある．縮小実験や計算機実験では，自然界では長時間かけて調整される平均勾配を境界条件としている．このような人工的な条件により，自然界には存在しえない流路の動態を見ている可能性もある．降雨や土砂の流入などの確率的なイベントが流路様式に与える影響の考察も今後の課題である．一方で，物理要因を絞り込んで環境条件を整えた“理想河川”が我々に教えてくれることは多いのではないであろうか．

　計算機の演算能力が高くなり，素過程を第一原理的に隈なく取り入れたモデルによるシミュレーションが近年の志向であろう．しかしながら，ここで紹介した手法は，複数ある要因の中から重要な過程を選定し，それらを粗視化したダイナミクスで“表現”するモデリング手法である．さまざまなモデルを比較解析する“計算機実験”によるパターン形成を司るダイナミクスの探求とも言える（Schuurman, 2015）．表現力のある“省エネ”モデルは，定性的な解析の

みならず観測データと同化（淡路ほか，2009）させれば，簡便な予測モデルと
なる可能性もあろう．河川流路を形成する要因を発見するためのモデル探索の
旅を少しでも体感し興味をもっていただけたならば幸いである．

参考文献

淡路敏之・蒲地政文・池田元美ほか（2009）：『データ同化—観測・実験とモデルを融合する
　　イノベーション—』，京都大学学術出版会.

Birnir, B., Mertens, K., Putkaradze, V., et al.（2008）：Meandering fluid streams in the presence
　　of flow-rate fluctuations. *Phys. Rev. Lett.*, 101, 114501.

Bogacki, P. and Shampine, L. F.（1989）：A 3(2) pair of Runge-Kutta formulas. *Appl. Math. Lett.*,
　　2, 1-9.

Buffington, J. M. and Montgomery, D.（2013）：Geomorphic classification of rivers. *Treatise on
　　Geomorphology*, 9, 730-767.

Callander, R. A.（1969）：Instability and river channels. *J. Fluid Mech.*, 36, 465-480.

Camporeale, C., Perona, P., Porporato, A., et al.（2005）：On the long-term behavior of
　　meandering rivers. *Water Resources Research*, 41(12), W12403.

チョーレー，R. J., シャム，S. A., サグデン，D. E.（大内俊二訳）（1995）：『現代地形学』，古
　　今書院.

de Lozar, A., Mellibovsky, F., Avila, M., et al.（2012）：Edge state in pipe flow experiments. *Phys.
　　Rev. Lett.*, 108, 214502.

Dietrich, W. E., Kirchner, J. W., Ikeda, H., et al.（1989）：Sediment supply and the development
　　of the coarse surface layer in gravel-bedded rivers. *Nature*, 340, 215-217.

Einstein, A.（1926）：The cause of the formation of meanders in the courses of rivers and of the
　　so-called Baer's law. *Die Naturwissenschaften*, 14. English translation in *Ideas and Opinions*,
　　by Albert Einstein, Modern Library, 1994.

Einstein, H. A. and Li, H.（1958）：Secondary currents in straight channels. *Transactions,
　　American Geophysical Union*, 39, 1085-1088.

Faisst, H. and Eckhardt, B.（2003）：Traveling waves in pipe flow. *Phys. Rev. Lett.*, 91, 224502.

Hansen, E.（1967）：The formation of meanders as a stability problem. *Basic Res. Prog. Rep.*, 13.
　　Hydraul, Lab., Tech. Univ. Denmark, Kgs. Lyngby.

Hirsch, M. W., Smale, S., and Devaney, R. L.（桐木紳ほか訳）（2007）：『力学系入門—微分方程
　　式からカオスまで—』，共立出版.

Ikeda, S., Parker, G., and Sawai, K.（1981）：Bend theory of river meanders. part 1. linear
　　development. *J. Fluid Mech.*, 112, 363-377.

菅牧子・河村哲也・桑原邦郎（2000）：さまざまな形状をもつ柱に対する洗掘現象の数値的
　　研究. 日本機械学會論文集，B 編，66, 1266-1272.

Kaneko, K. and Yanagita, T. (2014): Coupled maps. *Scholarpedia*, 9 : 4085.

河村哲也（2004）:『河川のシミュレーション！』，コンピュータ環境科学ライブラリー，イ
ンデックス出版.

木下良作（1958）:河川砂礫堆の移動性について．新砂防，14, 1-9.

Kleinhans, M. G. (2010): Stream meanders on a smooth hydrophobic surface. *Progress in Physical Geography*, 34(3), 287-326.

Le Grand-Piteira, N., Daerr, A., and Limat, L. (2006): Meandering rivulets on a plane : A simple balance between inertia and capillarity. *Phys. Rev. Lett.*, 96, 254503.

Liverpool, T. B. and Edward, S. F. (1995): Dynamics of a meandering river. *Phys. Rev. Lett.*, 75, 3016-3019.

Martínez-Frías, J., Hochberg, D., and Rull, F. (2006): A review of the contributions of Albert Einstein to earth sciences—in commemoration of the world year of physics. *Naturwissenschaften*, 93(2), 66-71.

Miall, A. D., ed. (1978): *Fluvial Sedimentology*, Stacs Data Service Ltd.

水山高久・宮本邦明（2000）:『山地河川における河床変動の数値計算法』，山海堂.

Murray, A. B. and Paola, C. (1994): A cellular models of braided rivers. *Nature*, 371, 54-57.

Murray, A. B. and Paola, C. (2003): Modelling the effect of vegetation on channel pattern in bedload rivers. *Earth Surf. Process. Landforms*, 28, 131-143.

Nakagawa, T. and Scott, J. C. (1984): Stream meanders on a smooth hydrophobic surface. *J. Fluid Mech.*, 149, 89-99.

中村永友（2009）:『多次元データ解析法』，共立出版.

Parker, G. (1976): On the cause and characteristic scales of meandering and braiding in rivers. *J. Fluid Mech.*, 76, 457-480.

Parker, G. (1998): River meanders in a tray. *Nature*, 395, 111.

Richards, K. (2004): *Rivers : Form and Process of Alluvial Channels*, The Blackburn Press.

Rousseau, Y. Y., Biron, P. M., and de Wiel, M. J. V. (2015): Sensitivity of simulated flow fields and bathymetries in meandering channels to the choice of a morphodynamic model. *Earth Surf. Process. Landforms*, 41, 1169-1184.

Schumm, S. A. (1963): A tentative classification of alluvial river channels an examination of similarities and differences among some great plains rivers. *Geological Survey Circular*, 477.

Schumm, S. A. (1968): *River adjustment to altered hydrologic regimen—Murrumbidgee River and paleochannels*, Australia, volume 598. U.S. Govt. Print. Off.

Schumm, S. A. (1981): Evolution and response of the fluvial system, sedimentological implications. In *Recent and Nonmarine Depositional Environments : Models for Exploration*, Ethridge, F. G. and Flores, R. M. (Eds.), Soc. Economic Paleontologist and Mineralogists, Special Publ., 19-29.

Schumm, S. A. (1985): Patterns of alluvial rivers. *Ann. Rev. Earth Planet. Sci.*, 13, 5-27.

Schumm, S. A., Kahn, H. R., Winkley, B. R., et al. (1972): Variability of river patterns. *Nature*, 237, 75-76.

Schumm, S. A. and Khan, H. R. (1972) : Experimental study of channel patterns. *Geol. Soc. Am. Bull.*, 83, 1755-1770.

Schuurman, F. (2015) : Bar and channel evolution in meandering and braiding rivers using physics-based modeling. PhD. thesis, Department Physical Geography, Faculty of Geosciences, Utrecht University.

関根正人 (2005) :『移動床流れの水理学』, 共立出版.

Smith, C. E. (1998) : Modeling high sinuosity meander in a small flume. *Geomorphlogy*, 25, 19-30.

高山茂美 (1986) :『河川の博物誌』, 丸善.

寺田寅彦 (1948) :『寺田寅彦随筆集 第四巻』, 岩波書店 (初出:科学, 1933 (昭和8) 年2月).

van Dijk, W. M., van de Lageweg, W. I., and Kleinhans, M. G. (2012) : Experimental meandering river with chute cutoffs. *J. Geophysical Res.*, 117, F03023-F03041.

Wolfram, S. (1986) : *Theory and Application of Cellular Automata*, World Scientific Singapore.

柳田達雄・西森拓・小西哲郎 (2001) : 河川の蛇行・網状転移. 京大数理解析研究所講究録, 1184, 30-40.

Zeller, J. (1967) : Meandering channels in switzerland. in : Symposium on river morphology. *Int. Assoc. Sci. Hydrol.*, 75, 174-186.

(柳田達雄)

第3章
砂丘
～形づくりと運動の数理モデリング～

3.1 はじめに

　日本国内で砂丘と言えば，鳥取砂丘の美しい風景を思い浮かべる読者も多いであろう．砂丘表面の模様は，日々の風の流れに応じて刻一刻変化するが，砂丘の背骨がなす大規模構造の変動は非常にゆるやかであり，その雄大な姿は，我々に悠久の時の流れを感じさせる．一方，国外にも目を拡げると，砂丘は人間の社会活動に負の影響を与える「やっかいもの」として論じられることも多い．サハラ砂漠など広大な乾燥地帯において，砂丘の運動は石油のパイプラインの圧搾・破壊や道路の封鎖を引き起こし，さらには集落の侵食につながるケースもあり，深刻な社会問題を引き起こしている（Amirahmadi et al., 2014）．

　視線をはるか遠くに向けてみよう．近年，火星や金星などの他惑星，あるいはその衛星（たとえば土星の衛星タイタン）の表面から送られてくる多様な地形画像が注目されるようになってきた．探査衛星から送られる画像に映る砂丘状の地形をヒントに，その惑星表面の風や地表粒子などの環境条件を逆問題として推定しようという試みが始まっている（本書第5章，および Warren, 2013）．

　以上のように，砂丘のダイナミクスの本質を探り，地表の砂の移動に関する知見を深めることは，純粋な科学的興味からのみならず，社会的な応用面からも価値があると言える．とはいえ，砂丘のダイナミクスの研究の行く手には，多くの障壁が立ちはだかってきた．冒頭に記したように，砂丘は我々自身の日

常の時間感覚に比べてはるかにゆるやかな動きを見せる．あらゆる形状・サイズの砂丘の中でもとくに動きが速いと考えられている，高さ1m長さ10m程度の最小規模の「バルハン」と呼ばれる形状の砂丘ですら，1年で10m程度しか移動しない（Cooke et al., 1993）．これは，砂丘が自分の「体サイズ」だけ移動するのに最低でも年単位の時間スケールを要することを意味している．ましてや，100m以上の大規模な砂丘の形成過程や長距離移動のダイナミクスの全貌を直接測定し記録し解析するには，膨大な時間を要する．これが，砂丘のダイナミクスの研究を難しくしてきた最大の要因ともいえる．また，砂丘の上方の風は乱流境界層をなし，さらに，砂丘表面近傍の砂と空気の流れは粉体と流体の2相からなる混相流をなす．これは時間・空間スケールの問題を抜きにしても，砂丘研究が容易でないことを物語っている．

　以上の困難，とくに長大な時間スケールの問題を克服し，砂丘のダイナミクスを少しでも系統的に理解するには，直接観測の蓄積だけでは不十分であろう．観測データに加えて，既存の観測データと矛盾しない仮説の組み立てと，その検証過程が必要となる．これは，砂丘のダイナミクスの理解にモデルの導入が不可避であることを意味している．本章では，モデルを通した砂丘研究の現状と今後の問題点を紹介していく．

　序章でモデルを，研究対象となる現象のある側面をクローズアップし人的な操作／解析を可能にするために設定された「人為的なシステム」と定義した．設定されたモデルを操作し，その振る舞いを系統的に解析すること，また，複数のモデルでの対象の振る舞いを比較することで，現象（ここでは砂丘の運動）に関する種々の仮説の設定と妥当性の検証を，系統的に進めていくことが可能となる．モデルには，大きく分けて，「数理モデル」と「アナログモデル」があることも序章で述べた．前者は，現象を可能な範囲内で数学的な表式に焼き直し，その性質を解析する試みであり，後者は，現象を操作可能な範囲内で模倣する現実系である．これまでの砂丘のダイナミクスの研究では，数理モデル，アナログモデルの双方が互いに連動しつつ現象の解明に大きな役割を果たしてきた．

　砂丘のアナログモデルに関しては，本書第4章に具体例が挙げられているの

で，本章では主に数理モデルについて解説していく．

3.2　砂丘の数理モデリングの背景

　砂丘のダイナミクスには数多くの因子が関わっている．砂丘表面付近を吹く
風の流れ，風の流れに呼応して動く砂粒子の性質，各砂丘地帯における固まっ
ていない砂層の厚さ，砂丘表面を部分的に覆う植物の存在ほか，砂丘の動きに
は数かぎりないほどの要素が絡んでくる（Warren, 2013 ; Cooke et al., 1993 ; Pye
and Tsoar, 1990）．これらすべてを考慮に入れ，観測データを蓄積し，データ分
析の帰結のみから砂丘のダイナミクスを論じることは，種々の困難があり現実
的でない．そのため，砂丘のダイナミクスの研究には，直接的な観測による
「実測主導型研究」に加えて，数理モデルやアナログモデルを運用した，「仮説
駆動型研究」も大きな役割を果たしてきた．

　しかしながら，多くの環境因子に左右され，複雑な運動を呈する砂丘のダイ
ナミクスから，現象の見たい局面をうまく切り出す作業＝よいモデルを紡ぎ出
すことは，簡単とは言えない作業である．たとえば，月食の機構を説明するた
めに，月そのものの物性に関するあらゆるデータを取り込んだモデルを作った
としても，肝心の地球に関するデータがすっぽり抜け落ちていたなら，月食の
機構説明にはあまり役に立たない．つまり，解明したい現象の要因がモデルの
外にある場合，モデルは現象の解明に役立たない．これを防ぐ処方箋の1つは，
一見現象に関わる可能性の低い要素も含めて思いつくことを片っ端からモデルに
取り込むことである．一方で，現象の詳細に至るまで，すべてを残さず取り込ん
だ「完全モデル」は，「世界と同じ大きさの世界地図」と同様に役に立たない．

　これらの問題に一定の折り合いをつけるため，これまでの砂丘のモデル研究
では，対象とする砂丘現象を大きく絞り込んできた．具体的には，次のふたつ，

（i）砂丘をいくつかの典型的な形状に分類し，これらの形状の成因を解明
　　すること．

70　第 I 部　流れによる地形現象

(ii) 典型的形状の中でもとくに単純な形とダイナミクスを呈するバルハン
と呼ばれる砂丘について，(i) での議論より一歩踏み込んだ詳細な形状
の形成機構と運動機構を解明すること．

にターゲットが向けられ，いくつかの数理モデルが提案されてきた．とくに
(ii) に関しては，数理モデルとアナログモデルが連動することで，砂丘現象
の理解に向けて近年大きい進展があった．以下，本章では，(i)，(ii) の順に
ここまでの発展とモデル計算の例を紹介しよう．

3.3　多様な砂丘の形状

3.3.1　砂丘の分類と Wasson の相図

　砂丘の形状は多種多様である．砂丘は，広大な「砂の海」の中に浮かぶ大き
な起伏構造と言える．中には「山脈」と見間違うような，麓から頂上まで高度
差 300 m を超える巨大な砂丘も存在する（ナミビアの「ソサスブレイ（Sossusv-
lei)」と呼ばれる地域の砂丘群に見られる）．世界の海の形や山の姿を，短いこと
ばで一括りに表現できないように，世界の砂丘の形を単純な表現で記述しつく
すことは難しい．しかしながら，世界の各砂漠地帯の環境条件を考慮しながら，
無数の砂丘を少数のタイプに分類することで，茫洋とした砂丘の全体像をでき
るだけ系統的に理解する努力がなされ，少なくとも部分的には成功を収めてき
た（Warren, 2013；Cooke et al., 1993；Pye and Tsoar, 1990；Lancaster, 1995）．これ
までの分類によると，砂丘のタイプは，純粋に砂粒のみからなる砂丘のほか，
部分的もしくは全面的に植生で覆われた砂丘も含めて 15 種類近くにおよぶ
（Cooke et al., 1993；Pye and Tsoar, 1990）．
　Wasson らは，砂粒のみからなる砂丘の分類に取り組んだ．中でも 4 種類の
典型的形状の砂丘——バルハン砂丘，横列砂丘，縦列砂丘，星型砂丘——に的
を絞り，世界各地の砂丘の形状や環境に関する観測データを集め，これら 4 種

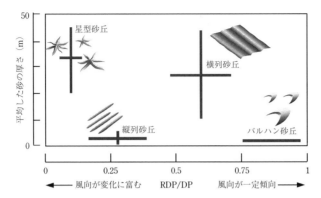

図 3.1 各砂漠地域における 2 種の環境変数（1 年をとおした風向きの変動度，および，移動可能な砂の層の平均的な厚さ）と，その地域で形成される 4 種の典型的砂丘形状（星型砂丘，横列砂丘，縦列砂丘，バルハン砂丘）の関係．本図は，Wasson の相図 (Wasson and Hyde, 1983) をもとに，遠藤徳孝（本書第 4 章執筆担当）がイラストを加え再構成したものである．ただしイラストは概略図であり，形状の詳細は個々の砂漠地域や砂丘によって多様である

類の砂丘が，たった 2 種類の環境変数，i) 各砂漠地帯での風向きの定常性，ii) 風によって移動し得る乾燥砂の層の厚さ，からなる「環境変数空間」の中で，「棲み分け」していることを相図によって示し，世界の研究者を驚かせた (Wasson and Hyde, 1983)．図 3.1 は，Wasson らによる相図をわかりやすく再構成したものである．本書では以下図 3.1 を「Wasson の相図」と呼ぶことにする．2 種の環境変数を縦軸と横軸としてそれぞれの形状の砂丘が見られる領域を図中に示している．この相図は，限られた少数の地域の観測事実をもとに作成されたものであり，物質の相変化を表現する相図のように，高度な再現性や精度が保証されたものとはいえない．しかしながら，自然の砂漠地帯における数え切れない種類の環境因子から，わずか 2 つの環境変数を抽出し，一見取りつく島のないほどの多種多様な砂丘の全体像を俯瞰する単純な視点を切り拓いたことは，特筆に価する．別の見方をすれば，Wasson の相図は，砂丘のパターンと環境変数の間に成立する普遍的なルールの存在を示唆したものと言える．そのことは，Wasson が注意を払った乾燥地帯の砂丘のほか，乾燥地帯以

72　第I部　流れによる地形現象

外にも広がる砂丘——たとえば，海底の砂丘，雪原上の雪の丘，火星上の砂丘
——にさえも同様のルールが成立する可能性を提示している．その後，War-
ren らによって，Wasson のものより洗練された相図が提案されてきたが
(Warren, 2013)，（植生を考慮しない砂丘の分類に関しては）Wasson による相図の
発想が後続研究の下地となっている．

　ただし，Wasson の相図（以下「相図」）の妥当性を砂丘の直接観測のみから
検証することは難しい．これは，砂丘の動きの時間スケールの問題とともに，
形状の安定性を長期間継続して観測できる砂丘の数自体がきわめて限定される
ことによる．後者の問題は，各砂丘のサイズの大きさに由来する．

　本書の序章を読まれた方，もしくは本章の最初の節から読まれた読者であれ
ば，この状況は，まさに，「モデル」による研究が力を発揮する状況であるこ
とを察していただけるであろう．事実，モデルを介して Wasson の相図の妥当
性を検証する努力がなされてきた（西森, 2008）．また，Wasson の相図にとど
まらずに，そこから一歩踏み込んだ形で，砂丘のパターン形成機構をより基礎
的な面から掘り下げる努力もなされてきた．並行して，バルハン砂丘と呼ばれ
る，非常に単純な形とダイナミクスを呈し地球上の砂漠地帯のみならず地球外
でも見られる砂丘にスポットライトをあてて，その特徴的形状の成因や運動の
性質を明確にしようという研究も大きく発展してきた．以下では，モデルを介
した砂丘研究の進展について，まず，i) Wasson の相図の再現を目指した研究，
ii) Wasson の相図から一歩踏み込んだ砂丘のパターン形成の基礎的研究を紹
介する．その後，次節（3.4 節）において，ここ数十年大きく研究が進展した
バルハン砂丘のダイナミクスについて，数理モデルによる議論を軸として簡単
に紹介していこう．

3.3.2　Wasson の相図と数理モデルによる研究

　Wasson の相図（図 3.1）は，一目で見てわかるようにきわめて定性的な相図
であり，物理学・化学などで用いられる相図の概念にはあてはまらない．たと
えば，異なる相の境界付近が明確に描かれておらず曖昧さが残る．また，相空

間の各相（＝各形状の砂丘ができる領域）を決定する実データもまばらである．しかしながら，Wasson の相図は，個別の「砂の丘」の問題を「砂丘一般」の問題に普遍化する糸口を提示するものであった．すなわち，モデルを介した砂丘研究への明確なヒントを与えるものであった．事実，Wasson の相図の再現を主目的とした数理モデルが提案されてきた．

　そのうち，初期に提案された代表的なものとして，筆者ら（西森と山崎）のモデル（Nishimori, 1995 ; Nishimori et al., 1998）（ここでは「NY モデル」としよう）と Werner のモデル（Werner, 1995）を紹介していこう．両者は，砂丘の複雑で多様な形状形成の過程を系統的に扱うという課題を達成するという目的で考案されたものである．ただし，砂丘の複雑なダイナミクスの研究を扱うには，観測における時間スケールの問題のみならず，理論的アプローチに際しても次の重大な基礎的問題が横たわっている．i) 砂丘の上方を吹く風は乱流境界層をなし，頂上の背後には渦が形成され，また境界条件となる砂丘の形状は時々刻々変化する．ii) 砂丘表面付近では，砂粒と風が固体と流体の混相流をなし流体方程式のみでは扱えない複雑なダイナミクスを示す．iii) 砂丘表面上で頻繁に発生する砂のなだれは粉体のダイナミクスであり基礎方程式は確立していない．i) の問題は，数値計算を行う上での計算量の問題，ii), iii) の問題は，現象を正確に記述する方程式系がいまだ確立の途上にあるという問題である．このように，基礎理論，もしくは基礎理論に立脚した計算手法が確立していないことを逆手に，筆者らのグループと Werner は，現象の巨視的特徴の概要を取捨選択し，数理モデル（ここでは計算機モデル）を組み立てていった．このことは，（手前味噌ながら）モデルを通して複雑な地形現象の理解に切り込んでいくという本書の趣旨に合致している．以下，筆者らのモデルを軸に紹介させていただく．

西森・山崎のモデル（NY モデル）

　筆者らのモデル（西森・山崎（NY）モデル）では，後に紹介する Werner のモデルと同様に，正方形のセル $\{(i, j)|(1 \leq i \leq N, 1 \leq j \leq N)\}$ からなる 2 次元格子の「場」を設けて，これを一定の拡がりを持った砂丘地帯ととらえた．またセ

74　第Ⅰ部　流れによる地形現象

ルごとに与えられた「場の変数」として各位置の地表面の平均高さ $h(i, j)$ を付与し，場の中での $h(i, j)$ の空間パターンを時々刻々の砂丘地形として捉えた．ただし，各セルの大きさは，砂粒のサイズに比べて十分に大きく，一方で，砂丘地帯に形成される砂丘の特徴的サイズに比べて十分に小さいものとする．すなわち，NY モデルは砂粒のスケールの問題には立ち入ることなしに，砂丘形成の計算機実験を行うことを目指した現象論的数理モデルである．

　さらに詳しく説明していこう．

①初期条件

　まず，初期条件として，ほぼ平坦な砂丘地帯をセットする．

$$h(i, j) = h_0 + \xi(i, j) \tag{3.1}$$

ここで，h_0 は正の定数，$\xi(i, j)$ は h_0 にくらべて十分小さい振幅をもつ平均値 0 の一様乱数である．

②時間発展

　以下，砂丘の時間発展のモデル化に入っていく．Bagnold（1941）の考察によると，砂丘表面付近での風による砂の運動には大きく分けて2種類ある．跳躍（サルテーション）と転動（クリープ）である[1]．まず跳躍を説明しよう．砂地の表面付近の砂粒は，表面直上の風で加速されてきた他の跳躍砂粒の砂地への飛び込みにより運動エネルギーを得ることで，自ら空中に跳躍する．その後，風による加速と砂地への再突入をへて，下流側の砂を空中に跳躍させる．このような連鎖過程によって，砂表面付近を跳躍粒子が絶えず移動する．ただし，表面付近の風力が一定のレベルを下回ると粒子跳躍の連鎖過程が維持できない．

　一方，砂丘上空を吹く風であるが，これは先に記したように乱流境界層をなす．また，風の地面側境界条件をなす砂丘自身は時々刻々変化し，地面付近では砂と空気の混相流をなしているため，ナビエ–ストークス方程式による基礎論的なアプローチでは理論解析にも数値計算にも多くの困難を伴う．それに代えて，次のような定性的観測事実に注目する．

────────────

　1）跳躍は跳動と表現されることもあり，本書第5章では後者の表現が使われている．

(1)砂丘風上側では砂跳躍の連鎖を維持させるのに十分なほどの一定の風力があり，(2)砂丘風下側では，風力の急速な降下が起こり，砂を移動させることができない．さらに，(3)砂丘頂上付近の狭い領域では風力のピークが見られる．

以上を鑑み，我々は，砂丘表面の粒子の流れを以下のように仮定した．

②-i 跳躍

まず跳躍であるが，正方格子内の各セルの高さをある量だけ減らし，ちょうどその分を風下側の一定距離 L 離れたセルの高さの増分とする．これは砂一粒一粒の跳躍ではなく，セル内の砂粒の跳躍による平均的な移動を粗視化したものである．これをルール式で表すと

$$h(i,j) \rightarrow h(i,j) - \Delta h_{\text{jump}} \qquad (3.2a)$$

$$h(i+L,j) \rightarrow h(i,j) + \Delta h_{\text{jump}} \qquad (3.2b)$$

ただし，風は，i-軸の正の方に吹いているものとする．次に，上で与えた跳躍による飛距離と移動量を，(1)〜(3)による現象論から以下のように決める．

$$L(i,j) = L_0(\tanh(\nabla_{\text{wind}}h(i,j)) + 1), \qquad (3.3a)$$

$$\Delta h_{\text{jump}}(i,j) = q_0(-\tanh(\nabla_{\text{wind}}h(i,j)) + 1 + \varepsilon) \qquad (3.3b)$$

ここで，$\nabla_{\text{wind}}h(i,j)$ は，風下方向への砂表面の傾斜度であり，また，L_0，q_0 と ε は正の定数である．上式のルールが，(1)〜(3)で記した表面地形と風力の関係の定性的特徴を表していることは，跳躍距離 L と砂の移動量 Δh_{jump} の積，すなわち跳躍による砂の流量を風向きへの傾斜 $\nabla_{\text{wind}}h(i,j)$ の関数として表した図 3.2 より読み取れるであろう．

②-ii 転動

次に砂の転動のモデル化にうつろう．砂の転動は砂丘の表面に沿って動く（転がる，滑る，もしくは滑落する）砂粒の移動形態であるが，これには，風の洩力（引張力）による移動のほか，砂表面のゆるやかな起伏による重力由来の移動がある．後者の発生には，砂表面の微視的な無秩序構造や風のゆらぎに由

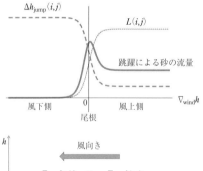

図 3.2 西森・山崎モデルにおける，跳躍による砂の流量（上図）．下図に表した風向き方向への砂面の傾斜度 $\nabla_{\mathrm{wind}}h$ に応じて，砂の跳躍距離 L と跳躍量 Δh_{jump} を決める．L と Δh_{jump} の積が跳躍による砂の流量となり，傾斜度 $\nabla_{\mathrm{wind}}h$ の符号に応じて，風上側（$\nabla_{\mathrm{wind}}h>0$）では活発な砂の流れ，風下側（$\nabla_{\mathrm{wind}}h<0$）では，砂の流れが消え，頂上付近（$\nabla_{\mathrm{wind}}h\approx 0$）では砂の流れが最大となる．これらは実際の砂丘周辺での観測事実を定性的に反映している

来したランダムな力も大きく寄与する．さらに，砂地形にはそれ以上傾くと崩れてしまう約 30 度の限界傾斜角，いわゆる「安息角」が存在し，砂の急峻な斜面が安息角を超えたときには，斜面に沿って砂の「なだれ」による滑落も起こる．滑落も転動の重要な一形態である．転動による砂の流れをまとめて

$$J_{\mathrm{creep}} = J_{\mathrm{wind}} + J_{\mathrm{slope}} + J_{\mathrm{avalanche}} \tag{3.4}$$

と表そう．右辺は第 1 項は風による移動，第 2 項はゆるやかな起伏による移動，第 3 項はなだれによるものとする．NY モデルでは J_{wind} は定数ベクトルで近似し[2]，残りの項に関しては，

$$J_{\mathrm{slope}} + J_{\mathrm{avalanche}} = D(|\nabla h(i,j)|)\nabla h(i,j) \tag{3.5}$$

とした．$\nabla h(i,j)$ は砂丘表面の傾斜度である．また，$D(|\nabla h|)$ は，傾斜角が安息角前後でステップ的に増加する係数とする．転動による地形の変化は，あくまでも隣接サイトへの移動であるため，砂の量の局所保存則に基づいて，

---

2) 正確を期せば，実際の砂丘において，J_{wind} は風の強さや砂丘の場所に依存して変化する．ただし，転動による砂粒子の流れ全体 J_{creep} のうち，地形の起伏に連動しない部分（J_{wind}）は小さいものと見なした．ここでは，J_{wind} を定数とすることで，空間変動・時間変動が（3.5）の操作によって地形の変化に寄与しないようにモデルを設定した．

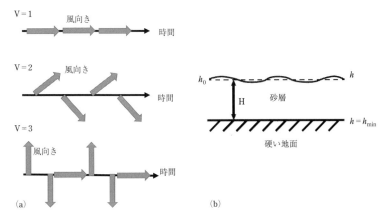

図 3.3 西森・山崎モデルにおける 2 種類の環境変数の設定．(a)風向きの変動度を，風向きの変化の種類 V によって表し，(b)砂の層の厚さに h_{min} を設定し，砂層の下の硬い地面は侵食できないようにルールを設定した

$$h(i,j) \rightarrow h(i,j) - \nabla \cdot J_{creep} \tag{3.6}$$

となる．ただし，J_{wind} は定数ベクトルとしているため，(3.6)の右辺第 2 項では，J_{wind} は効いてこない．

NY モデルでは，風の方向をある一定方向に決定した場合，初期条件を与え，各ステップごとに全セルにおいて (3.2a)(3.2b)(3.6) を実行し，これを繰り返すことで，砂丘地形の時間発展を表現することになる．ただし，Wasson の相図の再現という目的を実行するために，以下に示す 2 つの付加条件を設定した．
③環境変数
③-i 風向きの定常性の調整

Wasson の相図の軸のひとつは風向きの定常性である．これは各砂丘地帯での季節風の変動の具合を定量化したものである．NY モデルの先の説明では，(3.2b) のように i 方向のみに風を吹かせる設定としたが，跳躍粒子の跳躍方向を時間的に二方向，三方向もしくはそれ以上の方向に一定角度変動させることで，季節風の変動，すなわち風向きの定常性をモデルの中に組み込んだ（図 3.3(a)）．

78　第Ⅰ部　流れによる地形現象

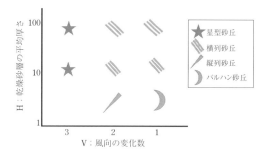

図 3.4 西森・山崎モデルにもとづく計算機実験によって得られた，2種類の環境変数と4種類の砂丘形状の関係

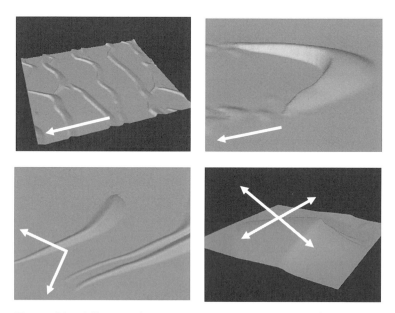

図 3.5 西森・山崎モデル（Nishimori, 1995；Nishimori et al., 1998）にもとづく計算機実験によって得られた典型的砂丘形状．上段左側より横列砂丘，バルハン砂丘，下段左側より縦列砂丘，星型砂丘．各図の中の矢印は，系内で吹く一方向もしくは複数の風の方向を表している（図3.3(a)参照）．右下の図は風の方向が四方向の場合であるが，三方向の場合と同様に星型砂丘の形状ができる

③-ii　移動し得る砂層の厚さの調整

　Wasson の相図の軸のもう一方は各砂丘地帯での移動可能な砂層の厚さである．そのため，場の変数である砂表面の高さ h に下限 $h_{\min}$ を設け，その高さ以下は，侵食のできない硬い地面（たとえば岩盤）で構成されており，各セルの h が（3.2a）や（3.6）によって，$h_{\min}$ を下回る場合には，その時間ステップにおいて（3.2a）（3.2b）（3.6）を実行しないようにした．こうして，移動可能な砂層の平均厚さ，H $= h_0 - h_{\min}$ を環境パラメータとして設定した（図3.3(b)）．

④計算結果

　以上のルールのもと，計算で得られた結果の例を図3.4 に示している．図3.4 の横軸 V と縦軸 H は，それぞれ，時間的に変化する風向きの種類（図3.3(a)），系内での砂の層の平均厚さ（図3.3(b)）を表す．図3.5 は，相図のそれぞれの領域で得られた砂丘のパターンで，上段は左から横列砂丘，バルハン砂丘，下段は左から，縦列砂丘，星型砂丘である．これらの計算例は，Wasson の相図を，少なくとも定性的によく再現している．また，この手法は，Wasson の相図のみならず，後述の，非定常な風向きと砂丘パターンの関係をより基礎的な立場から精密に追求した Rubin らの実験結果ともほぼ一致する計算結果を生み出すことがわかっている．

Werner のモデル

　Werner のモデルも NY モデルと基本コンセプトは類似している．各砂丘地帯を表現する正方格子を構成する各セルに，砂丘地帯の各位置 (i, j) での砂表面の高さ $h(i, j)$ を場の変数として割り当て，$h(i, j)$ の変動を砂丘地形の時間変化とした．ただし，NY モデルと異なり $h(i, j)$ は離散量としている．これは，各セル内の砂層が，一定の厚さの砂層（スラブ）が整数倍積み重なっていると見たてたものである．風による粒子の跳躍移動を表現するために，正方格子全体からランダムに一セルを選び，セルからスラブ一枚を剥ぎ取りこれを一定距離風下側に移動させる．さらに，移動したスラブが地面で跳ね返って，引き続き同一ステップ内にもう一度風下に移動する確率 P を，跳躍先が砂丘表面の場合 $P = P_{\mathrm{sand}}$ と，それ以上侵食できない硬い地面の場合 $P = P_{\mathrm{ground}}$ とに

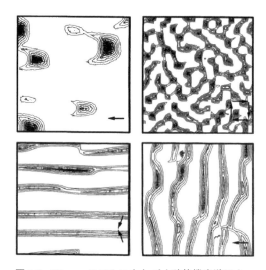

図 3.6 Werner モデルにもとづく計算機実験によって得られた典型的砂丘形状. 上段左側よりバルハン砂丘, ネットワーク型砂丘 (部分的には星型砂丘に近い), 下段左側より縦列砂丘, 横列砂丘. 各図の中の矢印は, 系内で吹く一方向もしくは複数の風の方向を表している (Werner, 1995)

よって, $P_{sand} < P_{ground}$ のように区別した. また, 跳躍先が, 砂丘風下側および一定範囲の下流地面であれば $P=0$ とした. これは, 砂丘の風下側で風力が極端に弱まり砂の移動が抑制されることを定性的に表現したものである. さらに, 砂丘表面に安息角以上の傾斜が生じた際の, 砂なだれによる斜面角の速やかな緩和もルールに取り込んだ. また Wasson の相図の環境変数である, 風向きの定常性や移動し得る砂の層の厚さも NY モデル同様の方法で制御できるようになっており, このモデルにおいても, Wasson の相図の定性的再現が確認された (図 3.6).

以上, 筆者らのモデル, Werner のモデルともに, 砂丘形成の理論的取り扱いの困難の源泉であった環境因子, すなわち, 砂丘をとりまく風の振る舞いと風に駆動される粒子移動に関して, 微視的な過程の詳細に立ち入ることなしに,

経験則に基づく巨視的なルールを構成している．それにもかかわらず，観測結果とモデルの計算結果の定性的一致が得られた．

ただし，ここで注意すべきは，両者の定性的一致が，必ずしも，モデルの正当性を完全に保証するものではないということである．複雑な現象の単純な切り口の発見はあくまでも現象の射影の仕方（モデルへの落とし込み方）の発見である．1つの射影物の再現のみでは，まだモデルが現象に肉薄したとはいえない．そのためには他のモデルやさらなる観測結果との整合性の検討も重要となる．地形のダイナミクスをはじめとする複雑な現象の探究において，モデルはあくまでも理解の深化への手段であり，現象とモデルの間を右往左往して行き来することこそが，現象への真の理解への道筋といえる．

3.3.3　砂丘の形状の多様性に関する基礎研究

前小節では，Wasson の導入した相図を再現するモデル側の試みを紹介した．一方で，砂丘の形の多様性を Wasson より定量的な立場から議論するための一歩として，縦列砂丘と横列砂丘の形成条件の違いに焦点を絞ったモデル研究がなされた．その中で最も先駆的なモデルは Rubin らのアナログモデル（実験）であろう（Rubin and Hunter, 1987）．

Rubin らは，Wasson の相図（図 3.1）中の横列砂丘と縦列砂丘の間の境界に注目した．横列砂丘と縦列砂丘は，ともに，尾根がほぼ一定方向に伸び，尾根と尾根の間隔もおおよそ一定に保たれている．そのうち横列砂丘は，年間を通して一方向の風の下，もしくは，季節に依存した二方向から交互に吹く風の下に形成されることが知られている．一方，縦列砂丘も横列砂丘と類似の環境──季節に依存した二方向の風が交互に吹く状況──の下で形成されることが知られている．

ただし，前者において二方向の季節風の間の相対角は後者における二方向風の相対角より小さいことに注目しよう．そして，前者の場合，二方向の季節風のベクトル和に垂直な方向に尾根が伸びるが（図 3.7(a)），後者はベクトル和に平行な方向に尾根が伸びる（図 3.7(b)）．それはなぜか．このような疑問の

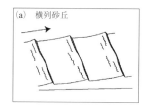 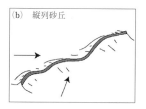

図 3.7 風向きと砂丘形状の関係．(a)一方向（もしくは相対角の小さい二方向）から吹き続ける風のもとでは横列砂丘が形成される．その場合，砂丘の尾根は風向きに対してほぼ垂直に伸びる．(b)相対角の大きい二方向からの交互に吹く風のもとでは，縦列砂丘が形成される．その場合，砂丘の尾根は平均の風向きにほぼ平行に伸びる（Momiji, 2001 を一部改変）

もと，Rubin らは，縦列砂丘と横列砂丘の形成機構を，それぞれ個別なものとしてではなく統一的な視点から理解しようと考え，アナログモデル＝実験系を構成した．

Rubin らはまず，ほぼ一定の方向から風が吹き続ける砂浜に大きな円盤を持ち込み，その上に一定の厚さの砂の層を乗せた．その後，円盤の方向を定期的に一定角度 γ だけ，時計回りおよび反時計回りに交互に回転させることで，二方向の季節風が吹く状態を模倣し，一定時間を経過して形成された風紋の配向を調べた．その結果，二方向の風の相対角が $\gamma = 90°$ を上回るか下回るかに依存して，砂の尾根の配向が二方向の風向ベクトルの和に平行なものから垂直なものに切り替わるという結果を得た．これは，縦列砂丘と横列砂丘の尾根列の伸び方と対応しているように思われる．

Rubin らは，より一般的な季節風の切り替わりの影響を調べるために，二方向風の相対角 γ に加えて，二方向風の持続時間の比 R を系統的に変化させる実験を行い，2つの環境変数からなる相空間（図3.8の γ と $R=D/S$ の大きさを2つの軸とした平面）内での，風向ベクトル和（図3.8の U）と実験で得られた尾根の配向（図3.8の横軸）の間の相対角 ϕ に関する相図（図3.9(a)）を作成した．Rubin らは，相図における（風向ベクトル和と尾根の配向の間の）相対角 ϕ の等高線がある簡単な式によって近似できることに気づき，この関係を，

方向や風速が周期的に変動する風によって砂の尾根が形成される場合，尾根に垂直な方向への砂の移動量の絶対値を風向ごとに足した和が最大になるように，砂丘の尾根の配向が決定される．

という仮説と結びつけた．この仮説は，「尾根列垂直方向最大流量（Maximum Gross Bedform-Normal Transport）の仮説」（以下 MGBNT の仮説）と呼ばれる．図 3.8 は MGBNT の仮説を説明するために描かれたものである．図 3.8 中には同じ風速の二方向の風の向きが与えられ，$D=|\boldsymbol{D}|$，$S=|\boldsymbol{S}|$ は，それぞれ二方向の風の持続時間であり（ただし $D \geq S$），$\boldsymbol{U}=\boldsymbol{D}+\boldsymbol{S}$ である．また，両者の相対角を γ，二方向の風の中で持続時間がより長い風と尾根の配向の相対角を α とする．このとき尾根の配向に垂直な方向の砂の流れは（正負の向きは問わないとして），

$$T = D|\sin\alpha| + S|\sin(\gamma-\alpha)| \quad (3.7)$$

で表される．MGBNT の仮説は，$D=|\boldsymbol{D}|$，$S=|\boldsymbol{S}|$ と γ が与えられた際，T が最大になるように α が決定されるというものであり，$R=D/S$ と記すと，

$$\tan\alpha = \pm\frac{R+|\cos\gamma|}{|\sin\gamma|} \quad (3.8)$$

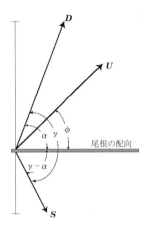

図 3.8 Rubin らによる実験と MGBNT の仮説の説明図（Rubin and Hunter, 1987）．時間に依存して二方向から吹く風について，それぞれの方向の風を向きと持続時間を含めてベクトル $\boldsymbol{D}$ および $\boldsymbol{S}$ として表し，$\boldsymbol{U}=\boldsymbol{D}+\boldsymbol{S}$ とした（ただし，$|\boldsymbol{D}|=D \geq S=|\boldsymbol{S}|$）．また，二方向の風の相対角を γ とし，二方向の風の下で形成される砂丘の尾根の配向と $\boldsymbol{U}$ の相対角を ϕ，$\boldsymbol{D}$ と尾根の配向の相対角を α とした．図より，γ と $R=D/S$ を決定すると α と ϕ は一対一で対応することがわかる

が成立する．さらに，図 3.8 からわかるように，α が決定すると ϕ も一意的に決まる．図 3.9(a) 中には，(3.8) に従って，二方向の風の相対角 γ，風の相対持続時間 R に対する ϕ の等高線が描かれ，Rubin らの実験で得られた観測値（図 3.9(a) 中の斜体数字の並び）とよく一致している．さらに，Rubin と池田は，

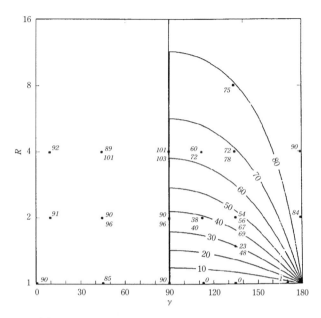

図 3.9(a) Rubin らの実験と MGBNT の仮説の間の関係．円盤上の砂層の上を吹く二方向の風（図 3.8 で D および S で表現）の相対角 γ（横軸）と二方向の風の持続時間の比 R（縦軸）を変化させることで，実験的に生成された小規模の風紋の尾根の方向 ϕ を図中の「・」マークの周囲の斜体数字で表している．1つの「・」マークの周囲に2個以上数字があるのは繰り返し実験の結果．また，図中の曲線および中央の垂直線は，MGBNT の仮説によって予想される (γ, R) の組に対する ϕ の等高線である（Rubin and Hunter, 1987 を一部改変）

二方向に交互に振動する水槽にできあがっていく砂の尾根（縮小砂丘）づくりにおいても，MGBNT の仮説が成立することを確認した（Rubin and Ikeda, 1990）．

　さてここで，注意深い読者にはある疑問が浮かぶかも知れない．3.2節で紹介したように，Wasson の相図で論じられているのは，最小でも水平方向に 10 m のスケールを持つ砂丘の形状である．一方で Rubin らの実験で生成された砂の尾根は，たかだか波長 10 cm のスケールの風紋の尾根である．また，Rubin と池田の実験による水底の砂の動きは，空気中での砂の運動と大きく異な

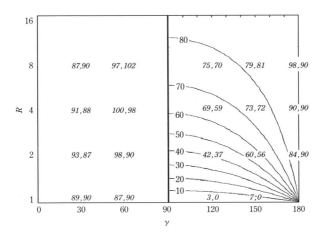

図 3.9(b) 西森・山崎モデルの計算機実験で得られた，二方向の風の吹き方のパラメータ (γ, R) の組と，砂丘の尾根の向き ϕ の関係（各記号の意味は図 3.9(a) と同じ）．図中の曲線および中央の垂直線は，図 3.9(a) と同じく MGBNT の仮説によって予想される (γ, R) の組に対する ϕ の等高線

る．こうした実験結果を，砂丘の尾根列の問題と関連づけてよいのだろうか．この疑問への回答の 1 つとして，筆者は，3.3.2 小節で説明した砂丘形成の NY モデルとほぼ同等のモデルで MGBNT の仮説を検証した（西森, 2008）．これを，図 3.9(b) に示す．図からは，砂丘形成の数理モデルにおいても MGBNT の仮説がほぼ成立することがわかる．

以上の結果は，MGBNT の仮説が，砂地形の空間スケールに関係なく，また，砂を駆動する流体が空気であろうが水であろうが，ひろく成立することを裏づけている．このように，空間スケールや粒子の運動の詳細によらない性質，すなわち砂地形における「普遍的性質」の存在は，砂丘のダイナミクスの解明にどのように関連してくるのか．実は，水槽内での砂丘形成の実験において，レイノルズ数を保ったまま，大規模砂丘形成を水槽内に持ち込むという単純な図式では説明できない．なぜなら砂粒の運動は，空気中と水中では大きく異なるからである．それにもかかわらず，次節でも一部紹介される（そして本書第 4 章でも解説される）最近の実験は，砂丘のさまざまな局面に関する縮小実験の

86　第 I 部　流れによる地形現象

可能性を提示している．さらに，単純なルールからなる現象論的モデルが，砂丘の形状形成の根本的な理解に寄与し得ることも示唆している．ただし，現象において，普遍的性質をもった局面と普遍的性質をもたない局面を注意深く峻別することも必要である．すなわち，我々が現象のどの局面に着目するか意識しながらモデルをつくっていくことが数理モデル作成の前提と言える．

3.4　複雑な砂丘のダイナミクス

3.4.1　複数の砂丘のダイナミクス

実際の砂丘地帯での砂丘の形状やダイナミクスは，ここまで示したような典型的形状の砂丘の動きをはるかに超えた複雑さを呈する．複雑さの生成機構のひとつに，異なる砂丘の間の相互干渉があり，その一例として砂丘同士の衝突がある．本節では，近年の複雑な砂丘ダイナミクスの定量的研究の入り口ともなったバルハン砂丘（以下，バルハン）同士の衝突過程を，数理モデルを中心として考察していこう．

バルハンと呼ばれる砂丘は，3.3 節で紹介した Wasson の相図の中でも描かれた典型的な砂丘である．バルハンは，硬い地面の上に局在した砂丘，いわゆる「孤立砂丘」の一種であり，一方向の定常風の下で三日月に似た形と初期サイズを保ちながら，高さにほぼ反比例する速度で風下方向に移動する（第 4 章図 4.2）．一定の速度による移動と形状保存は水面の孤立波（ソリトン）をも連想させる．大規模な砂丘地帯を人工衛星から撮影した画像では，バルハンがしばしば「群れ」となって運動する様子が観察される．その中でも興味深い群れ運動として，図 3.10 で示されたようなものがある．図中には複数のバルハンが見られ，各自が独立に運動しているようにも見える．しかしながら，バルハンの大きさと移動速度に負の相関があること，および，大規模のバルハンの下流側に小規模バルハンは位置していることに気づけば，過去にバルハン同士に何らかの相互作用があったことがわかるであろう．そもそも，大きいバルハン

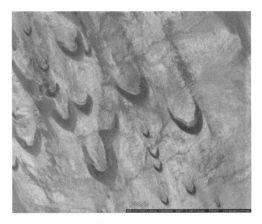

図 3.10 ナミブ砂漠におけるバルハンの群れ運動
（Google Map 画像）

の風下にある小さいバルハンはどこから来たのだろうか．これらの疑問への正確な回答を得るのは大変困難なことは本章冒頭部で記した通りである．

遠藤らは，水槽の底に，水流方向鉛直断面内に中心軸を共有する2つの円錐形の砂山を（上流側は相対的に低く，下流側は高いように）設置し，その後，一方向に定常速度で水を流し，サイズの違う2つの小バルハンを自発的に作り上げ，これらを衝突させた（Endo et al., 2004）．衝突の結果は，衝突前の両バルハンの高さの組み合わせに依存して次の3種類に分類できることを示した（第4章参照）．

(i) 合体：衝突の結果，両者が一体化してひとつのバルハンを形成するようになること（第4章図 4.12(a)）．

(ii) 押し出し：衝突の結果，低いバルハンは高いバルハンにいったん吸収されるが完全に1個のバルハンとなる前に，高いバルハン下流側から低いバルハンが押し出され，最終的に下流側が高さの低い2個のバルハンが見られるようになること（第4章図 4.12(b)）．

(iii) 3分裂：衝突の結果，低いバルハンは高いバルハンにいったん吸収されるが高いバルハンが横方向に分裂し，最終的に3個のバルハンが見

88　第 I 部　流れによる地形現象

られるようになること（第 4 章図 4.12(c)）.

　2 つのバルハンが衝突するには，初期に上流側につくられたバルハンが下流側に比べてより低く移動速度がより大きいことが必要条件となるが，遠藤らはその衝突条件をみたしながら，初期の 2 つの円錐の質量の組み合わせ，すなわち，衝突前の 2 つのバルハンのサイズの組み合わせを変化させて，上記の衝突の 3 形態のいずれが起こるか試行した．その結果，衝突前上流側のバルハンの相対高さが低くなるにつれて，衝突形態は，(iii) 3 分裂→ (ii) 押し出し→ (i) 合体へと変化していくことを示した．同様の水槽実験は，フランスのグループでも試みられた（Hersen et al., 2002）．また，計算機実験でも水槽実験と類似の結果が得られている（Katsuki et al., 2005 ; Schwämmle et al., 2003）．ただし，これらの水槽実験や計算機実験が，砂漠地帯での大規模なバルハン衝突の時間発展を正しく表現しているかについては，研究者の中でも意見が鋭く分かれ論争が続けられてきた（Livingstone et al., 2005 ; Schwämmle et al., 2005）．その最大の原因は，繰り返しになるが，実際のバルハン衝突の特徴的時間の長大さである.

　この問題については最終節でもう一度取り扱う.

3.4.2　バルハン衝突方程式モデル

　前小節で述べたように，水槽実験や計算機実験によるバルハン衝突過程の研究は進歩してきたが，一方で，その機構を理論的な側面から説明することは困難であった．これは，砂丘衝突が大自由度の非線形現象であり，たとえ現象を再現する計算機モデルが構成されたとしても，それを数理的に解析し理論的な理解に達するには，一般に多くの困難が伴うという事情による.

　筆者らは，バルハン衝突現象の本質は，中心断面のダイナミクスにあるというアイディアの下，衝突する 2 つのバルハンの中心軸を含む 2 次元鉛直断面内のダイナミクスの記述に限定した連立常微分方程式を構成した（Katsuki et al., 2005 ; Nishimori et al., 2009 ; 坂元, 2007 ; 西森, 2008）．これによりバルハン衝突,

第 3 章 砂丘   89

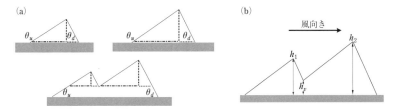

図 3.11 (a)バルハン衝突方程式（ABCDE）による，バルハン砂丘断面の形状の仮定（相似性の仮定）．バルハン砂丘のサイズの大小にかかわらず，風上側の傾斜角 θ_u と風下側の斜面の傾斜角 θ_d は常に一定に保たれると仮定する（上段 2 図）．また，2 つのバルハン砂丘が衝突している最中にも，風上側の傾斜角 θ_u と風下側の斜面の傾斜角 θ_d は保たれるものとする（下段図）．(b)相似性の仮定により，2 つのバルハンが衝突中の形状は，3 つの変数：風上側のバルハンの尾根の高さを表す変数 h_1，風下側のバルハンの尾根の高さを表す変数 h_2，およびそれらの間の谷の底の高さを表す変数 h_v によって，一意的に決まる

とりわけ複数の形態のバルハン衝突が初期条件に応じて起こる機構を理論的に説明することを目指した．この連立微分方程式をここでは「バルハン衝突方程式」モデルと呼ぶことにする．また，略称として「ABCDE（Aeorian/Aqueous Barchan Collision Dynamical Equation）」と記す．ABCDE は 2 次元断面内の時間発展を扱うものであり，3 次元バルハン衝突の 3 形態をすべて表すことはできない．ただし，バルハン衝突のうちの 2 形態（合体，押し出し）の発生と初期条件の関係を定性的に説明することのできる唯一の数理モデルである．紙面の都合上 ABCDE の導出の詳細はここでは記載しないが，ABCDE 導出における 2 つの基本的な仮定を説明していこう．

(i) 相似性の仮定：サイズの大小に関わりなく，すべてのバルハンの断面（以下 2D バルハン）は相似な形状をしている．すなわち，風上側の斜面の傾斜角 θ_u と風下側の斜面の傾斜角 θ_d は常に一定に保たれると仮定する（図 3.11(a)）．これは，現実のバルハン（の中心断面）から見ても的外れではない仮定である．さらに，衝突の最中でも θ_u と θ_d は変化しないものとする．これより，風上側のバルハンの尾根の高さを表す変数 h_1，風下側のバルハンの尾根の高さを表す変数 h_2，およびそれらの間の谷の底の高さを表す変数 h_v の 3 変数が与えられれば，衝突中の系全体

90 第Ⅰ部　流れによる地形現象

の状態が一意的に決まる（図3.11(b)）．またこの相似性により，2D バルハンの形状を特徴づける量（バルハンの高さ）／（バルハンの長さ）がバルハンの高さによらず定数として決まる．

(ii) 砂質量の局所保存の仮定：衝突中の2つのバルハンの各尾根を越えた砂は，直接バルハンから抜け出て行くことはなく，各尾根のすぐ後ろ側の斜面にいったん捉えられるものとする．

以上の仮定のもとに，2D バルハンの衝突過程を表す無次元化されたバルハン衝突方程式

$$\frac{dh_1}{dt} = \left(\frac{1}{h_1 - h_v} - \frac{1}{h_1}\right) \tag{3.9a}$$

$$\frac{dh_2}{dt} = \left(\frac{1}{h_2} - \frac{1}{h_2 - h_v}\right) \tag{3.9b}$$

$$\frac{dh_v}{dt} = \left(\frac{1}{h_1 - h_v} - \frac{1}{h_2 - h_v}\right) \tag{3.9c}$$

（ABCDE）が導かれる．

さて，(3.9a)(3.9b)(3.9c) で表される ABCDE によって，2D バルハン衝突を考える際にひとつ大きな問題が残っている．これは，ABCDE が時間と2変数の同時変換

$$t \rightarrow -t, \quad h_1(t) \rightarrow h_2(t), \quad h_2(t) \rightarrow h_1(t) \tag{3.10}$$

に関して不変に保たれるという事情である．ここから，方程式 (3.9a)(3.9b)(3.9c) は，任意の解について，時間を逆回しして，かつ，両方の尾根の位置を交換したもの（すなわち風向きを逆転したもの）も解となることがわかる．すなわち時間的に可逆な現象のみを解として持つ．言い換えれば，バルハンの合体という非可逆な現象を扱うことは，(3.9a)(3.9b)(3.9c) のままではできない．そこで，筆者らは，先の仮定（i）(ii）に加えて，合体に関する現象論的なルールをモデルに付加することにした．

(iii) 合体に関する補助的なルール：バルハンの衝突の途中過程で，低い方

の尾根の高さと谷の高さが近づき両者の比がある一定値に達したら，具体的には，関係式 $h_v/h_1>\alpha$ $(0<\alpha<1)$ が満たされたときに合体が起こると見る．

以下この付加ルールを「ルール (iii)」と呼ぶことにする．

3.4.3 バルハン衝突方程式の計算機実験と理論解析

ABCDE にルール (iii) を加えて計算機実験を行った結果を図 3.12 に示した．具体的には，初期（衝突前）の風上側バルハンと風下側バルハンの高さの組み合わせ $(h_1(0), h_2(0))$ を変えながら，衝突実験を行い，合体もしくは押し出しのいずれが起こるかについて分類した．ただし，初期の風上側バルハンが風下側バルハンに比べて低くないと衝突は起こらないこと，および，初期時刻 $t=0$ として両バルハンの麓が接触しはじめる瞬間を設定したため，$0<h_1(0)<h_2(0)$，$h_v(0)=0$ が満たされる．図 3.12 より上流側から衝突していく初期バルハンの高さが下流側バルハンの高さに比べて十分に低い場合に合体，下流側バルハンの高さに近づくにつれて押し出しが起こりやすいという，第 4 章図 4.12(a)(b)で示された水槽実験の結果に対応する結果が得られていることがわかる．さらに，初期条件を規定する空間における，「合体発生領域」と「押し出し発生領域」の境界として，

$$h_2(0) = \beta h_1(0) \quad (3.11)$$

のような関係が得られた．ここで β は正の値である．また，先に記したように，図 3.12 で $h_1(0)=h_2(0)$ よ

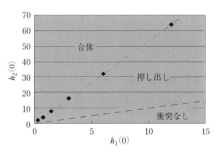

図 3.12 バルハン衝突方程式（ABCDE）にもとづく計算機実験によって得られた，2次元バルハン砂丘同士の衝突の結果．横軸，縦軸は，それぞれ，衝突前の風上側バルハン砂丘の高さ $h_1(0)$ と，風下側バルハン砂丘の高さ $h_2(0)$．合体，押し出しはそれぞれ，第 4 章図 4.12 の(a)と(b)に対応する．また，$h_1(0)>h_2(0)$ の場合，衝突が起こらない

92 第I部 流れによる地形現象

り下の領域では衝突が起こらないことに注意されたい．ABCDE の表式は，非常に対称性もよく，これを解析的手法からアプローチすることも可能であるが，以下では，砂丘地帯で観察される，より多数（n 個）のバルハンが絡む衝突過程に ABCDE を拡張したものを示す．

$$\frac{\mathrm{d}h_1}{\mathrm{d}t} = \left(\frac{1}{h_1 - h_{v1}} - \frac{1}{h_1} \right) \tag{3.12a}$$

$$\frac{\mathrm{d}h_i}{\mathrm{d}t} = \left(\frac{1}{h_i - h_{vi}} - \frac{1}{h_i - h_{v(i-1)}} \right) \quad (i = 2, \cdots, n-1) \tag{3.12b}$$

$$\frac{\mathrm{d}h_n}{\mathrm{d}t} = \left(\frac{1}{h_n} - \frac{1}{h_n - h_{v(n-1)}} \right) \tag{3.12c}$$

$$\frac{\mathrm{d}h_{vj}}{\mathrm{d}t} = \left(\frac{1}{h_j - h_{vj}} - \frac{1}{h_{j+1} - h_{vj}} \right) \quad (j = 1, \cdots, n-1) \tag{3.12d}$$

ただし，谷底の高さ h_v がいずれも 0 以上のとき，すなわち，n 個のバルハンが互いに接触しているときのみ（3.12d）は成立する．

　本節では，ABCDE と名づけられた簡単な微分方程式モデルと付加ルールの組み合わせによって，砂丘のダイナミクスの中でも複雑なものといえるバルハン衝突の過程を記述した．ABCDE に基づいた計算機実験の結果は，水槽実験の結果を定性的に再現している．また，ここでは記さなかったが，ABCDE をさらに簡単化した 2 変数微分方程式モデル（2V-ABCDE）によって，バルハン衝突の形態を力学系を解析する基本的手法で解析的に分類できることもわかっている（Nishimori et al., 2009 ; 坂元, 2007）．ABCDE は，その単純さゆえ，適当なルールの付加や実験との対応を経て，今後より複雑な砂丘のダイナミクスの理論的考察にも応用できると思われる．

3.5　まとめと今後の展望

　本章では，複雑な砂丘のダイナミクスに対して，アナログモデルや単純な数理モデルを介した現象の理解が有効であることを，具体的な例にもとづき示し

てきた．しかしながら，「モデルの導入が本当に地形現象の根本的な理解に結びつくか」という本質的な疑問に対して，いまだ議論の余地がある．たとえば，3.4 節で議論した砂丘衝突について，本物の砂丘地帯で得られているものは，i) 小さいバルハン砂丘が大きいバルハン砂丘のすぐ風下に見られる上空写真，ii) 小さいバルハン砂丘は大きいバルハン砂丘に比べて風向き方向の移動が速いというデータなど，砂丘衝突に関する間接的な事実であり，実際の砂丘衝突の全過程を直接観測した記録は残っていない．そのため，「数理モデルと水槽実験で確かめられた相互の対応は，所詮，モデル間（数理モデルとアナログモデル）の対応であり，現実の巨大な砂丘の衝突過程を正しく記述している保証はない」との議論も世界で巻き起こった（Livingstone et al., 2005；Schwämmle et al., 2005）．これらは，砂丘研究における，時間スケールと空間スケールの問題が「モデルの運用だけでは全面解決しない」という，いわば，地形現象のモデリングに付随する基本的ジレンマの存在を示唆している．

　しかしながら，2011 年になって，モデルと現実の砂丘を結びつける決定的証拠ともいえる論文が提出された．ある砂丘砂漠地帯の上空から 35 年間継続的にとられた航空写真の中に，バルハンの衝突の全過程を示す画像が見つかり，理論で予想されたようなバルハンの押し出しが検証されたのである（Vermeesch, 2011）[3]．同様の発見は他でも報告されている（Ewing and Kocurek, 2010）．また，アクセスが容易な画像データとして Google Map の更新履歴を貯蔵することで，大規模地形の継時的変化を見ることも可能となってきた．

　地形現象のモデリングに関する基本的ジレンマのもうひとつの解決策として，「実サイズ実験」という発想も実行に移されつつある．3.3 節で紹介された，複数方向からの季節風に応答した砂丘の伸展方向を実測するため，Ping らのグループは実際の砂丘地帯を数百 m 四方にわたって平滑化して，本物の自然環境が実サイズの砂丘を作り出す初期過程を風速のデータとともに記録し，

3）この研究内容と，バルハン衝突研究に関する論争の決着に関しては，Nature 479, 9 (2011) の Research Highlight 欄 "When sand dunes collide" でもわかりやすく紹介されている．

94　第Ⅰ部　流れによる地形現象

MGBNT の仮定を部分的に実証してみせた（Ping et al., 2014）．このような実サイズ実験は大規模な輸送機器と観測機器の発達に伴って可能となってきた．ただし，時間スケールの問題は依然として立ちはだかるため，ごく一部の例外を除き実サイズ実験は困難であろう．また人為的に制御できる自然の環境変数は，ごく限られているため，実在する砂丘の複雑なダイナミクスのほんの一部の局面だけをピックアップするものにすぎない．

　以上のように，地形現象の研究，とくにダイナミクスを伴う研究において，モデル研究と実測データを直接リンクさせる動きがはじまっており，地形現象のモデルは地形現象において実際おこり得るシナリオの 1 つを示唆する候補生成器としての役割を超えて，地形現象のさまざまな機構を特定する核心的ツールとしてその重みを増していると言える．

参考文献

Amirahmadi, A., Aliabadi, K. and Biongh, M.（2014）: Evaluation of changes in sand dunes in Southwest of Sabzevar by satellite images. *International Journal of Scientific & Technology Research*, 3(10), 120-128.

Bagnold, R. A.（1941）: *The Physics of Blown Sand and Desert Dunes*, Mathuen, London.

Cooke, R., Warren, A. and Goudie, A.（1993）: *Desert Geomorphology*, UCL Press, London.

Endo, N., Taniguchi, K. and Katsuki, A.（2004）: Observation of the whole process of interaction between barchans by flume experiments. *Geophys. Res. Lett.*, 31, L12503.

Ewing, R. C. and Kocurek, G. A.（2010）: Aeolian dune interactions and dune-field pattern formation : White Sands Dune Field, New Mexico. *Sedimentology*, 57, 1199-1219.

Hersen, P., Douady, S. and Andreotti, B.（2002）: Relevant length scale of barchan dunes. *Phys. Rev. Lett.* 89, 264301-1-4.

Katsuki, A., Kikuchi, M., Nishimori, H., et al.（2011）: Cellular model for sand dunes with saltation, avalanche and strong erosion : Collisional simulation of barchans. *Earth Surf. Process. Landforms*, 36, 372-382.

Katsuki, A., Nishimori, H., Endo, N., et al.（2005）: Collision dynamics of two barchan dunes imulated by a simple model. *J. Phys. Soc. Jpn.*, 74, 538-541.

Lancaster, N.（1995）: *Geomorphology of Desert Dunes*, Routledge, London.

Livingstone, I., Wiggs, G. F. S. and Baddock, M.（2005）: Barchan dunes : Why they cannot be treated as ʼsolitonsʼ or ʼsolitary wavesʼ. *Earth Surf. Process. Landforms*, 30, 255-257.

Momiji, A.（2001）: Mathematical modelling of the dynamics and morphology of aeolian dunes and dune fields. PhD. thesis, University College London.

Nishimori, H. (1995): パターンによる現象の解析―砂丘のダイナミクス―. 鉱物学雑誌, 24, 77-81.

Nishimori, H., Katsuki, A. and Sakamoto, H. (2009): Coupled ODEs model for the collision process of barchan dunes. *Theoretical and Applies Mechanics Japan*, 57, 179-184.

Nishimori, H., Yamasaki, Y. and Andersen, K. H. (1998): A simple model for the various pattern dynamics of dunes. *Int. J. of Mod. Phys. B*, 12, 256-272.

Ping, L., Narteau, C., Dong, Z., et al. (2014): Emergence of oblique dunes in a landscape-scale experiment. *Nature Geoscience*, 7, 99-103.

Pye, K. and Tsoar, H. (1990): *Aeolian Sand and Sand Dunes*, Unwin Hyman, London.

Rubin, D. M. and Hunter, R. E. (1987): Bedform alignment in directionally varying flows. *Science*, 237, 276-278.

Rubin, D. M. and Ikeda, H. (1990): Flume experiments on the alignment of transverse, oblique, and longitudinal dunes in directionally varying flows. *Sedimentology*, 37, 673-684.

坂元宏海 (2007): バルハン砂丘の衝突に関する理論的研究. 広島大学理学部数学科卒業論文.

Schwämmle, V. and Herrmann, H. J. (2003): Solitary wave behavior of sand dunes. *Nature*, 426, 619-620.

Schwämmle, V. and Herrmann, H. J. (2005): Reply to the discussion on 'Barhan Dunes: why they cannot be treated as 'solitons' or 'solitary waves''. *Earth Surf. Process. Landforms*, 30, 517.

西森拓 (2008): 砂丘と風紋の動力学. 『超流動渦のダイナミクス／砂丘と風紋の動力学』 (坪田誠・西森拓), 培風館, 107-219.

Vermeesch, P. (2011): Solitary wave behavior in sand dunes observed from space. *Geophys. Res. Lett.*, 38, L2240.

Warren, A. (2013): *Dunes: Dynamics, Morphology, History*, John Willey & Sons Ltd.

Wasson, R. J. and Hyde, R. (1983): Factors determining desert dune type. *Nature*, 304, 337-339.

Werner, B. T. (1995): Eolian dunes: computer simulations and attractor interpretation. *Geology*, 23, 1107-1110.

(西森　拓)

第4章

砂丘
～バルハン砂丘のアナログ実験～

4.1 はじめに

　この章では，砂丘を対象とし，手法としてアナログ実験を採用した研究を紹介する．まずアナログ実験の一般的な説明をし，バルハンと呼ばれるタイプの砂丘について野外での観察事実を概観し，最後にバルハンのアナログ実験について触れる．

　アナログ実験とは，着目する自然現象のメカニズムを理解したい場合に，最も重要と考えられる要素以外をなるべく排除して現象を再現し，観察・測定する研究手法である．アナログには，類似・類推という意味も含まれるし，デジタルに相対するものという意味もある．アナログ実験およびそこで用いられるアナログモデルは，他にも呼び名があり，数値シミュレーション（数値モデル）に相対する手法という意味を強調して，物理モデルと呼ばれることもあれば，単にモデル実験と呼ばれることもある．アナログ実験を行う理由や目的は，注目する現象に対して具体的なイメージを得るための手助けとすること，素過程に関する仮説の検証，数値モデル構築のための基礎データの収集などが挙げられる．アナログ実験は，地形学に限らず地球科学における他の分野や土木工学などでも研究手法の1つとして広く行われているが，以下では地形学を前提に話を進める．

　自然界において地形が変化する時間スケールは見る対象によってさまざまで

ある．比較的長いものだと数十年〜数十万年であり，実地モニタリングは困難
である（人間にとって時間がかかりすぎる）．そこで，同種の地形で，発達段階
が異なる複数の場所・地域で調査を行い，それらの結果をつなぎ合わせて長期
の発達を推測するというのが，実地調査による捉え方である．しかし，同種の
地形とはいえ，場所が異なると，気候や地質などさまざまな条件もまったく同
じというわけではないので，不確定要素が入り込む．こうした問題を補完する
ことが，アナログ実験の主な目的である．また，逆に時間スケールが短い現象
についても，現地では詳細な観察や計測が難しいことはよくあり，条件や設備
の整った実験室において現象を再現することは大きな意味がある．

　アナログ実験は，自然を原型（プロトタイプ）とした“モデル”を用いてお
り，自然の完全なコピーを目的としているわけではない．アナログ実験で用い
られるモデルは，プロトタイプである自然界の対象と比べて，スケールや物質
（材質）が異なる場合が多い．まったく同じ条件では，自然と同じだけの時間
がかかってしまい，野外観察を行うのと大差ない．あくまでメカニズムの理解
が目的であり，アナログ実験で再現したいものは，“モノ”そのものというよ
りプロセス（過程）である．実験者は整えた条件を与えるだけで，それに対し
てどのような結果が生じるかは物理法則によって決まるわけであるから，実験
であってもプロセスとしては自然現象を観察していることに変わりはない．も
ちろん，プロセスもスケールや物質に依存するが，それらの依存性もより多く
の実験からわかるはずのものである．

　アナログ実験は自然の完全なコピーを目的にしているわけではないので，あ
らゆる要素を実験に盛り込む必要はない．むしろ可能な限り単純化することが
アナログ実験では重要である．理想的には，たった1つの要素や素過程だけを
モデルに持ち込むのが，わかりやすくて良い．ただし，実際には要素や素過程
は1つ2つと単純に数えられるとは限らず，不可分なものの別の側面というこ
ともありうる．しかし，現象を理解するのは人間であり，人間にとってわかり
やすい側面を切り出すことが重要である．大まかに言うならば，最も重要と思
われる要素をコントロールパラメータとし，それのみを変化させて結果がどう
変化するかを観察・測定するわけである．つまりアナログ実験は，実験者の仮

説（作業仮説）を検証する手段の1つと言える．仮説が正しいか否かは結果次第であるが，「注目している自然界の現象に対して"大体"説明がつく」というのが真っ当な着地点であり，細かい差異を以て実験の妥当性を否定するのは適当ではない．細かい差異は，重要であると仮定したコントロールパラメータ以外の要素が関わっていることを示唆するが，その可能性や程度は，実験結果があってこそわかることである．精度を上げるには，より多くのパラメータが必要なのは当然であるが，各パラメータの依存性は個別に調べていくしかない．精度の向上は科学が発展していく歴史の一端であり，研究とは常にその途上である（精度は時代とともに上がっていくが，誤差がゼロになることはない）．あくなき精度の向上は重要かもしれないが，微に入り細にいる議論は，着目する現象の最も重要かつ明確な性質から離れがちで，新しい自然観が得られることはあまりない．そのため高精度の（自然と実験との）一致を求めるようなアナログ実験を行うことは通常ない．

　アナログ実験は自然に対するモデルを用いると書いた．モデリングはこの本のテーマでもあるわけだが，モデルの概念について少しだけ述べたい．少し哲学的になるが，人間が自然を理解するということは，頭の中で自然を思い描いているわけだから，これは"脳内再現"であり，理解＝モデルと言えるのではないだろうか．また，脳内再現は自然から得た情報に基づいているわけだが，これらはフィールドの現場で，あるいは採取した試料について，何かを測定したり定性的に観察したりして得たものである．こうした情報は認知できるものだけを抽出した結果で，同時に（無意識に）知覚できないものを切り捨てている．たとえば人間の視覚認識は進化の過程で特別に発達した方法により脳内で処理されていることが知られている．測定機器を使うにしても，ありとあらゆるものを測定するわけではなく，研究者によって選ばれたパラメータを測るためのものだけが使用される．それらはすでに要素を取捨選択するところのモデリングである．また，測定機器が採用している測定方法（測定原理）も複数ある中から選ばれたものである．つまり，測定値自体，人間の（目もしくは理解や認識の）フィルターを通したモデル化によってもたらされる．実際，たとえば，物体の形や硬さといったものは一義的な定義はなく，それぞれの目的に合

致していると思われるモデル化された定義に従って定量化されている.

4.2 水槽実験の方法

　本節では，地形発達過程を理解するための，水槽を用いたアナログ実験（水槽実験）について説明する.　水槽実験と一口に言ってもさまざまなものがあり，実験テーマごとに方法も変わってくる.　純粋科学（基礎科学）的な地形学の研究以外に，土木工学や防災工学などの応用的な分野でも類似の手法が用いられる.

　大学や研究機関で地形学的実験を行っているところは世界中では少なくないし，水槽実験による成果を記載した論文は数多く発表されているが，論文では特定のテーマに対する実験手法の大まかな原理しか記さないのが普通である.　水槽実験の手法について書かれた入門書的なものはほとんどないため，ここでは水槽実験に関する一般的な話を紹介することにする.　なお，ここでは地形学を主題としているので，水槽実験と言っても水だけでなく土砂も一緒に存在することを前提としている.

　実験の主な目的は，条件を単純化する，もしくは，制御して，考えやすい整った条件の下で現象を観察することであるので，通常，水槽（水路）も単純な形，つまり直方形をしたものを用いることが多い.　一方，大きさは目的に応じて千差万別である.　また，特定の目的のために，特殊な形状の水路を用いることもある.　たとえば，蛇行河川における流れ内部の様子を調べるために，蛇行した水路を硬質樹脂で作って行った実験もある（Abad and Garcia, 2009）.　水の流れはポンプ（一方向流）や造波装置（波浪もしくは振動流）を用いて起こすが，それらの装置の周辺は流れが安定しないのが普通なので，水路の一部分を観察領域に設定し，その他の部分はバッファ領域（緩衝領域）とすることが多い.

　水路は開水路と閉水路の2つに分類される.　前者は，水路に蓋がなく，流れは空気と接する水面（自由表面）を持っている.　すなわち，川の流れと同様で

ある.一方,後者は,蓋があるか,あるいは,管状になっていて,自由表面を持たない.水の流れは固体(底面,側壁,蓋)と接している部分に大きな摩擦が生じ,その付近では流れが極端に遅くなり,固体面から遠ざかるにつれ流れは速くなる.よって,開水路と閉水路では,流れに生じるせん断力の空間分布が異なるので,目的に合わせて選ぶ必要がある.

河川を模擬した実験であれば,多くの場合,開水路が適している.一方,自由表面の影響がないと思われるような深海底の流れについてのモデル実験を行いたいのであれば,閉水路を用いて水路の下半分を観察するのも手かもしれない(水面の影響を気にせずにすむ).また,川に関する実験でも,大きな水圧(特に流れ方向の圧力差)を与えたい場合や,短い水路で速い流速を得たい場合には,閉水路を用いることがある.

一方向流の実験の場合,水路全体のセットアップとして,循環水路(recirculating flume)と非循環水路に区分することができる.循環水路は,水路の下流側から出て行った水をポンプで上流側に戻す.一方,非循環水路は,新たに水を水槽に供給し続け,流出していった水を水槽に戻さない.どちらを用いるかは目的や実験スペースなどの制約条件による.循環水路はポンプの出力さえ大きければいくらでも大きな流量を持続的に実現できるが,非循環水路では建物固有の設備の給水能力による制約を受ける.

沖積河川の実験であれば,実験開始前に開水路の底面に砂を敷き詰め,水を流す.河川流路の形状変化について調べるのであれば,水路幅より小さい流入口から水を供給する(図4.1左).河川の底面地形(ベッドフォーム)に関する

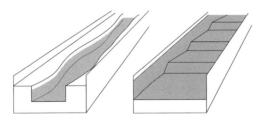

図4.1 実験水槽の模式図.目的に応じて水を流す幅(水路幅)を変えて実験を行う(本文参照)

実験であれば，水路幅いっぱいに水を流す（図 4.1 右）.

　砂を入れた水槽に水を供給すると，地形が形成され，時々刻々と変化していくが，水の流れによって砂は下流へと運ばれる．局所的に見れば，侵食する場合もあれば堆積が起きる場合もあるが，全体で見れば必ず下流へと移動し，水槽の上流側は徐々に砂が枯渇していく．これを補うために，水だけでなく，上流から砂を供給する場合がある．ただし，これも実験の目的や方法によりけりで，必ず砂を供給する必要があるというわけではなく，枯渇していない場所だけを観察領域に設定する場合も多い．上流から砂を供給する方法としては，新たに砂を供給し続ける場合と，下流から出て行った砂を上流から戻す場合の 2 つがある.

　非循環水路の実験で土砂を供給する場合は必然的に，水と同時に砂も外部から加え続けることになる．一方，循環水路の場合は，ポンプの種類や水槽のセットアップによって，砂も同時に循環できる場合と，水だけ循環させ，下流から出て行った砂は砂溜めにたまるようにして，上流からは新たに砂を供給し続ける場合の 2 つがある．ポンプのインペラ（羽根車）が砂による摩耗に対して強いものであればポンプで砂を循環しても構わないが，観察領域で堆積が起きているときは上流に戻る砂は少なくなり，逆に観察領域で侵食が起きているときは上流に戻る砂は多くなるので，上流からの砂の供給量は必ずしも一定でなく，ある時点の砂の供給量を知る，もしくは制御することが難しい．一方で，比較的長時間，あらゆる条件を一定に保ち，安定状態（平衡状態）について調べる場合には適した方法と言える．土砂の供給量や供給速度を制御したい場合は，常に新しい砂を供給する方法の方が容易である．比較的大きな流量で実験を長時間続ける場合は循環水路で水を回し，かつ砂の供給速度を制御する場合は，上流から新しい砂を供給するとともに，下流側に砂だめを設置する．水の勢いを一旦十分に落とし，水と一緒に砂が回ってしまわないようにするためである．一般に，粒径の小さな粒子は水流との分離が難しい．ただし，十分に細かい粒子は，ある一定以上の流速があれば決して沈降しないので，底面にできる地形にほとんど寄与しない．特にそのような細かい粒子の濃度が低ければ，他の大きめの粒子の挙動にも影響しない．あらかじめ，ある程度細かい粒子を

取り除いて粒子の大きさをそろえておけば，砂だめは十分機能する.

　砂を一定の割合（レート：時間あたりの量）で供給することは，きわめて低い割合かつ高い精度を求めない限りは，それほど難しくない．乾燥した砂であれば，ヤンセン（Jensen）の法則[1]により，容器の底にあけた穴からは，砂の残量に関わらずほぼ一定の割合で出て行くからである．砂の供給レートは，容器の底の穴の大きさを変えたり，穴の数を変えたりして調節ができる．ただし，一般に砂粒の大きさの 10 倍よりも小さい穴からはスムーズに砂が落ちず，場合によっては目詰まりを起こすので，非常に低いレートで一定に供給するのはこの方法では難しく，高価な専門の機器を使うことになる．このような特殊な機器は，地形学の実験のために販売されているのではなく，粉末状の物質を扱う工業や製薬などの分野のために開発されたものである.

　海岸など波の影響を受けて発達する地形の実験も行われている．波長 4 cm 以上の波であれば表面張力の影響は無視でき，自然界の波のアナロジーとなりうる．水槽内で波を起こす方法として，主に 3 種類の造波装置がある．三角形のパドルを水面付近で上下に動かすタイプ（プランジャー式），平面（板状のもの）を水平に動かすタイプ（ピストン式），板の下部（底辺）を軸にして板を回転振動（傾きを変化させる往復運動）させるタイプ（フラップ式）である．いずれの場合も通常は単純な振動をさせるが，目的に応じてコンピュータ制御を行い複雑な動き（揺らぎを与えたり，反射波を打ち消すような動きなど）をさせる場合もある．なお，造波装置は水槽の片側のみに設置し，反対側には波を吸収するような形状もしくは性質を持ったもの（消波装置）を置くのが普通である．消波装置は水槽固有の性質に応じて試行錯誤的に工夫し設定する．筆者は網や紐の束などを使うことが多い．ゆるい斜面をつけてテトラポッドに代表されるような消波ブロックのミニチュアを置く場合もある.

---

1) 水圧が深さ方向に増していく（水深に比例する）のに対し，砂や土などの固体粒子層に生じる圧力（土圧）はある深さ以上ではほぼ一定となる．この性質により，砂時計では一定速度で砂が落ちていくことから，砂時計の法則とも言う．水であれば排出流量は徐々に遅くなっていく.

4.3 自然界に見られるバルハン砂丘

図 4.2 バルハン砂丘の模式図

砂丘についてのアナログ実験の例を 4.4 節でいくつか紹介するが，それに先立って自然界に見られる砂丘について，やや特殊ではあるが砂丘ダイナミクスの研究でよく扱われるバルハン砂丘を中心に解説する．なお，バルハン砂丘（以下，バルハン）の日本語名は，三日月型砂丘で，文字通り三日月に似た形状をしている（図 4.2）．高校の地理の教科書にもバルハン砂丘について載っている[2]．

4.3.1 砂漠のバルハン

3.3.1 小節でも説明があるように，現実の砂漠にはさまざまなタイプの砂丘があるわけだが，形状に基づいて大まかに分類ができ，それぞれの種類の砂丘が存在する場所の条件との対応が知られている．主な決定要因は 2 つあり，面積あたりに存在する砂の量と風向きの変化の度合いである．有名なダイアグラムとして，Wasson and Hyde（1983）のものが挙げられる（第 3 章図 3.1）．この図の横軸（風向きの定常性）は風向きの変化の度合いを示す．風向変動の数値的な表し方に決まった方法はなく，どの方法も定義を書くと少々長くなるのでここでは省くが，簡単に言うとこのダイアグラムでは，左側が風向きの変動が激しく，右側は変動が少ない（ほぼ一定方向である）ことを示している．図の縦軸は砂の量を面積あたりの砂の厚さで表現しており，上側ほど砂が多い．砂

---

[2] 英語の綴りは barchan もしくは barkhan で，c もしくは k の音を弱く発して "バークゥハン" と発音する欧米研究者も少なくない．中央アジアあたりの現地語をロシアの自然科学者が紹介したということらしい．

の量と風向変化の程度はそれぞれ場所によってさまざまであり，この2つは独立変数である．この2つの量の値の組み合わせが決まると砂丘のおよその形が決まるということをダイアグラムは示しており，いわゆる相図（phase diagram）である．

なお，砂の量が少ない砂漠と聞くと変に感じる読者もいるかもしれない．普通，砂漠というとサハラ砂漠のような砂で埋め尽くされた場所をイメージするが，これは砂砂漠に分類されるもので砂漠としてはむしろマイノリティである．実際には砂に乏しく岩盤が露出したような砂漠（岩石砂漠）の方が多い．砂漠の本来の意味は砂が多い場所ではなく，乾燥した地域という意味であり，沙漠と書く方がイメージには合っている[3]．

さて，相図（第3章図3.1）からわかるように，バルハンは砂が少なめで，かつ，風向きがほぼ一定の場所で発生する．そして，バルハンが発生するとき，三日月の先端（角と呼ぶ）は風下に向いている．バルハンにはもう1つ，このダイアグラムに示されていない特徴がある．バルハンは他のタイプの砂丘に比べて移動しやすい．バルハンができる場所は風向きが安定しているので，形と大きさをおよそ保って少しずつ風下に移動するという性質を持っている．バルハンは，小さいものだと高さ1 m，幅10 m程度であるが，大きいものは，高さ30 m，幅300 mを超える．このようなものが，長期間（わかっているもので数千年間以上（Bagnold, 1941 : p. 218））にわたってゆっくり移動を続けるのだ．

4.3.2 自然界の水成バルハン

実はバルハンは，砂漠のみならず水中にもできる．前小節までの説明では，バルハンは砂丘の一種であると述べたが，実は空気の流れ（風）だけでなく，水の流れでもバルハンはでき，実際に自然界で観察されている．成因となる流体を区別したい場合は，風成（eolian），水成（subaqueous）と形容詞をつける

---

3) 中国語ではこの字を用いるが，だからと言って中国語で「沙」が，水が少ないという意味かというとそうではなくて，意味としては日本で使われる「砂」と同じである．

106　第I部　流れによる地形現象

ことがある．ただし，日本語では水の下にあるものは，砂丘ではなく砂堆と呼ぶ．砂丘というと "丘" という漢字が使われているので，地上のものと思われがちだからかもしれない[4]．

　バルハンの地形は，砂丘研究のパイオニアであるバグノルドの研究（Bagnold, 1941）以降，砂丘の一形態として広く知られるようになっていたが，水の流れでできるものについては当初あまり注目されなかった．考えられる理由の1つとして，バルハン砂丘は（人間のサイズと比べて）大きく（幅にして10 m以上），乾燥地帯に住む人々にとってよく目にするものであるのに対し，川底にできるバルハンは人目に付きにくく日常生活との関わりも薄い．しかし，近代になって社会的なインフラとして人工的な水路が建設されるにつれ，その内部に堆積する土砂の問題が土木技術者を中心に認識されるようになっていった過程で水成バルハンが意識されるようになってきたと考えられる．

　自然界で一方向の水の流れが起きる場所といえば河川である．実際の川底にはバルハンが生じているのだろうか？　結論から言うと，ごく稀にしか川底にバルハンは生じていないであろう．なぜなら，砂漠の研究からわかっているように，砂の量が限られた場所（基盤全体を覆うことができない程度の量）でなければバルハンは発生しない．砂漠の場合，砂の豊富な砂砂漠とは異なり，砂に乏しい岩石砂漠でバルハンは生じる．このことは，水成の場合でも同様である．しかし，通常，川底は土砂で満たされているので，バルハンができる条件にない．水槽実験によって古くから知られているように，川底ではリップル（砂漣）やデューン（砂堆）は途切れることなく連続して並ぶように生じる．川底に土砂が豊富に存在するのは当たり前なので，従来，実験もそのような設定で行われることが多かった．つまり，少ない土砂を用いた実験はあまり行われず，水成バルハンに着目した実験は，砂漠での調査の歴史に比べると，比較的最近までなされてこなかったのである．

　水成バルハンの報告で最も古いもののうち，写真とスケッチを掲載している

4）英語では，風成，水成を問わず，ある大きさ以上のものはデューン（dune）と呼ばれる．小さいものはリップル（ripple）．1.2.1小節も参照．

ものは McCulloch and Janda（1964）のわずか1ページ足らずの論文で，アラスカの小さな川での観察による．McCulloch and Janda（1964）の報告は，普段の水流では動かないような大きさの礫で覆われた河床の上に少量の（水流で移動可能な粒径の小さい）砂が堆積した状態でバルハンが発生していたというものである．この場合，礫床が砂漠における基盤岩に相当する．河川でも砂漠でも，流体（水や空気の流れ）によって運ばれる移動可能な土砂の量が，基盤全体を埋め尽くすほどにはない少量だけ存在する場合にバルハンが発生する．彼らの論文によると，おそらくこれが水成バルハンの最初の観察例であろうと書かれている．バグノルドの本（Bagnold, 1941）には海岸や河岸での風成バルハンについては触れられているものの，水面下に発生したバルハンについては触れられていない．

McCulloch and Janda（1964）の報告がそうであるように，風成（地上）バルハンと同様，水成バルハンも基本的に一方向流が作用する場でできる．しかし，後で紹介する水槽実験からもわかったように流向が繰り返し変化する場でも，ある条件が満たされればバルハンが生じる．Belderson et al.（1982）では，写真は載せられていないが，潮間帯での砂質地形の簡略図の中で，他の種類の地形と共にバルハンに似た地形の図を記載している．潮間帯は海の潮の満ち引き（潮流）が作用する場所であるので，流れの向きが繰り返し変化する場である．

4.3.3　砂以外の材料でできるバルハン

自然界において，バルハンは砂以外の物質でもできることが知られている．氷の粒（パウダースノー）でできたバルハンについては，Moss（1938）を引用する形で既に先述の Bagnold（1941）で触れられている．また，Lonsdale and Malfait（1974）は，有孔虫の殻でできた海底（水深約2600 m）にある幅100 m程度のバルハンを音波探査により多数見つけている．本来砂のない（岩盤が露出する）場所に有孔虫の死骸が堆積し，海流によって作られたと考えられる．

108   第 I 部　流れによる地形現象

4.4　バルハン砂丘のアナログ実験

　これ以降，バルハンのアナログ実験について述べるが，本章で紹介する実験はすべて水によってバルハンを発生させたものである．ここで紹介する実験に限らず，バルハンに関する実験のほとんどは水を使っている．それは水成バルハンにしか興味がないからではない．実験では水を使うが，比較対象となる自然界のバルハンは，水成のみならず風成バルハンも含まれる．厳密な比較は難しくても，定性的な議論を通して砂丘一般に対する理解を深めることを目的として実験が行われてきた．

　水の流れを使って実験を行う理由は，バルハンを作りやすいからである．筆者はこれまで幅が数十 cm，長さ数 m 程度の実験水槽を使ってきたが，これと同様のサイズの実験用の風洞を使ったとしても，期待するような地形はできない．砂を多量に敷き詰めて強力な扇風機で風を送れば波長数 cm 程度のウィンドリップル（風紋）はできるが，水を使った場合にできる波長数十 cm 以上のデューンに相当するものはできないし，バルハンもできない．敷き詰めた砂はあっという間になくなってしまう．途中，砂が減っていく過程で，偶発的にバルハンに似た地形ができることもあるが，大きさと形を維持して風下に移動していくという性質は持たず，やがて消え失せてしまう．たとえば，Dauchot et al.（2002）の実験がそうであるし，それ以前に著者が水槽に蓋をして風を送る実験をしたときも，結果は同様のものであった．結論から言うと，小さいバルハンを作りたいなら空気の流れではなくて，水の流れを使わないとだめということである．ただし砂は，自然界のものと実験に使うものとで，成分（つまり密度）も粒径もほぼ同じである．

　この後に書くように，空気の流れと水の流れとで，できるバルハンの性質はよく似ているのだが，実現可能な最小サイズに限って言えば，かなり違う．水成バルハンの最小サイズは 1 cm 以下であるのに対し，風成バルハンは，砂漠の観測例によると，高さにして約 1 m，幅にして約 10 m より小さいバルハンは報告されていないので，これが最小サイズと考えられている．実験室で観察

するうえでは，バルハンのサイズは小さい方が都合がよい．だから，水を使うのである．

バルハンの最小サイズは何によって決まるのかということに関しては，物理学的な考察がある．ここで鍵となる量が流速の変化に対して粒子のフラックスが応答するのに必要な距離 saturation length で，これは粒子が流体中で持ちうる慣性力の効果の指標である drag length[5]と関係している．水中であれば，バルハンの最小サイズを決めるこの量が，空気中より小さい値を持つため，水を使った実験で砂丘の縮小が可能となる．

4.4.1 一方向流で生じるバルハンの実験

最初に紹介する実験は，一方向の水の流れで生じるバルハンについてのものである．一方向の水の流れとは川のように，流向が一定の流れのことである．これと対照的なものとして，波浪によって引き起こされ底面付近で往復運動となる振動流がある．実は，筆者自身は一方向流の実験よりも先に，あとで紹介する波によるバルハンの実験を行ったのであるが，まずはわかりやすい一方向流の実験について述べる．

砂漠における調査から，バルハンは1年を通じて風向きがほぼ一定の場所で生じることが知られていた．よって，砂を動かす媒体が空気ではなく水の場合でも，流れの方向が一方向に卓越する条件でバルハンができることが予想された．ただし，通常，川底にできている砂地形は，リップルやデューンと呼ばれるもののうち連続性を持ったものであり，バルハンのような多数の孤立したものではない．砂漠同様，バルハンが生じるためには砂の量が少ないことが必要であると推測された．

Endo et al.（2005）では水槽内の上流部にのみ薄く砂を敷き，一方向流を作用させた．その結果バルハンが発生した（図4.3）．実験室でできる小さなサイ

---

5) drag length $l_d = d\rho_s/\rho_f$. ここで d は粒子径，ρ_s，ρ_f は粒子と流体の密度（Hersen et al., 2002）.

110 第 I 部　流れによる地形現象

図 4.3　アナログ実験で発生したバルハン群

ズのバルハンは，砂漠で見られる大きなものと区別するときは，バルハンリップルと呼ぶ．

　この実験では，バルハンの 2 種類の発達様式が観察された．1 つはバルハノイドが途切れてバルハンになる様式で，もう 1 つは小さな砂の集合体が砂を集めてバルハンに成長する様式である．バルハノイドとは，バルハンが横に連なった状態を差し，トランスバース（横列砂丘）の一種である．バルハノイドがバルハンになるということは，横列砂丘が途切れることを意味しており，砂は少なくなっていく（単位面積あたりの砂の量は減少する）状態にあるので，侵食の傾向を示していると言える．もう一方の発達様式は，小さな砂の集合体に上流から供給される砂が付加していくことによりバルハンに成長する過程である．バルハンが成長している場所だけに着目するなら，堆積の傾向を示していると言える．このように，実験からわかったこととして，侵食が起きても，堆積が起きてもバルハンができるという点が挙げられる．なお，2 つ目の（堆積の）過程の初期に生じる小さな砂の集合体はごく薄い形状をしていて，砂漠で報告されているサンドパッチ[6]に相当するものと思われる．

　次に，実験でできた個々のバルハンの形状について述べる．形を正確に定量化することは意外に難しいことが多いが，ここでは簡単に測定できる特徴的な指標のみを扱う．具体的には図 4.4 のような値（角の長さ L_h，胴体の長さ L_b，幅 W）および高さ h を測定した．その結果，水槽実験でできたバルハンの(1)

───────────────
[6] 孤立した非常に平べったい砂の集合で砂丘とはみなされず，砂丘の前駆体と考えられている．上から見た形状は不定形である．

高さ（厚さ）と幅の関係は，砂漠で報告されているものに近いものであることがわかった（図4.5）．なお，この図の縦軸と横軸は先述のバルハンの最小サイズに関連するパラメータ drag length, l_d で規格化してある．一方向流実験，振動流実験，自然界いずれも，およその傾向が一致し，範囲も重なっているのがわかる．一方，(2)幅に対するバルハン全体の長さ（流れに平行な向

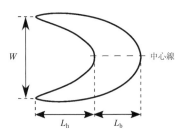

図 4.4 バルハンの形状を表すパラメータの定義

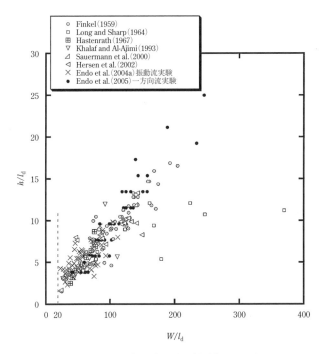

図 4.5 バルハンの高さ（縦軸）と幅（横軸）の関係．アナログ実験と野外のものを比較するために，drag length, l_d で規格化されている．●が一方向流実験，×が振動流実験で，他のデータは野外（自然）の砂丘．およその傾向に違いはない

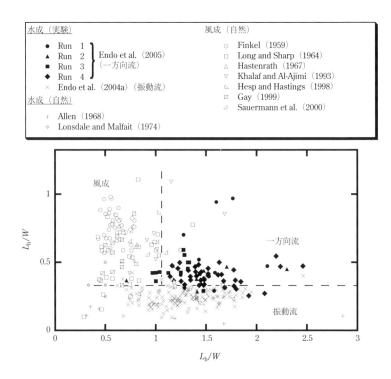

図 4.6 アナログ実験と野外で観察されたバルハンの角（縦軸）と胴体の長さ（横軸）の関係．バルハンの幅のサイズで規格化してある

きのサイズ）は，風成の自然砂丘のものより大きい傾向になった．また，(3)幅に対するホーン（角）の長さは砂漠のものより小さかった（図 4.6）．この図では，次に紹介する振動流の実験も含まれている．

上記(1)の関係が実験と砂漠とで近いのは，バルハンの下流側斜面では（砂の）なだれが生じ，安息角による制約を強く受けるためであると考えられる．安息角とは，砂粒がなだれ出す斜面傾斜角（限界安息角）あるいは，なだれた砂が停止する傾斜角（停止安息角）のことである．多数の砂粒（粉体あるいは粉粒体）が流れている最中は，水や空気のような流体に似た性質を持つが，安息角を以て停止することができる点が流体とはきわめて異なる粉体の性質の1つである．砂丘の下流側斜面は，どの位置でも安息角になる．また同様に，弧を

描くクレストライン（稜線：バルハンの場合は上流側斜面と下流側斜面の境界）に沿った方向についても安息角を超えることはできない．さらに，角の先端はおよそ下流を向くといった別の制約も加わることから，下流側部分の取りうる形状は限定されると考えられる．空気中でも水中でも安息角はそれほど変わらないので，この限定条件の結果として生じる形状は風成でも水成でも同様であるはずである．一方，上流側斜面には安息角のように常に同じ値をとるような物理的制約はなさそうなので，上流側斜面の長さは条件によって変わるであろう．そのため上記(2)と(3)のような違いが現れたと考えられる．

　砂漠で見られる大きな風成バルハン砂丘と，実験室で一方向流によってできる小さな水成バルハンリップルとでは，細かく見ると上記(2)や(3)のような違いもあるが，媒体となる流体や地形のサイズが大きく異なる割には，(1)のように十分よく似た地形であること（だからこそ同じバルハンという名称で呼んでいるわけだが）が確認されたことになる．また，形の類似性に加えて，バルハン特有の移動性に富む性質に関しても共通点が見つかった．

　既に書いたように，バルハンは，大きさと形をほぼ保ちながら風下にゆっくりと移動する砂丘である．実際にどれくらいのスピードかというと，場所によっても異なるが，速いもので1年に20m以上になることもある．同じ場所であれば，移動速度と最も関連があるのはバルハンのサイズである．比較的初期の現地調査により，同一の砂漠内に存在するバルハンの移動速度は，バルハンの高さに反比例（逆数に比例）することが知られていた（Bagnold, 1941）．バルハンは最小のものだと高さが1m程度で，これらが最も速く動く．大きいものは高さ30m以上になるが，移動速度は高さが1mのものと比べて約30分の1になるというわけである．実験水槽で発生したバルハンの移動速度も，サイズに対して同様の関係があった．

4.4.2　振動流で生じるバルハンの実験

　砂漠での観測結果からバルハンは一年を通じて風向が安定している場所で発生することがわかっていたので，水を使った一方向流実験の結果は受け入れや

すい．ところで，実験の利点として，実験者の意図で条件を設定できることが挙げられる．一方向流ではなく，振動流を作用させた場合はどうなるであろうか？　この場合も，砂の量は，一方向流の実験でバルハンができたのと同程度に少なめの量にしておく．振動流は，水面で波（波浪，あるいは表面波）を起こすことで生じる．波を起こすと，表面近くでは水の分子は円に近い軌道を描くが，水深が深い場所ほど，軌道はつぶれて楕円に近づき，底面では底面に沿った振動となる．水底の地形に関連するのは底面に近い場所の水の運動なので，波を起こせば，底面に対して振動流を作用させたことになる．

　Endo et al. (2004a) では，プランジャー式造波装置（前述）を使い，水槽底面に薄く敷いた砂に振動流を作用させた．この場合も，三日月型をしたベッドフォーム，つまり，バルハンリップルが発生した．波の条件により，形が多少変わり，前節で示した図 4.6 のような結果が得られた．

　ところで，バルハンは一方向の流れによってできると述べた．では，なぜ振動流実験でバルハンリップルが生じたのか．実は振動流と言っても，完全に対称な流れとはならない．波はエネルギーの伝搬であり方向性を持っている．波によって生じた底面の振動流もネット（差し引き）の物質移動（ドリフト）を引き起こす．片方の向きの流れの方が速く，逆の向きの流れは遅いからである．この実験により，ネットの輸送の方向が一定あれば振動流であってもバルハンができることがわかったのだ．

　現実の砂漠でバルハンが生じている場所でも，風向きがまったく変化しないわけではない．季節や一日の中の朝晩など，さまざまなタイムスケールで変動しているはずである．実験ほど規則正しくはないにせよ，最も卓越する流向とは異なる向きに弱い流れが生じている時間がある．卓越風の方向（順方向）とそれに対して真逆の方向に流れの向きが交互に入れ替わる場合において，各方向の流れの強さの比とバルハンの形状の関係性を考える際に，振動流の実験結果を参考にすることができる．

4.4.3 二方向流（流向反転）の実験

振動流実験，すなわち，波を起こす実験では，波長や振幅を変えることで，さまざまな条件の振動流を作ることができるが，順方向（波の進む向き）と逆方向の流速や一周期内の持続時間を独立に変化させることは難しい．

そこで，造波装置を使って振動流を発生させるのではなく，一方向流を発生させるポンプを使い，流れの方向を切り替えながら任意の流速と持続時間を設定し，これを繰り返し作用させる実験を行った．この実験では，流速や持続時間の組み合わせによっては，一方向流からかなり外れる条件になるので，生じる地形がバルハンとは限らない．しかし，初期地形としてはバルハンを設定した．この設定の意図は，環境変化などによって風の吹き方が変わった場合にバルハンがどう変形していくかを考察することである．流向の変化は季節風のアナログ（模擬）であるが，それより長いタイムスケールの環境変化により季節風の吹き方が（一方向流から二方向流に）変わった場合を想定している．

波による振動流の実験では逆方向の流れの持続時間が短すぎてその影響はほとんど見えなかったが，今回の実験ではリバーシングデューン（reversing

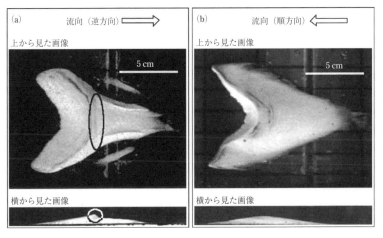

図 4.7 実験でできたバルハンに逆方向の流れと順方向の流れを作用させた様子

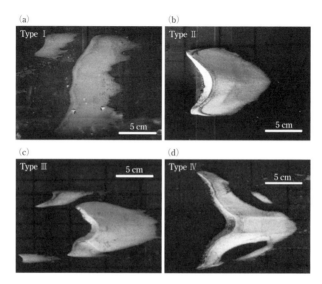

図 4.8 二方向流実験（互いに正反対つまり 180°の流れ）において見られた 4 つの変形パターン．順方向と逆方向の流れの相対的な強さに応じてパターンが決まる（本文および図 4.9 参照）

dune）と呼ばれる地形の特徴が見られた（図 4.7）．すなわち，クレスト（嶺）の部分に通常のバルハンと逆向きに小さななだれ斜面（rear slip face）が生じる（図 4.7(a) の横からの写真を見るとわかりやすい）．これについては Bishop（2001）が，オーストラリアの砂漠でできていたバルハンについてすでに報告していた．原則としては 1 年を通じて風向が安定している場でバルハンは生じるが，場所によっては季節風によるマイナーチェンジがありうるということである．

ただし，変形が軽微な範囲にとどまり概形としてバルハンが維持されるためには，季節風が強すぎてはいけない．この実験で，バルハンの変形には次の 4 つのタイプがあることがわかった（図 4.8）．逆向きの流れが十分弱い場合には，その後の順方向流が作用する際に完全に回復でき，rear slip face を持たない通常のバルハンとなる（Type II）．一方，逆流が強くなると，次の順方向流が作用しても地形は回復できず変形が進行していく（Type I）．他に，角の部分がちぎれていくタイプ（Type III）や角の S 字型に曲がる（曲率変換点が生じる）タ

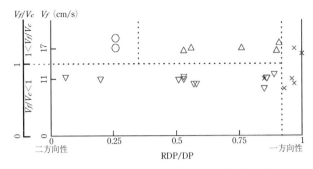

図4.9 二方向流実験（互いに正反対つまり180°の流れ）での変形パターン（図4.8）と流れの条件との関係

イプ（Type IV）が現れた．

変形のタイプと流れの条件は図4.9のような結果を得た．図4.9の縦軸は順方向の流速 V_f の指標であるが，バルハンが形状を維持して前進できる必要最小限の流速 V_c に対する比を取ったもの，横軸は流れの非対称性を表す指標で，右ほど一方向性（非対称）が強く，左ほど2つの方向の流れが似通っている（対称性が高い）．この結果を応用して，火星に見られる変形したバルハンの形状（Type IV に似たもの）からその場所での季節変動による風の非対称性を推定した（Taniguchi and Endo, 2007）．

4.4.4 斜交する二方向流の実験

上で述べた二方向流の実験では，それぞれの方向の流速や持続時間を任意に設定できるが，2つの流れの向きは正反対の場合に限られる．砂漠での風向の季節変化は，必ずしも正反対の二方向というわけではない．そこで，風向きの変化の方向が，正反対ではなく斜交する場合についての実験を行った．

通常水槽は細長い形状であり空間的に1次元である．平面水槽と呼ばれる2次元の広がりを持った水槽に一方向流を作用させることも原理的に不可能ではないが，流向を可変にするのは予算面で厳しい．そこで，比較的幅の広い1次

元水路内に，砂を置いたターンテーブルを設置し，その向きを回転させることで，相対的に砂に対し任意の角度をつけた流れを作用させる実験を行った（図4.10）．このように，技術的あるいは経済的に実現可能な実験方法を考えることもアナログ実験を行うにあたって重要な面である．この方法なら三方向以上の流れも再現できるが，いきなり複雑な系を考えるのは難しいので，流向の数は2つに限り，2つの流向がなす角度を変化させた．この実験では初期地形を，定められた量の砂を用いた人工的な円錐状の形とした．紙面の都合で結果の詳細には触れないが，いくつかの例を図4.11に載せる．ここで，θは2つの流れ（Flow A と Flow B）の方向がなす角で，αは1サイクルにおける Flow A の持続時間に対する Flow B の持続時間の比である．θとαの条件により，円錐状の形状を

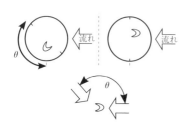

図 4.10 さまざまな角度の二方向流を実現するためにターンテーブルを使った実験の模式図

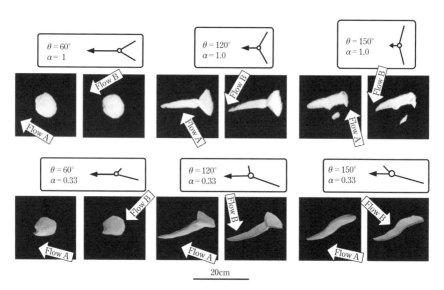

図 4.11 さまざまな角度の二方向流実験における砂丘の発達の様子

第4章 砂丘　119

維持する場合，長く伸びる場合およびそれに扇型の部分が加わる場合，一部が
ちぎれて離れていく場合，（通常のバルハンは角が2つあるが）角1つの形状と
なる場合などが観察され，野外の砂丘を撮影した衛星写真と比較し風況推定や
その検証が行われた（Taniguchi et al., 2012）．

4.4.5　砂丘衝突実験

　これまで何度も述べているように，バルハンは移動性に富んだ砂地形である．
4.4.1小節の最後で紹介したように，移動速度はバルハンの高さに反比例する．
よって，大きなバルハンの上流（風上）に小さなバルハンがあると，速く小さ
なバルハンは必然的に，下流の遅い大きなバルハンに追いついてしまう．つま
り，砂丘同士の衝突が生じる．こうしたことは現実の砂漠でしばしば起きてい
ると考えられるが，広い砂漠の中で見つけるのは容易ではない．それでも，人
工衛星による空撮の発達により，衝突の最中と思われるものやその前後の写真
などは部分的に報告されるようになってはきた．しかし，衝突の様子を初めか
ら終わりまで通して観察した例はない．人間の感覚からすると，バルハンは大
きく，移動速度は遅く，衝突の全過程を観察するには長い時間を要するからで
ある．バルハン同士が衝突するとどうなるかという問題は，複数のバルハンか
ら構成される砂丘群の時間発展を予測するうえで重要である．砂丘ダイナミク
スの基礎となる部分であると言える．現実の砂丘では観察しがたいバルハン同
士の衝突も水槽実験であれば，さまざまな条件で全過程を観察することができる．
　実験の結果，2つのバルハンのサイズ比によって3通りの衝突パターンが観
察された（Endo et al., 2004b）（図4.12）．大きさの差が大きいと，上流のバルハ
ンは完全に吸収され，最終的に1つのバルハンになる（図4.12(a)）．大きさの
差が小さいと，衝突する前に下流側のバルハンが分裂する．これは，上流側の
バルハンのすぐ下流で生じる流れの渦による下降流が，下流側のバルハンを侵
食するからである（図4.12(c)）．2つのバルハンのサイズの差が先の2つの中
間であると，あたかも小さなバルハンが大きなバルハンを突き抜けるような現
象が見られる（図4.12(b)）．実際には，入って来るバルハンと出て行くバルハ

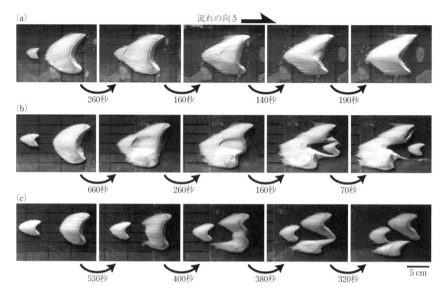

図 4.12 バルハン衝突実験．2つのバルハンの大きさの比によってパターンが異なる

ンは同一ではなく，それらを構成する砂粒は入れ替わっている．この場合も，上流からやって来たバルハンが作る渦が関係していて，侵食が新たなバルハン（出て行くバルハン）を作り出している．なお実験では，出て行くバルハンの方が，入って来るバルハンよりやや小さかった[7]．

筆者がこの実験結果を学術誌に投稿した際，査読者の一人から「実際の砂丘はもっと大きく，また，流れの媒体は粘性の低い空気（風）であるから，下降流の作用が効いて侵食が起こる水槽実験の結果は現実の砂丘の状況と違うのではないか」というクレームがついた．しかし，現実の砂丘も水槽実験と同じであると確信できる記述を，世界的な写真地理雑誌『ナショナルジオグラフィック』で見つけた[8]．空気は水以上に透明であるうえに，地上では底面との摩擦

---

7) この一見バルハンが貫通しているように見える現象は，フィリップ・ボール著の一般向けの科学図書『流れ―自然が創り出す美しいパターン―』でも，この水槽実験の論文を引用する形で紹介されている．

で風が弱まり気づきにくいが，そのわずか上空では身の危険を感じるほどの風が吹き下ろしているのだ．砂丘に近づけるような天候の良い日でそうなのだから，砂丘が大きく変化したり活発に移動したりするような強い風が吹く日であればなおさらであろう．洪水時の河川の流れの中や噴火中の火山同様，砂丘が大きく変化する最中の様子も，アクセスが困難なためにまだよくわかっていないことが多い．なお，砂丘衝突の野外観察については前章3.5節を参照されたい．

4.5 まとめと今後の展望

アナログ実験は系を整えた条件で行えることが利点である．実験者がどの素過程を見たいかに応じて，どう系を整えるかが違ってくるので，それぞれの場合に適した実験方法を考える必要がある．4.2節で紹介したようないろいろなタイプの実験方法がある．もちろん，研究テーマによってはこれまでなかったような方法や装置を開発する必要が出てくるであろう．

バルハン砂丘は，孤立砂丘の一種で，フィールドでも実験でも特有の形をしたものが同時に複数発生する．1つ1つを認識しやすい点と，バルハン砂丘の発生条件の1つである一方向の流れを作りやすいことが，研究対象として選ぶメリットであった．しかし，孤立砂丘の別の種類である星型砂丘（star dune）（前章参照）は複数の流向が発生に必要で，自然界に見られるものと形がよく似たものを実験室で再現するのは現状で難しく，今後の課題の1つと言える．また，バルハンを含めた孤立砂丘，および，連続的に砂が存在するような場合にできる砂丘が発達する途中の過程，あるいは安定した状態，さらに，外部条件が変わってある安定状態から別の安定状態へ遷移する過程における砂の移動

---

8) 砂丘特集が組まれたときに，パラグライダーに乗って砂丘の写真を撮るのは命がけであるという話の中で，砂丘の風下側では強い風によって地面に叩きつけられる危険があると書かれている．

122　第 I 部　流れによる地形現象

を詳細に測定することは，実験においても野外観測においても現状でできておらず，技術的な進歩が必要である．科学の歴史は，新しいテクノロジーによるブレークスルーを繰り返し見てきた．今後の砂丘研究に期待したい．

　砂丘について科学的見地から総合的に研究したパイオニアであるバグノルド（R. A. Bagnold）は，英国陸軍お抱え研究者として，乾燥地帯の調査に従事していた．彼が 1941 年に著した *The Physics of Blown Sand and Desert Dunes* は砂丘研究の古典として研究者の間では広く知られていたものの，大きな大学図書館でしか見ることのできない貴重な本であったが，60 年以上経った 2005 年に突如復刊された．また，近年 Google Earth のようなインターネットを通じたサービスによって遠い地域の衛星画像を簡単に見ることができるようになったおかげで，誰もが砂丘や（撮影時期が異なる画像により）その移動を見ることができるようになった．日本のみならず世界的に見ても人口は都市部に集中している．一方で，エネルギー需要は増加の一途であり，太陽光発電所や風力発電設備の建設用地として人の住んでいない乾燥地帯は今後脚光を浴びることであろう．その際，時に街ごと飲み込んで文明を滅ぼすほどの脅威となりうる動く砂丘とどう対峙するかが鍵となる．その答えを得るためにも砂丘研究は今後さらに重要となる．

参考文献

Abad, J. D. and Garcia, M. H.（2009）: Experiments in a high-amplitude Kinoshita meandering channel : 1. Implications of bend orientation on mean and turbulent flow structure. *Water Resources Research*, 45(2), W02401.

Allen, J. R. L.（1968）: *Current Ripples : Their Relation to Patterns of Water and Sediment Motion*, North-Holland, Amsterdam.

Bagnold, R. A.（1941）: *The Physics of Blown Sand and Desert Dunes*, Methuen, London.

ボール，フィリップ（塩原通緒訳）（2011）:『流れ―自然が創り出す美しいパターン―』，早川書房．

Belderson R. H., Johnson, M. A. and Kenyon, N. H.（1982）: Bedforms. In : *Offshore Tidal Sands : Processes and Deposits*, Stride, A. H.（Ed.）, Chapman & Hall, London.

Bishop, M. A.（2001）: Seasonal variation of crescentic dune morphology and morphometry, Strzelecki-Simpson desert, Australia. *Earth Surf. Process. Landforms*, 26, 783-791.

Dauchot, O., Lechénault, F., Gasquet, C., et al. (2002) : 'Barchan' dunes in the lab. *Comptes Rendus Mecanique*, 330(3) : 185-191.

Endo, N., Kubo, H. and Sunamura, T. (2004a) : Barchan-shaped ripple marks in a wave flume. *Earth Surf. Process. Landforms*, 29, 31-42.

Endo, N., Taniguchi, K. and Katsuki, A. (2004b) : Observation of the whole process of interaction between barchans by flume experiments. *Geophys. Res. Lett.*, 31, L12503.

Endo, N., Sunamura, T. and Takimoto, H. (2005) : Barchan ripples under unidirectional water flows in the laboratory : Formation and planar morphology. *Earth Surf. Process. Landforms*, 30, 1675-1682.

Finkel, H. J. (1959) : The barchans of Southern Peru. *Journal of Geology*, 67, 614-647.

Gay, S. P. (1999) : Observations regarding the movement of barchan sand dunes in the Nazca to Tanaca area of southern Peru. *Geomorphology*, 27, 279-293.

Hastenrath, S. L. (1967) : The barchans of the Arequipa region, southern Peru. *Zeitschrift für Geomorphologie*, 11, 300-331.

Hersen, P., Douady, S. and Andreotti, A. (2002) : Relevant length scale of barchan dunes. *Phys. Rev. Lett.*, 89, 264301.

Hesp, P. A. and Hastings, K. (1998) : Width, height and slope relationships and aerodynamic maintenance of barchans. *Geomorphology*, 22, 193-204.

Khalaf, F. I. and Al-Ajmi, D. (1993) : Aeolian processes and sand encroachment problems in Kuwait. *Geomorphology*, 6, 111-134.

Long, J. T. and Sharp, R. P. (1964) : Barchan-dune movement in Imperial Valley, California. *Geol. Soc. Am. Bull.*, 75, 149-156.

Lonsdale, P. and Malfait, B. (1974) : Abyssal dunes of foraminiferal sand on the Carnegie Ridge. *Geol. Soc. Am. Bull.*, 85, 1697-1712.

McCulloch, D. S. and Janda, R. J. (1964) : Subaqueous river channel barchan dunes. *Journal of Sedimentary Petrology*, 34(3), 694.

Sauermann, G., Rognon, P., Poliakov, A., et al. (2000) : The shape of the barchan dunes of southern Morocco. *Geomorphology*, 36, 47-62.

Taniguchi, K. and Endo, N. (2007) : Deformed barchans under alternating flows : Flume experiments and comparison with barchan dunes within Proctor Crater, Mars. *Geomorphology*, 90, 91-100.

Taniguchi, K., Endo, N. and Sekiguchi, H. (2012) : The effect of periodic changes in wind direction on the deformation and morphology of isolated sand dunes based on flume experiments and field data from the Western Sahara. *Geomorphology*, 179, 286-299.

Wasson, R. J. and Hyde, R. (1983) : Factors determining desert dune type. *Nature*, 304(28), 337-339.

（遠藤徳孝）

第5章
砂丘
～地球外における形態の観測～

5.1　はじめに

　地球上にはさまざまな砂丘が存在している．流体と粉粒体とが相互作用し，時々刻々と移動し姿を変えていく動的な「形」である．こうした砂丘は我々の住む地球だけで見られるものではない．おなじ物理過程であれば，他の天体でも類似したパターンを示すのは道理である．

　近年の太陽系探査の急激な進展により，我々の知見は太陽系外縁部にまで及ぶようになった．2015年には探査機が冥王星に達して衝撃的な写真が公開されたことは記憶に新しい．まだ議論が定まっていない部分もあるが，地球上でありふれた砂丘地形が違う天体でも発見されている．物理過程の考察を通じてどのような情報が抽出され各天体表層の科学に結びついているのか，蛮勇を奮って概観してみる．今後，それら地形の成因・解釈が大きく変わる可能性もあるが，議論は古くなったとしても観測データは変わらないので，境界条件の異なるある種の砂丘形成実験，つまりアナログモデルとみなして利用ができる．

　2017年現在，砂丘ないし砂丘ではないかと言われている地形が見つかっている天体は，地球，金星，土星衛星タイタン，冥王星，そして火星の5つである．次節で各天体に共通する注意点や観測データを解釈するための境界条件一覧を示す．次いで，個別の気候・気象情報や地質などと併せて，地球外天体の砂丘地形について順に紹介していく．各節の記述の重みは知見やデータの量に

126 第Ⅰ部 流れによる地形現象

依存するのであまり揃ってはいない．赤い砂漠の星として有名な火星は，衛星観測データだけでなく地上探査車からの豊富なデータが蓄積されつつある．そのため，地球の地表における人間と変わらない目線のものも珍しくない．イメージしやすく，地球の地形とも比較しやすいので，最後に触れる．

5.2　各天体の砂丘の共通項，注意点，各天体諸元

　太陽系探査機による観測データは種類も頻度も精度も地球上のそれには遠く及ばないため，共通する有用な情報は砂丘形態とそのスケールのみと言って良い．無人機によるリモートセンシングは，可視画像だけでなく，レーダーに基づくものがある．しかし砂丘の形態だけでも，地球の知見やモデリングを伴う考察で補うことで，目に見えない大気の情報を可視化したことになる．太陽系天体の気象や気候変動，表層環境進化や物理素過程を理解するうえで，「砂丘」は重要な知見たりうるのだ．たとえば，火星上のスケールの異なる砂丘地形でそれぞれの意味する風向などが異なる例が見られる．大規模な地形ほど形成に時間がかかることを仮定すれば，小さい地形から直近の風系，大きい地形からより過去ないし長期にわたる平均的な風系が読み取れる．すなわち，砂丘地形から過去履歴を分離・識別できたことになる．

　ただ，形や物理が同じであっても，時間の進み方まで地球と同じではない．地球外天体の地形を議論する際に忘れてはならないことは，変化の時間スケールが地球と大きく異なる点である．地球表層環境は地球外天体のそれと比べて非常に活発で侵食なども激しいため，いま見られる典型的な中小規模地形は第四紀以降のものに限られる．同位体測定などによる絶対年代を踏まえると，地球地表で見られるそれら地形の寿命は長くても200万年程度である．一方，地球よりも地形営力が不活発なだけでなく，季節変化の年周期や気候変動周期が地球よりもずっと長い天体では，数億年スケールで地形が維持されている例が珍しくない．砂丘が見られても，それが今も活動している地形なのか化石のように保持されているかつて活動していた地形なのかは，経時変化を追うなど現

表 5.1 砂丘ないし砂丘の可能性がある地形を伴う太陽系天体の物理諸元

天　体	金　星	地　球	火　星	タイタン	冥王星
天体半径 (km)	6052	6370	4470	2575	1187
重力加速度 (m/s^2)	8.9	9.8	3.7	1.35	0.62
自転周期 (日)	223	1	1.04	16	6.4
日変化周期 (日)	119	1	1.04	16	–
公転周期 (日)	225	365	687	土星周 16 太陽周 10,759	90,560
地表組成・砂丘粒子	玄武岩	石英	玄武岩	氷 + 有機物	氷 ?
地表大気圧 (気圧)	～90	1	0.006	1.46	10^{-6}
地表温度 (K)	740	283	200	94	50
大気主成分	CO_2	N_2, O_2	CO_2	N_2, CH_4	N_2, CH_4
大気密度 (kg/m^3)	64	1.25	0.02	5-4	–
大気粘性 (10^{-6}Pa/s)	35	17	13	6	–
境界層厚 (km)	0.2	0.3-3	>10	2-3	–
摩擦速度閾値 (m/s)*	～0.02	～0.2	～1.5	～0.04	
流体速度比*	>1	～0.8	～0.1	>1	
典型的跳動高 (m)*	～0.002	～0.03	～0.1	～0.008	
典型的跳動距離 (m)*	～0.01	～0.3	～1	～0.08	
典型的砂丘形態	横列砂丘	バルハン, 縦列, 星形, 横列, ドーム, 複合	バルハン, 縦列, 星形, 横列, ドーム, 複合	縦列砂丘	不明
幅	0.2-0.5 km			1-2 km	不明
全長	0.5-10 km			100-数千 km	不明

* Kok et al. (2012). 跳動 (saltation) を特徴づける目安. 摩擦速度閾値を越える風速で砂粒子が動き出し, 砂粒子が砂丘表面で反跳しつつ流れる動きを跳動と呼ぶ. その典型的高さと典型的流下距離を示した. 跳動の激しさは表の上にある重力加速度や大気密度・粘性などといった諸元に支配されている.

地で直接確認しなければわからないのが普通である. なお, 月を除く地球外天体の地表年代は, 絶対年代測定された回収試料がないため, 相対年代もしくはクレーター年代学に基づく絶対年代が与えられている. 前者は相対順序が与えられるに過ぎないが, 後者は古い地表ほど多くのクレーターで穿たれているという単純な原理に基づいて衝突天体頻度のモデルとクレーター数密度から求められる定量的な地質年代である.

　モデリングの議論の助けとして, 天体別の諸元と計測された風速, 跳動

128　第 I 部　流れによる地形現象

表 5.2　各天体の地表風速とその計測方法

天体 探査機名	風速 (m/s)	観測手段@計測高など	出　　典
金星 Venera9	0.4 ± 0.1	風杯型風速計@1.3 m 49 分，0.4 Hz	Avduevskii et al. (1976)
金星 Venera10	0.9 ± 0.15	風杯型風速計@1.3 m 1.5 分，0.4 Hz	同上
火星 Viking1	最大 20 通常＜10	熱線風速計@1.6 m 45 火星日，毎時観測	Hess et al. (1977)
火星 Viking2	最大 20 通常＜10	熱線風速計@1.6 m 1070 火星日，毎時観測	同上
火星 Pathfinder	＜5-10（昼） ～1（夜）	熱線風速計@1.1 m	Schofield et al. (1997)
	7-10	風速器画像 3 高度@0.33，0.62，0.92 m	Sullivan et al. (2000)
火星 Phoenix	2-10	風速器画像@1.6 m ＞150 火星日，7600 計測	Holstein-Rathlou et al. (2010)
タイタン Huygens	0.6	Doppler @300-1000 m	Folkner et al. (2006)
	0.3	パラシュート影@～10 m	Karkoschka et al. (2007)
	＜0.25	探査機冷却率@＜1 m	Lorenz (2006)

(saltation) パラメータを表 5.1，5.2 にまとめた（Lorenz and Jimbelman, 2014 より抜粋改変）．また，少し前のレビュー論文だが，太陽系各天体の砂丘地形を概観した Bourke et al. (2010) にも本章の一部は拠った．

　太陽系探査機の成果はオープンデータとして無償で公開されることが通例である．NASA Planetary Data System のウェブページや FTP サイトから誰でも自由にダウンロードして確認ができる．有名な写真・図版については，NASA Photojournal や月惑星研究所（Lunar and Planetary Institute）の電子教材を通じて簡単な解説付きで閲覧することもできる．

5.3　金星の砂丘

　太陽系第 2 惑星，金星は，分厚い雲に覆われて地球からその地表を窺い知る

ことはできない．米国の金星探査機 Magellan（マゼラン, 1989-1994）は，合成開口レーダーを用いて雲の下の地表を観測し，金星表面の 98 ％を 300 m 程度の解像度で地図化した．そのなかに，地球上で見られる砂丘列と類似した地形パターンが発見されている．

　金星地表は玄武岩の溶岩流で覆われており，砂丘を構成する粒子は玄武岩の砂礫であると推定されている．表 5.1 の通り，表面重力は地球とほぼ変わらず，砂丘形成に寄与する流体は約 90 気圧 740 K の二酸化炭素大気，地表風速は 0.3〜1.0 m/s である．地球における水深約 1 km での水圧に相当し，大気密度も粘性も地球大気とは大きく異なる．砂丘群が現在も活動しているか，金星大気・気候を反映したものであるかはわかっていない．

　発見されている主な砂丘地帯は 2 箇所である（Greeley et al., 1992 ; Greeley et al., 1997）．ひとつは Aglaonice 砂丘地域ないし Menat Undae と呼ばれ，南緯 25 度，東経 340 度，約 1,290 km^2 の領域．もうひとつは Fortuna-Meshkenet 砂丘地域もしくは Al-Uzza Undae と呼ばれ，北緯 67 度，東経 91 度，約 17,120 km^2 の領域である．Undae とはラテン語で波を意味する語の複数形で，国際天文学連合で承認された砂丘地帯を指す地名型である．無数の風条が見られるが，ヤルダン[1]（yardang）と解釈されるものが多く，砂丘自体の占める面積割合は全球の 0.004 ％程度に過ぎない．

　図 5.1 は上述の Fortuna-Meshkenet 砂丘地域もしくは Al-Uzza Undae の一部（北緯 67.7 度，東経 90.5 度）のレーダー画像で，米国月惑星研究所のスライド教材として配信されているものである．砂丘頂部の全長は 0.5〜10 km，砂丘列間隔は 0.2〜0.5 km である．白く見える風条の伸びる方向が卓越風向であり，それが砂丘列と直交する傾向が見られるため，横列砂丘（トランスバース砂丘）と解釈されている．残念ながら砂丘自体の高度情報は得られていないが，砂丘面勾配が 25 度以下であることがレーダーの解析からわかっている．また，Weitz et al.（1994）によればレーダーのブラッグ散乱条件に基づいて地表風紋

---

1) 乾燥地域で傾斜した硬軟互層が風による差別侵食を受けて生じる地形．硬い部分が奇岩状の凸部として残り，それらが連なったもの．

130　第 I 部　流れによる地形現象

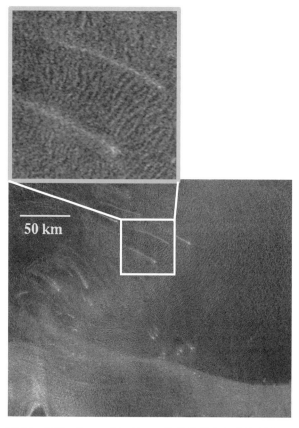

図 5.1　金星・Fortuna-Meshkenet 砂丘地域もしくは Al-Uzza Undae のレーダー画像．北緯 67.7 度，東経 90.5 度（米国月惑星研究所のスライド教材より）

の間隔が 15 cm 規模であるとされている．

5.4　土星衛星タイタンの砂丘

　太陽系第 6 惑星土星には，大気をまとった衛星タイタンが存在する．厚い靄に覆われていて地表の様子を直接見ることは難しい．米国の土星探査機 Cassi-

第 5 章 砂丘　131

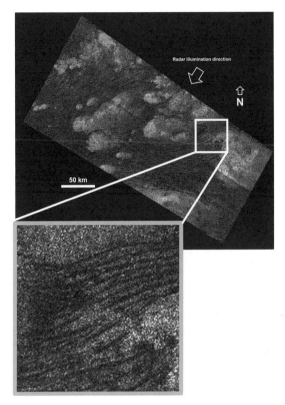

図 5.2　タイタン・Shangri-La 砂丘の合成開口レーダー画像．土星探査機カッシーニによる（Image ID : PIA20710）

ni（カッシーニ，1997-2017）が 2004 年から土星周回軌道上にあり，衛星タイタンの地表を，300 m 分解能の合成開口レーダー解析などで調べている．砂丘はタイタンの地表でよく見られる地形であり，砂丘地域はタイタン全地表の 15〜20 %，面積にして 1200〜1800 万 km^2 を占めると見積もられている（Lorenz and Radebaugh, 2009）．

　タイタンの地表は水の氷から成り，砂丘を構成する粒子は主にその氷と有機物が混ざってできた砂礫であると推定されている．表 5.1 の通り，砂丘形成に寄与する流体は 1.46 気圧 94 K の窒素・メタン混合大気で地球大気の 4 倍以上

132　第Ⅰ部　流れによる地形現象

図 5.3　タイタン・北緯 0.5 度，西経 154.2 度を中心とした 225×636 km のレーダー画像（Image ID：PIA12037）

の密度を示し，地表風速は 0.3 m/s 程度である．樹枝状河川や湖沼も発見されているが，地球のような水循環ではなくメタンないしエタンの循環により「降水および河川・湖沼形成」していると考えられている．砂丘を構成する粒子表面には大気中の光化学反応で生じたと考えられる有機物が付着していることが探査機の分光計から得られており，それら有機物と氷が混ざった粒子は，河川侵食の過程で生じたものかもしれない（Soderblom et al., 2007）．

　発見されている砂丘地域は，赤道を挟む南北緯 30 度までの一帯と，最大で南北緯 55 度までの飛び地である（Elachi et al., 2006）．砂丘はレーダー像で暗い線群として識別され，局所的な凸地形があるとそこを迂回するように蛇行するか，もしくはそこで切れる（図 5.2）．この図は土星探査機カッシーニの合成開口レーダー画像による Shangri-La 砂丘であり，白く見える局所的な高まりを迂回するよう砂丘列が平行に並んでいる様子が見て取れる．電波は図の北東側から入射角 27 度で照射されていて，砂丘表面で鏡面反射するなどして反射波を受けられなかっ

た部分が暗い領域として見えている．この暗線の間隔が砂丘列の間隔として計測できる．

　風向と砂丘列とが平行な縦列砂丘（ロンギテューディナル砂丘）と解釈され，典型的な砂丘の幅は 1〜2 km，砂丘列間隔は 1〜4 km，100 km 規模で長く連なる．緯度が高くなるほど砂丘列間隔が開き，最大で 4 km 程度となる．砂丘列間がレーダーで明るく見えることから，その領域は砂がないと解釈されている．赤道に近づくほど砂丘列間隔はより短く，砂丘列はより直線的で長く数千km 規模となり，砂丘群は砂海と化す．この様相は地球のナミブ砂漠との類似性が指摘されている（Radebaugh et al., 2008）．図 5.3 は北緯 0.5 度，西経 154.2 度を中心とした 225×636 km のレーダー画像で，全域にわたって東西方向に縦列砂丘が分布している様子が見て取れる．

5.5　冥王星の砂丘様地形

　かつての太陽系第 9 惑星，いまは準惑星に分類されている冥王星は，離心率が大きく季節によって太陽からの距離すなわち太陽入射エネルギーが大きく変わるため，大気が存在する時期が限られている．夏は地表から大気へ昇華が起き，冬は地表に大気成分が凝縮するという，地表と大気とのやりとりが活発な天体である．米国探査機 New Horizons（ニュー・ホライズンズ，2006-2017＋）は 2015 年に冥王星をフライバイして詳細観測を行った．回線容量が細いために，そのレコーダーに蓄えられたデータは今も地球への伝送が続けられている．そうして得られた写真のなかに，砂丘列ではないかと指摘されている線状地形群がある．仮にこれが砂丘だとすると，冥王星の大気と地表氷粒子との相互作用で形成されたことになる．しかし，観測時の冥王星大気は 1 Pa 程度と非常に希薄であり，これが砂丘を作れるような流体とは考えにくい．かつて一時的でも厚い大気が生じない限りは砂丘を形成しそうにないため，その成因について議論が続いている不可解な地形である．冥王星の別地域で固体窒素などが昇華して生じたと考えられる凹地形群が線状をなしている例が報告されているこ

134　第 I 部　流れによる地形現象

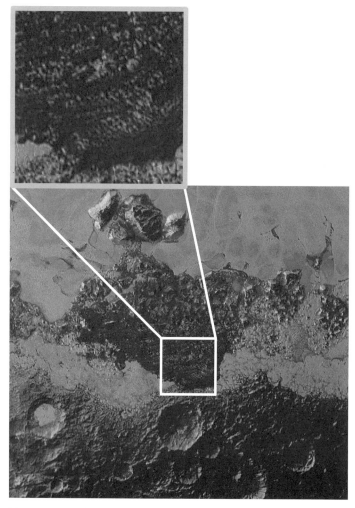

図 5.4　冥王星近接画像．距離 80,000 km で 2015 年 7 月 14 日に撮影．横幅 350 km（Image ID：PIA19933）

とから，これも揮発成分の昇華と凝縮が複合して生じた地形である可能性がある．あるいは，ヤルダンのような侵食地形かもしれない．

　図 5.4 は 2015 年 7 月 14 日に距離 80,000 km で撮影された，横幅が 350 km

の冥王星近接画像である．三角形状の暗い地域 Baré Montes（バレ山，差渡し130 km）に見られる線状の群地形が砂丘列ではないかと最初に指摘された．残念ながら拡大してもはっきりした特徴はわかりにくい．

5.6　火星の砂丘

　太陽系第4惑星，火星は，赤い砂漠の星として広く一般にも知られている．多数の探査機が火星を目指し，周回衛星による観測だけでなく，着陸機や探査車が地表の写真撮影や気象観測を続けている．地球外で最もよく調べられている天体であり，地球海洋底の粗い知見と比べれば，むしろ火星の方が地球よりも全球形状がよくわかっているとさえ言える．高さ分解能が 13 m，空間分解能が1度あたり64画素，すなわち赤道付近で約1 km 程度の全球数値地形図が公開されている．2017年現在，高解像度衛星画像で砂丘地形を把握するのに向いている探査機・観測機器は，米国 NASA の火星探査機 Mars Reconnaissance Orbiter（マーズ・リコネッサンス・オービター）に搭載された HiRISE（High Resolution Imaging Science Experiment）というカメラで，0.3 m と言われる高分解能性を誇り，同等の数値地形図も立体視により得られている．また火星着陸機ないし探査車（ローバー）搭載のカメラにより，地球上で見られるような風紋や砂丘も多数報告されている．

　火星探査データは無償で公開されているが，全球を大まかに摑むには，Google Map と似たインターフェースである Google Mars ウェブサイト，もしくは Google Earth アプリに標準で付いている火星レイヤーが簡便かつ有用である．前者は https://www.google.com/mars/ をウェブブラウザで開き，画面上部にある「Dunes」を選択すると，2017年5月現在17件の砂丘地形を選択できる．後者は，Google Earth を立ち上げ，ウィンドウ上部の土星アイコンをクリックして火星を選択し，砂丘の見られる地域を拡大していける．トピックとして HiRISE などの高分解能データのページへのリンクが埋め込まれていて，別画面で閲覧できる．

136 第Ⅰ部 流れによる地形現象

　火星地表は玄武岩の地殻で構成されていると考えられており，砂丘をはじめとした地球にあるものと類似した地形が多数発見されている．重力加速度が地球の半分を下回り，同じ物質強度であればより高い構造が支えられることから，それら地形は地球のものよりも大規模となる傾向がある．古い文献だと，火星砂丘の典型的大きさが大きめの値として記載されている例が多くあるが，それは地球よりも大規模な地形が多く見られたことに引きずられたことと，当時の低分解能データで見える範囲で記載されたためである．実際には，地球上に見られるものと同じ程度のものまで多種多様な形態と大きさが存在する．

　表 5.1, 5.2 にある通り，現在の火星大気は二酸化炭素を主成分とし，地球気圧の約 200 分の 1 という希薄さである．しかし，地表風速はずっと大きく，塵を上空まで巻き上げる竜巻のような旋風（dust devil）は多数観測されており，直径 1 mm 以下の地表物質は風で動いていると考えられている．火星地表は水の三重点（273.16 K, 611.65 Pa）近傍の温度圧力環境にあって相対湿度はほぼ飽和しているが，水の総量が少ない故に潜熱の寄与はずっと小さい．地表結露・降霜は見られるが降水は見られず，地球と比べて大気中のダストが除去されにくいために常に埃っぽい．そのため，大気循環を駆動するのは地球のような水循環ではなく大気中に巻き上げられたダスト（浮遊塵）の太陽光加熱である．ダストのために，青空ではなく赤い空が特徴である．

　地球における砂丘地形は地質年代という観点からはほぼ現在活動中の地形と見なせるが，火星の砂丘地形がいつ頃の時代のものか言及するのはきわめて難しい．火星周回衛星からの観察で時間変化が確認できたいくつかの砂丘は現在活動中と断定できるが，大半の大規模な砂丘は目に見える変化がない．そのため，5.1 節で述べたような厚い大気のあった古環境で形成され今は活動していない化石地形であるのか，今もゆっくりと活動しているものかの区別がつけられないのだ．厚い大気があった頃の過去の地形とする見方が捨てきれないため，火星砂丘を考察するうえで最低限の全球地形・地質を押さえておく必要がある．

　地球表面が大陸地殻と海洋地殻で二分されているように，火星表面は標高と地形地質・形成年代が南北で二分されている．南半球の標高が高く，数多くの衝突クレーターが穿たれて起伏が激しく，古い．北半球の標高が南半球よりも

第5章　砂丘　137

平均して低く，風成／水成の区別はつかないものの堆積物が広く分布していて，クレーター数密度も小さく，時代としても新しい．特に水と二酸化炭素の氷から成る北極冠の周囲には，それを取り囲むように大規模な砂海が見られるのが特徴である．火星の標高は，地球でいう平均海水面・ジオイドを基準面として使えないため，平均大気圧が水の三重点の値を示す高さを標高0の基準としている．火星全史はクレーター年代学に基づいて古い順に先ノアキス紀，ノアキス紀，ヘスペリア紀，アマゾニス紀に分けられている．それぞれ，地質記録のない四十億年ほど前，厚い大気で風もよく吹く温暖湿潤環境だったかもしれない三十数億年前，大気が薄くなり大洪水が頻発し巨大な火山や断裂地形が作られ始めた三十〜十数億年前，そして巨大盾状火山が形成され乾燥化が進んで現在の環境に近くなったという十数億年前〜現在に相当する．三十数億年前に作られたノアキス紀の地形が現在も見られるということは，地球と違って地表更新がそれ以降全球で活発ではなく，当時の地形と現在の環境で作られた地形とが混在して見えていることがわかる．いま見られる地形が現在の環境で作られたものではないという化石地形の概念はこれに基づいている．クレーター数密度から相対的な形成順序を調べるなどして，いつ頃のものか推定されているものもあるが，クレーター年代の目盛は最近になるほど粗くなるため，ごく最近できたと報告されていても「数億年前〜現在」など地球の常識とはかけ離れた範囲を意味していることに注意が必要である．また，地表の形成年代と，その上を移動しているだろう砂丘の形成時期とが乖離している可能性もあって，理解をより困難なものとしている．

　火星表面は地球よりも起伏に富み地形規模もずっと大きいため，砂礫の供給源および砂丘としてトラップする凹地には事欠かない．高さ20 kmを超える巨大な盾状火山，スコリア丘や各種火山地形，深さ10 km全長2000 km以上の大峡谷，川幅100 km全長1,000 km規模の巨大な洪水河川とその崖，無数の衝突クレーターが存在し，そこかしこに無数の砂丘が見つかっている．

　火星全球の砂丘地域は904,000 km^{2}と推定されている（Fenton and Hayward, 2010）．地球の砂丘と同じく，風系と砂が堆積する場の両方に依存する．火星上で砂丘は至る所で見られるが，最も大規模なものは北極冠周囲の砂海である．

138　第 I 部　流れによる地形現象

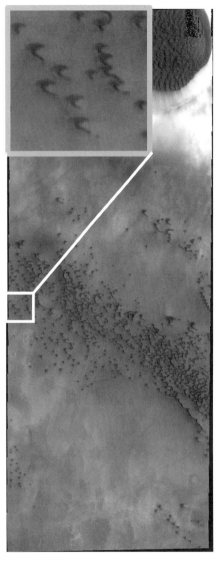

図 5.5　火星・北緯 73.9 度，東経 318.7 度（範囲約 20×72 km，空間分解能約 20 m）の北半球低地の可視画像．Mars Odyssey 搭載 THEMIS による（Image ID : V45541039）

そのほかに，衝突クレーターないし衝突盆地の底，南半球のいくつかの平原，低緯度帯の構造地形ないし河川地形の局所的な凹部，といった場所で普遍的に見られる．火星表面は植生のない岩石砂漠と砂砂漠ばかりで，砂丘はクレーター地形に次いでありふれたものである．砂丘形態で確認されているものは，バルハン砂丘，縦列砂丘（ロンギテューディナル），星型砂丘，横列砂丘（トランスバース），ドーム型，そしてそれらの複合・遷移形態である．まず，ある衝突クレーターの底と周囲の平原に見られる普通の砂丘群を中解像度で一望し，それから HiRISE の高解像度画像と地上探査車による観察で砂丘地形の詳細を紹介する．

図 5.5 は火星探査機 Mars Odyssey（マーズ・オデッセイ）搭載 THEMIS の可視画像の 1 つで，北緯 73.9 度，東経 318.7 度の北半球低地，範囲が約 20×72 km，空間分解能は約 20 m である．上方のクレーターの底には黒色の砂が堆積しており横列砂丘が多数見られる．クレーターの外の平原は砂の量が少なく，バルハンおよびバ

ルハンと横列砂丘が共存・合体している砂丘の群れが無数に見られる．大きさはさまざま見られるが，差し渡し 200〜600 m 程度のバルハンが卓越している．クレーター以外の平原一帯を覆うように暗灰色で網目状の細い筋が見られるが，これらは，一本一本が火星探査車や着陸機による現地観測に基づいて旋風が地表を薄く削って作った移動痕跡であることがわかっている（後述の図 5.11 の方がより大きく明瞭に見られる）．これら痕跡がずっと消されずに残っていることから，地表が更新される速度，風による表面粒子の移動速度があまり大きくないことがわかる．後の図で砂丘の活動度を考察する材料になっている（Christensen et al.）．

　図 5.6 は北向きに再投影された火星探査機 Mars Reconnaissance Orbiter の HiRISE 高解像度画像で，これ以降，地上探査車からの写真以外は同じである．南緯 42.7 度，東経 38.0 度の南半球 Noachis 高地，あるクレーターの中央丘近傍の横列砂丘群が写っている．空間分解能は 25 cm．黒く見える大型の横列砂丘とずっと小さく風紋のように見える白い横列砂丘が並存している．黒い

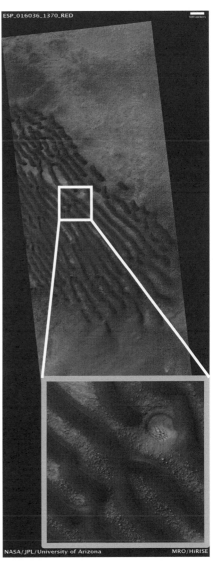

図 5.6　火星・南緯 42.7 度，東経 38.0 度（空間分解能 25 cm）の南半球 Noachis 高地の HiRISE 高解像度画像（Image ID：ESP_016036_1370）

140 第Ⅰ部 流れによる地形現象

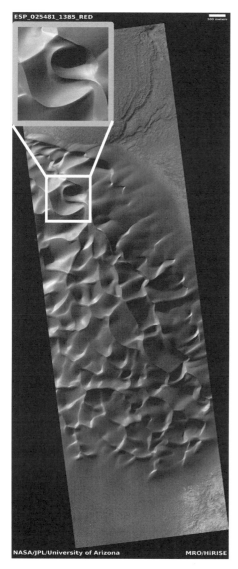

図 5.7 火星・南緯 41.2 度，東経 297.6 度（空間分解能 50 cm）の HiRISE 高解像度画像（Image ID：ESP_025481_1385）

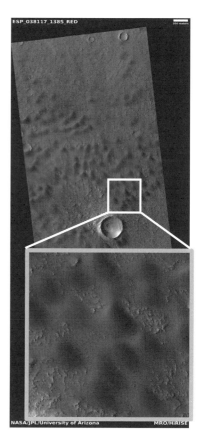

図 5.8 火星・南緯 41.2 度，東経 202.7 度（空間分解能 25 cm）の HiRISE 高解像度画像（Image ID：ESP_038117_1385）

第 5 章　砂丘　141

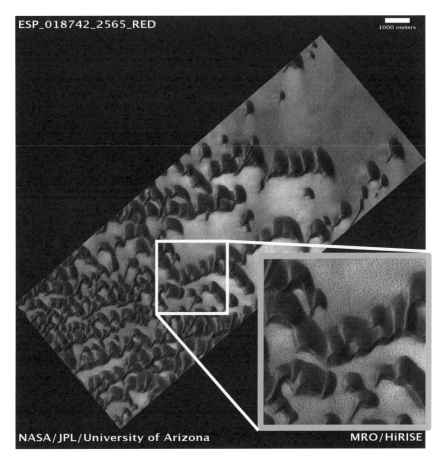

図 5.9　火星・北緯 76.5 度，東経 297.5 度（空間分解能 50 cm）の HiRISE 高解像度画像（Image ID：ESP_018742_2565）

大型砂丘の頂部は明瞭で，新鮮な地形に見える．黒い砂丘列の間にメートル級の岩塊が見られたり，風紋のような微細な砂丘も時折見られる．クレーターのような局所的凹地は砂礫がトラップされやすく，砂礫の量に依存してさまざまな砂丘形態が見られる．

　図 5.7 は南緯 41.2 度，東経 297.6 度．空間分解能は 50 cm．これもクレーターの凹地にトラップされた砂礫が作る砂丘である．頂部が明瞭でクレーター

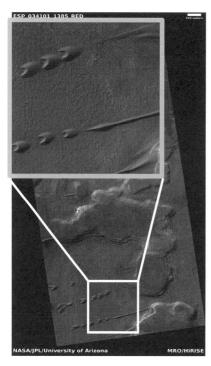 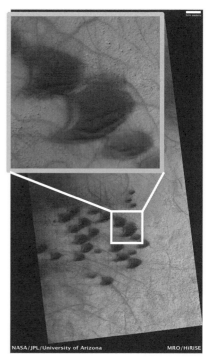

図 5.10 火星・南緯 41.4 度, 東経 44.6 度（空間分解能 25 cm）の HiRISE 高解像度画像（Image ID：ESP_034101_1385）

図 5.11 火星・南緯 56.0 度, 東経 157.5 度（空間分解能 25 cm）の HiRISE 高解像度画像（Image ID：PSP_006248_1235）

で穿たれてもいない，非常に新鮮な地形である．砂丘形成時の風向が一定しなかったことが読み取れ，図 5.6 と比べて砂礫供給量が多い星型に近い砂丘形態である．

図 5.8 は南緯 41.2 度，東経 202.7 度．空間分解能は 25 cm．直径 300 km の Newton クレーター底部に見られるドーム型砂丘で，一部はバルハンの特徴を示し，これからバルハンに成長していく過程なのかもしれない．小さいクレーターの局所的凹凸によって砂丘の分布が規制されている．

図 5.9 は北緯 76.5 度，東経 297.5 度．空間分解能は 50 cm．北半球低地，北極冠周囲の砂海に見られるバルハンと一部横列砂丘が共存している様子が写っ

ている．

図5.10は南緯41.4度，東経44.6度．空間分解能は25 cm．火星最大の衝突盆地Hellasの西縁でバルハンの生まれる様子が観察できる好適地の1つである．侵食で取り残された卓状台地の隙間から細く伸びた砂州のようなものがちぎれてバルハンに成長している．この砂丘が移動しているかどうかを調べるため，探査機をまたいで継続的に同地点の撮像が行われている．2017年現在，明瞭な活動は確認されていない．

図5.11は南緯56.0度，東経157.5度．空間分解能は25 cm．Cimmeria高地にあるクレーター底のバルハン砂丘と，黒い筋のように見える旋風（dust devil）が通った痕跡の群である．砂丘表面を拡大してよく見ると，黒い筋が砂丘と周囲の地表を横断していて，すべての表面地形を切って（覆って）いる最も新しい地表面要素であることがわかる．現在の火星環境で旋風は頻繁に生じ，こうした黒い筋が今もあちこちで作られつつあることが確認されている．そのため，これらバルハン砂丘が表

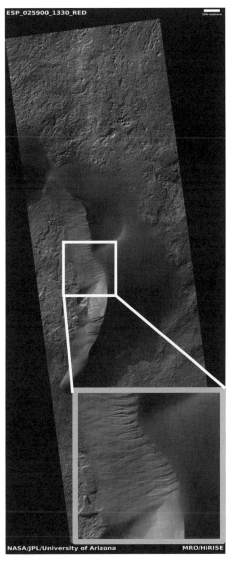

図5.12 火星・南緯46.7度，東経20.1度（空間分解能25 cm）のHiRISE高解像度画像（Image ID：ESP_025900_1330）

144　第I部　流れによる地形現象

図 5.13　火星・ナミブ砂丘の風下側急斜面のパノラマ撮影．2015 年 12 月 18 日．砂丘までの距離 7 m，砂丘の比高約 5 m，見えている斜面の勾配約 28 度．地上探査車 Curiosity による（PIA20284）

第 5 章 砂丘　145

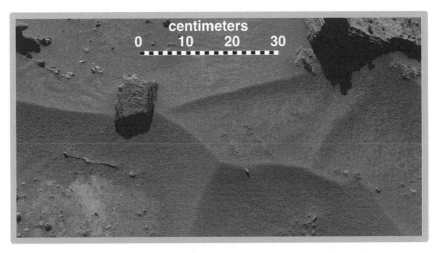

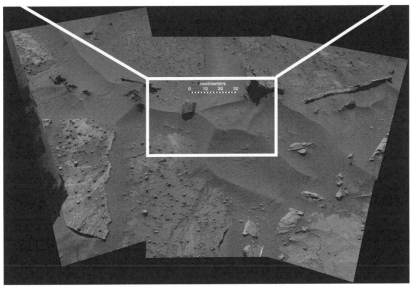

図 5.14 火星地表の風紋画像. 地上探査車により 2016 年 3 月 9 日撮影 (PIA20322)

面の旋風痕跡を消せないレベルの活動しかしていない，ほぼ停止している化石地形であることを示唆している．

図 5.12 は南緯 46.7 度，東経 20.1 度．空間分解能は 25 cm．バルハンの風下側急斜面にガリー（雨裂）が発達している様子が写っている．地球上では降水によって生じるのでこの地形を雨裂と呼ぶが，現在の火星上で降雨は起きていないため，降水の指標として理解してはいけない．こうしたガリーの形成は継続的撮影により現在も進行中であることが示唆され，そうしたマスムーブメントが起きているという意味でこの砂丘は「活動」中であると言えるが，本来の砂丘形成のメカニズムは現火星環境ではほぼ停止していることも強く示唆される．

地上探査車（ローバー）は火星上間近で砂丘と風紋を観察している．Curiosity（キュリオシティ）はシャープ山のふもと，通称ナミブ砂丘（Namib Dune）の風下側急斜面の様子をパノラマで撮影した（図 5.13，2015 年 12 月 18 日撮影）．砂丘までの距離は 7 m，砂丘の比高は約 5 m で，見えている斜面の勾配は約 28 度である．詳しく見ると，ところどころに斜面が崩壊した様子がはっきり見られる．また，地表の風紋や構成する砂粒の調査も進められている（図 5.14，2016 年 3 月 9 日撮影）．

5.7 まとめと今後の展望

太陽系探査は現在も進行中であり，特に火星は地表で活動中の探査車が日々大量の観測データを生み出している．地球外の砂丘に関する知見が蓄積され，地球と異なる境界条件での砂丘を比較検討することができる時代に入った．砂丘のモデリングを通じて，砂丘形成時の環境条件と砂丘形状との対応づけが定量的にできるので，地球外の砂丘形態から形成時の各種物理量を制約することができる．特に現在の値よりも過去どうであったかの履歴を定量的に調べられることは，各天体の表層環境や気候変動を大気モデルなどと結びつけて議論できるようになる出発点となるので，非常に期待されている．

第5章 砂丘 **147**

　たとえば，火星で見られる数多くの砂丘について，地表を探査するローバー
によって，塵を巻き上げる旋風（dust devil）や風紋が多数観察され，火星全球
に吹き荒れる砂嵐や旋風によって表面の砂やダストが動いていることはわかっ
ている．しかし，火星周回衛星による砂丘の時系列詳細観測によれば，砂丘の
活動は限りなく遅いかもしくは停止していることが示唆されている．現在見ら
れる砂丘の大半は，かつて火星が厚い大気をまとっていた時代に活動していた
ものであるらしい．すなわち，現在の火星探査を通じて，かつての火星気候を
時間を遡って調べる道が開かれたのだ．もちろん，砂丘地形の種類や大きさに
よって，複数の履歴が積み重なってしまっているので，それらを丁寧に解きほ
ぐすことが求められている．定量的な砂丘のモデリングが果たす役割はきわめ
て大きい．

参考文献

Avduevskii, V. S., Vishnevetskii, S. L., Golov, I. A., et al. (1976)：Measurement of wind velocity
　on the surface of Venus during operation of the Venera 9 and Venera 10 space probes.
　Kosmicheskie Issledovaniia, 14, 710-713 (in Russian).

Bourke, M. C., Lancaster, N., Fenton, L. K., et al. (2010)：Extraterrestrial dunes：An
　introduction to the special issue on planetary dune systems. *Geomorphology*, 121, 1-14.

Christensen, P. R., Gorelick, N. S., Mehall, G. L., et al.：*THEMIS Public Data Releases*, Planetary
　Data System node, Arizona State University, 〈http://themis-data. asu. edu〉Image ID：
　V45541039.

Elachi, C., Wall, S., Janssen, M., et al. (2006)：Titan Radar Mapper observations from Cassini's
　T3 fly-by. *Nature*, 441, 709-713.

Fenton, L. K. and Hayward, R. K. (2010)：Southern high latitude dune fields on Mars：
　Morphology, aeolian inactivity and climate change. *Geomorphology*, 121, 98-121.

Folkner, W. M., Asmar, S. W., Border, J. S., et al. (2006)：Winds on Titan from ground-based
　tracking of the Huygens probe. *J. Geophys. Res. Planets*, 111, E07S02, doi：10.1029/2005
　JE002649.

Greeley, R., Arvidson, R. E., Elachi, C., et al. (1992)：Aeolian features on Venus：Preliminary
　Magellan results. *J. Geophys. Res. Planets*, 97, doi：10.1029/92JE00980.

Greeley, R., Bender, K. C., Saunders, R. S., et al. (1997)：Aeolian processes and features on
　Venus. In *Venus II*, Bougher, S. W., Hunten, D. M. and Phillips, R. J. (Eds.), Univ. Arizona
　Press, 547-589.

Hess, S. L., Henry, R. M., Leovy, C. B., et al. (1977): Meteorological results from surface of Mars: Viking 1 and 2. *J. Geophys. Res.*, 82, 4559-4574.

Holstein-Rathlou, C., Gunnlaugsson, H. P., Merrison, J. P., et al. (2010): Winds at the Phoenix landing site. *J. Geophys. Res. Planets*, 115, E00E18, doi: 10.1029/2009JE003411.

Karkoschka, E., Tomasko, M. G., Doose, L. R., et al. (2007): DISR imaging and the geometry of the descent of the Huygens probe within Titan's atmosphere. *Planet. Space Sci.*, 55, 1896-1935.

Kok, J. F., Parteli, E. J. R., Michaels, T. I., et al. (2012): The physics of wind-blown sand and dust. *Rep. Prog. Phys.*, 75, 106901, doi: 10.1088/0034-4885/75/10/106901.

Lorenz, R. D. (2006): Thermal interaction of the Huygens Probe with the constraint. *Icarus*, 182, 559-566.

Lorenz, R. D. and Jimbelman, J. R. (2014): *Dune Worlds: How Windblown Sand Shapes Planetary Landscapes,* Springer-Verlag, Berlin Heidelberg.

Lorenz, R. D. and Radebaugh, J. (2009): Global pattern of Titan's dunes: Radar survey from the Cassini prime mission. *Geophys. Res. Lett.*, 36, doi: 10.1029/2008GL036850.

Radebaugh, J., Lorenz, R. D., Lunine, J. I., et al. (2008): Dunes on Titan observed by Cassini Radar. *Icarus*, 194, 690-703.

Schofield, J. T., Barnes, J. R., Crisp, D., et al. (1997): The Mars Pathfinder atmospheric structure investigation meteorology (ASI/MET) experiment. *Science*, 278, 1752-1758, doi: 10.1126/science.278.5344.1752.

Soderblom, L. A., Kirk, R. L., Lunine, J. I., et al. (2007): Correlations between Cassini VIMS spectra and RADAR SAR images: Implications for Titan's surface composition and the character of the Huygens Probe Landing Site. *Planet. Space Sci.*, 55, 2025-2036.

Sullivan, R., Greeley, R., Kraft, M., et al. (2000): Results of the imager for Mars Pathfinder windsock experiment. *J. Geophys. Res.*, 105, 24547-24562, doi: 10.1029/1999JE001234.

Weitz, C. M., Plaut, J. J., Greeley, R., et al. (1994): Dunes and microdunes on Venus: Why were so few found in the Magellan data? *Icarus*, 112, 282-295.

（出村裕英）

第II部

破壊による地形現象

第6章

雪崩
～観測と実験によるアプローチ～

6.1 はじめに

「雪崩」とは，いったん斜面上に積もった雪が，重力の作用により肉眼で識別し得る速さで位置エネルギーを変更する自然現象と定義される．現在では，雪崩と言うと表層雪崩と全層雪崩の両方をさすが，古くは，表層雪崩は「アワ」，「ホフラ」，「ワシ」，全層雪崩は「なだれ」や「なで」などと呼ばれていた（和泉, 2002）．表記も，「頽雪」，「崩雪」，「雪崩」，「なだれ／ナダレ」とまちまちで，「雪崩」に統一されたのは今から30年ほど前と言われる．ちなみに，江戸時代の1837年に鈴木牧之によって著された『北越雪譜』には，「雪頽（なだれ）」と「ほふら」に関して以下のような記載がある．

　「雪頽」は2月頃（旧暦，新暦では2月下旬から4月上旬頃）に次第に地中が暖かくなってきて融け始め，地の「気」と天の「気」のために，氷となった雪が一箇所に割れ目ができたかと思うと，その後次々に割れていく．その響きたるや，大木がものすごい力で折られた時のようだ．凍った雪が割れて，大きなものは十間（約18 m）以上，小さなものでも九尺五寸（約30 cm）以上になる．大小何千という雪の固まりがすべて四角に削ったようになって，山の上から一度に崩れ落ちる．その響きはまるで雷が数千も一度に鳴ったようで，大木を折り，大きな石を転がす．このときに暴風が生じて，粉々に

152　第Ⅱ部　破壊による地形現象

なった雪を飛ばして，明るい日中でも暗夜のようになるが，その恐ろしさは
とても筆と紙では著しがたい.

　「ほふら」は雪崩（なだれ）に似ているが正確には異なり 12 月前後に起こ
る．高い山に深く雪が積もって凍ったところへ，さらに雪が深く降り重なる．
表層の雪が天候，気温の加減でいまだ凍らずにいた時，山頂付近の大木に積
もっていた雪が，風などのためにひと 塊（かたまり） 枝から落ち，山の斜面に従って転
がり始め次第に巨大化して，大きな岩を転ばしながら走り続ける．こうして
軽かった雪も圧縮され雪の津波となって，大木を根こそぎ倒し大石をも押し
落とし，ついには人家を押しつぶすこともしばしばであった.

　「雪頽」と「ほふら」，両者の特徴と恐ろしさが生々しく著されているが，国
外に目を転じると，中世のヨーロッパでは，雪崩が発生する原因は雪男がアル
プスの山中を駆け回るためと信じられていたもようである．そして，この白い
悪魔の動きを食い止める手段は，唯一，教会の鐘を鳴らすことであったとの記
録もある．もちろん，今日ではこうした途方もない話を信じる人はいないと思
われるが，雪崩内部の構造とその運動のメカニズムはいまだに解明されていな
い部分が多いのも実状である.

　日本で雪崩の研究が本格的に開始されるに至った契機は，久米庸考（気象
庁），高橋喜平（林業試験場），荘田幹夫（鉄道技術研究所），古川厳（積雪連合）
の主導のもとで，1959 年 10 月に東京で開催された「雪崩に関するシンポジウ
ム」に遡る．この場で，荘田は「雪崩の動的状態を本当に見る気で見た人はき
わめて少ないはずである．今回のシンポジウムは旧ナダレ学者のお葬式で，こ
れから新しいナダレ学がはじまるのだ」と述べたとされる.

　事実，荘田は 1959 年から 62 年にかけて新潟県の妙高や三俣において，人工
爆破による雪崩実験を実施し，雪崩の速度や衝撃力の分布の測定を行った
（Shoda, 1966）．この先駆的な取り組みは，海外でも高く評価されたほか，1970
年に日本雪氷学会がなだれの分類の名称を決定するうえでも大きく貢献した.

　この 1970 年の分類では，目視などによって簡単にわかる雪崩発生時の状況
により表 6.1 に示すように雪崩発生の形（点または面），雪崩層（始動積雪）の

表 6.1 雪崩の分類要素と区分名（日本雪氷学会，1970 を一部改変）

雪崩分類の要素	区分名	定義
雪崩発生の形	点発生	一点からくさび状に動き出す．一般に小規模
	面発生	かなり広い面積にわたりいっせいに動き出す．一般に大規模
雪崩層の乾湿（始動積雪）	乾 雪	発生域の雪崩層（始動積雪）が水気を含まない
	湿 雪	発生域の雪崩層（始動積雪）が水気を含む
すべり面の位置（始動積雪）	表 層	すべり面が積雪内部
	全 層	すべり面が地面

図 6.1 煙型雪崩

表 6.2 運動形態から見た雪崩の分類（日本雪氷学会，1998 を一部改変）

煙型雪崩	雪煙を高く舞い上げて斜面を高速で流れ下る
流れ型雪崩	大小の雪の塊が斜面を比較的低速で流れ下る

　乾湿，雪崩層（始動積雪）のすべり面の位置で6種類の分類要素が定められ，これらを組み合わせて，点発生湿雪表層雪崩，面発生乾雪表層雪崩などと呼ばれる．確認できない要素がある場合には，省略して，乾雪表層雪崩，面発生表層雪崩，表層雪崩，全層雪崩などと呼ばれることもある（日本雪氷学会，1970）．

　一方，雪崩を運動の立場から見ると，雪煙を高く舞い上げて斜面を高速で流れ下る「煙型雪崩」（図 6.1）と，大小の雪の塊が斜面を比較的低速で流れ下る「流れ型雪崩」に分類される（表 6.2）．春先に発生することの多い全層雪崩は通常「流れ型」で，流下速度は 10～30 m/s と比較的低速であるが，「煙型」に発達した表層雪崩の速度は 100 m/s 近くに達することもある．雪崩は一般に雪氷粒子と空気から成る場合が多いが，積雪が液相の水を含む場合は湿雪雪崩，さらに水で飽和している場合はスラッシュ雪崩もしくは雪泥流と呼ばれる（日本雪氷学会，1998）．

　雪崩，とりわけ運動状態にある雪崩の内部構造と運動メカニズムの解明に向

154　第Ⅱ部　破壊による地形現象

けた取り組みとしては，たとえば後述するようなピンポン球を用いたモデル実験などもあるが，それらの解析は次章にゆずることとして，本章では雪崩という現象の紹介に続き，自然発生や人工爆破による雪崩観測，さらには大小のスケールで実施された各種の実験について紹介を行う．雪崩の内部構造とダイナミクスに関するより詳細な内容は，西村（1998），前野ほか（2000），Issler（2002），Pudasaini and Hutter（2007），西村（2015）などの文献を参照されたい．

6.2　雪崩の観測と人工雪崩実験

　雪崩は急峻な山岳地帯で，それも明確な前兆現象もなく発生することが多く，観測は困難を伴う．それでも，毎年雪崩が多発する地点でその自然発生を待ち受ける，または山頂部に爆薬を設置して人為的に雪崩を発生させるなどの方法により，およそ80年以上前から世界各国で実態の解明が試みられてきた．日本では先の荘田による人工雪崩実験の約10年後の1971年に，富山大学と北海道大学の研究グループが，北アルプス北部の黒部峡谷・志合谷（平均斜度33度，長さ約2000 m）に観測用マウンドを設置し，自然発生する雪崩の観測を開始した．この志合谷は，1938年に電源開発のためのトンネル工事にあたっていた作業員の宿舎を雪崩が急襲し80名を超える犠牲者を出した場所である．約10年に及ぶ観測の結果，多くの雪崩衝撃力データが得られた（Kawada et al., 1989）．観測は雪崩によるマウンドの倒壊で1981年に中断したが，1988年には新たに高さ5 m，管径0.3 mの鋼鉄製タワー2基が設置された．雪崩全体の大きさ，形，速度の時間変化を映像で記録するだけでなく，雪崩の内部構造とその時間的，空間的変化を測定することを目的に，タワーには衝撃圧，風圧，静圧，音，地震動などを測定する各種のセンサーが設置された（図6.2）．データは地下トンネル内の観測室に送られ，ここでデータレコーダに収録された（Nishimura and Ito, 1997）．当地での1990年代後半に至る観測では，後述するように雪崩の内部の速度構造や雪煙部分の密度など多くの貴重なデータが得られた．しかし日本では海外に比べて火薬類の使用に関する法的な規制が厳しいことに加え

郵 便 は が き

料金受取人払郵便

千 種 局
承　　認

255

差出有効期間
平成31年2月
28日まで

4 6 4 - 8 7 9 0

092

名古屋市千種区不老町名古屋大学構内

一般財団法人

名古屋大学出版会　　　　行

|||||||||||||||||||||||||||||||||||||||||||||||||||||||||||||||||||

ご注文書

書名	冊数

ご購入方法は下記の二つの方法からお選び下さい

A．直　送	B．書　店
「代金引換えの宅急便」でお届けいたします 代金＝定価（税込）＋手数料230円 ※手数料は何冊ご注文いただいても230円です	書店経由をご希望の場合は下記にご記入下さい ＿＿＿＿＿＿＿市区町村 ＿＿＿＿＿＿＿書店

読者カード

（本書をお買い上げいただきまして誠にありがとうございました。
このハガキをお返しいただいた方には図書目録をお送りします。）

本書のタイトル

ご住所　〒

　　　　　　　　　　　　　　　TEL（　　）　―

お名前（フリガナ）　　　　　　　　　　　　年齢

　　　　　　　　　　　　　　　　　　　　　　　　歳

勤務先または在学学校名

関心のある分野　　　　　　　　所属学会など

Ｅメールアドレス　　　　　　＠

※Ｅメールアドレスをご記入いただいた方には、「新刊案内」をメールで配信いたします。

本書ご購入の契機（いくつでも○印をおつけ下さい）
Ａ 店頭で　　Ｂ 新聞・雑誌広告（　　　　　　　　　）　Ｃ 小会目録
Ｄ 書評（　　　　　　）　　Ｅ 人にすすめられた　　Ｆ テキスト・参考書
Ｇ 小会ホームページ　　Ｈ メール配信　　Ｉ その他（　　　　　　　）

ご購入書店名	都道府県	市区町村	書店

本書並びに小会の刊行物に関するご意見・ご感想

図 6.2　黒部峡谷・志合谷と雪崩観測施設

て，黒部峡谷が国立公園内に位置することもあって人工爆破による雪崩発生は難しく，冬期間にわたり自然発生する雪崩をひたすら待ち受けるという観測体制を余儀なくされた．このため観測に要する時間や労力に比べその効率は決して十分とは言えなかった．

そこで 1990 年から 92 年にかけて，ノルウェーの地球工学研究所と共同研究を実施した．雪崩実験斜面となるリグフォンは，オスロから約 400 km 北西の山間部にある．冬になる前にあらかじめ計 500 kg のダイナマイトを斜面の頂部に設置し，積雪状況を鑑みて随時遠隔操作により

図 6.3　絵葉書になったノルウェー・リグフォンでの人工雪崩実験

100 kg ずつ爆破することでフルスケールの雪崩実験が行われる．走路下流域には，雪崩を捕捉もしくは減勢するための高さ 15 m，幅 75 m のダムや，衝撃

156　第 II 部　破壊による地形現象

圧を測定するコンクリート製マウンドが築かれている．この実験走路に新たに
システムを設置し，雪崩衝撃圧の位相差から速度変動を，また反射型の光セン
サーにより雪崩の密度情報の測定が試みられた（Nishimura et al., 1995）．発破
は 2 冬季間で計 5 回実施されたが，残念なことにいずれも大規模な表層雪崩へ
と成長することなく観測点には到達しなかった．大部分の測器を撤収した翌年
の 3 月 27 日，皮肉なことに見事な雪崩が発生した．海抜 1530 m で発生した
雪崩は，平均斜度 28 度，標高差 910 m の斜面を 70 m/s（時速約 250 km）以上
の速度で駆け下り，その高さは 40 m，幅も 250 m にまで成長した．あまりに
見事な雪崩であったためか，その写真は絵葉書としても紹介された（図 6.3）．
　このように，雪崩の直接観測は，自然発生を待ち受けるのはもちろん，人工
雪崩実験においても条件のコントロールは決して容易ではないが，次節で紹介
するような内部構造とダイナミクスが次第に明らかになりつつある．

6.3　雪崩の内部構造

6.3.1　概容

　表 6.1 の雪崩の分類要素にも示したように表層雪崩には，積雪上のある 1 点
もしくは狭い範囲から発生し，そこを頂点としてくさび状に広がる点発生と，
広い面積の積雪がいっせいに動き出す面発生がある．後者の場合は，図 6.4 の
ように，(1)まず斜面のかなり広い領域にわたる積雪がスラブ（板）状に移動を
始め，(2)その後それらが衝突と破壊を繰り返して細粒化し，密度の高い流れ型
雪崩が形成される．(3)さらに斜面を流れ下るに伴って加速し，速度が 10 m/s
程度に達すると，雪煙が高く舞い上がり図 6.1 に示すような煙型雪崩へと発達
する．煙型雪崩は全体が雪煙で覆われているため内部の構造を把握することは
難しいが，多くの場合，雪煙り層と流れ層という 2 層構造を持つことがこれまで
の研究で知られている（図 6.5）．
　流れ層は流動化した雪と多数の雪の塊（雪塊）から構成され，その厚さは

図 6.4 煙型雪崩の発達過程の模式図．①積雪がスラブ（板）状に移動を始め，②衝突と破壊を繰り返して細粒化し，密度の高い流れ型雪崩が形成される．③さらに斜面を流れ下るに伴って加速し，速度が 10 m/s 程度に達すると，雪煙が高く舞い上がり煙型雪崩へと発達する

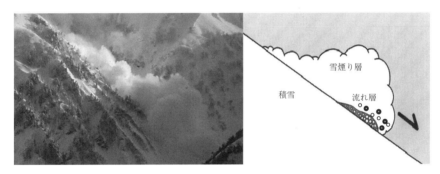

図 6.5 煙型雪崩（左）と内部構造の模式図（右）

1〜5 m 程度であるが，流れ層を覆う雪煙り層の高さは 100 m に達する場合もある．流れ層の速度は一般に地形の凹凸や斜度に応じて敏感に変化するのに対して，雪煙り層の振る舞いはより流体的で，高速を維持したまま長距離を流れ下って谷底に達した後，さらに対岸の斜面を駆け上がる場合もある．森林や家屋などの構造物が，雪崩そのものではなく前面に発生する強風（雪崩風，爆風などとも称される）によって破壊されたという報告があるが，この強風の実態は雪煙り層である可能性も高い．

6.3.2 煙型雪崩の内部構造

斜面を駆け下る雪煙先端部の速度は映像の解析などにより比較的容易に求めることができるが,雪煙部分そのものに関する情報は決して十分ではない.Nishimura et al. (1995) は,黒部峡谷・志合谷の観測タワーに超音波風向風速計を設置し,小規模ではあるが,雪煙り層内部の気相の速度分布と乱流構造の観測に成功した.その結果,雪崩先端部の直後には強い上昇流が存在するが,後方では下降流が卓越することを明らかにした.しかし,雪煙部の雪粒子密度が高い場合は,超音波が十分に発信部と受信部間を伝搬できず正確な測定が困難となるため,Nishimura and Ito (1997) は,雪崩内部の静圧降下を測定することで,気相部分(空気)の流速変化の算出を試みた.1996年1月29日に黒部で観測された雪崩について,空気と衝撃圧の記録の相互相関を計算することで求められた固相部分(雪)の速度分布を図 6.6 に示す.測定された高さは,おおよそ流れ層と雪煙り層の遷移部分に対応すると推定される.雪崩内部の複雑な構造を反映して速度は大きく変動しているが,全体としては先端で急激に増加した後に周期的な変化を繰り返しながら徐々に減少する傾向が見られる.同様の速度変化は,Gubler (1987) をはじめとして,他の雪崩観測点でのドップラーレーダなどを用いた流れ層を対象とした計測でも確認されている.

また,Nishimura and Ito (1997) は,静圧降下の値と雪崩衝撃圧(上述のように,それぞれ気相の速度と固相の密度と速度変動に対応)の記録のパワースペクトルの算出結果から,両者ともに 4〜6 Hz 付近に卓越する

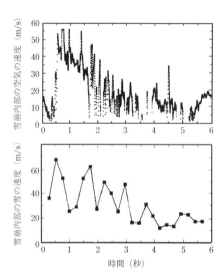

図 6.6 雪崩内部の速度分布.上は空気,下は雪の速度.黒部峡谷・志合谷,1996年1月29日

周期が存在することを見出した．これは雪崩内部にこの波数に対応する秩序構造もしくは波動が存在することを示唆していると言えよう．

　一方，雪崩速度の高さ分布に関しては，Gubler（1987）がFMCW（frequency modulated continuous wave：周波数変調連続波）レーダを雪崩走路上に埋め込み，底面付近に大きな速度勾配をもつ分布を導いている．Dent et al.（1998）は，アメリカのモンタナ州にあるスキー場近傍において，赤外ダイオードとフォトトランジスターを組み合わせた後方散乱型の光センサーを用いて，これも人工爆破による雪崩の測定を行った．雪面から20 cmまでの高さにセンサーを5個，これを流下方向に2 cm離して2組設置し，信号の速度相関を計算することで速度分布を算出した．観測点での雪崩の速度は5 m/s前後とかなり低速であったが，Gublerの場合と同様に，大きな速度勾配は底面付近（高さ1 cm以下）にのみ存在することを明らかにした．そしてこのシア層が雪崩のダイナミクスに大きく関与するとし，その理解が不可欠であるとした．

　Nishimura and Ito（1997）は，雪崩が通過する際の静圧（大気圧）の増加量をもとに雪煙り層の密度を，空気と同程度の1 kg/m³からその10倍程度と見積もった．これに対して，流れ層全体の平均密度は，雪崩の厚さとデブリ（雪崩堆積物）の観測結果から60〜90 kg/m³（Schaerer, 1975），雪崩衝撃圧の記録と速度の値を用いて50〜300 kg/m³（西村ほか, 1987），誘電率の変化から100〜400 kg/m³（Louge et al., 1997）などと推定されている．

　万が一雪崩に巻き込まれてしまった場合，人間の密度は水（1000 kg/m³）とほぼ同程度であるから，流れ層内部から浮力によって浮き上がるのは難しそうである．しかし，粒子の流れでは一般に大きい粒子ほど表面近くに集まる（ブラジルナッツ効果）という性質に加えて，流動化した雪の粘性係数は上記の流れ層の密度範囲ではおおよそ水の値に等しいという実験結果（Nishimura, 1996）もあることから，雪粒や雪塊より大きい人間が「雪崩のなかで泳ぐ」ことも物理的には意味があると言えそうである．

　上述のように，雪煙り層の密度は空気の10倍程度であるため，それが及ぼす圧力は台風などの暴風時の風圧より約1桁大きいと考えられる．したがって，雪崩の速度が30 m/s以上の場合は，雪煙り層だけでも台風をはるかにしのぐ

図 6.7 湿雪雪崩の堆積物（デブリ）．ノルウェー・リグフォン

大きな被害を及ぼすと予想されるが，密度がこれより 10～100 倍以上大きい流れ層の衝突による被害はさらに甚大である．衝撃圧 P は，ρ と u をそれぞれ流れの密度と速度とすると，一般に $P = k\rho u^2$ で表される．定数 k の値は雪質，雪塊の大小とその分布など雪崩の内部構造に大きく依存するが，衝撃圧のピークに対しては3，平均値は1から2が用いられる場合が多い．仮に雪崩の速度を 60 m/s，k を 1，流れ層と雪煙り層の密度をそれぞれ 300 kg/m³ および 10 kg/m³ として上式に代入すると，衝撃圧はそれぞれ 1080 kPa，36 kPa と求められる．これらの値から，流れ層の及ぼす圧力は鉄筋コンクリートの構造物を動かしてしまうのに十分であり，密度の小さい雪煙り層でも木造建築物を容易に破壊してしまうことがわかる．

　流れ層は流動化した雪と多数の雪塊から構成されることはすでに述べたが，実際，雪崩堆積物（デブリ）には，直径が 10 cm から 100 cm 程度にいたる大きさのブロックもしくは雪玉状となった雪塊が数多く存在する（図 6.7）．この雪塊は，温度が低く雪が乾いている場合には雪崩に取り込まれた積雪が流動の過程で破壊されたものと考えられ，断面を観察すると積雪の層構造が確認できることもある．粒径は十分に発達した雪崩では図 6.8 に示すように比較的均一な場合もある．これに対して，湿雪雪崩の場合は，流動の過程で水分を媒体に二次的に形成されたものもあり，粒径分布の幅が広く平均値も大きい．また，土石流では先端部に巨礫が集中することが知られているが，雪塊は衝突に伴っ

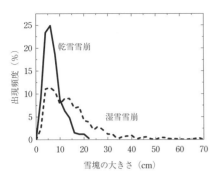 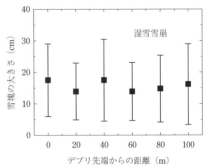

図 6.8 ノルウェー・リグフォンで観測されたデブリの雪塊の大きさ（左）とその分布（右）．西村（1998）の図を一部改変

図 6.9 小型混合機（コンクリートミキサ）を用いた雪塊の形成実験．小林ほか（1996）の図を一部改変

て容易に破壊するためか，1991 年のノルウェーのリグフォンでの人工雪崩実験で行われた計測によれば，デブリ先端からの距離によらず雪塊の大きさはほぼ一様であった（図 6.8 右参照，西村，1998）．

　流れ層に含まれる雪塊，特に流動の過程で二次的に形成される雪塊の存在は，雪崩のダイナミクスにも大きく影響を与えると推測される．一方，雪崩内部で雪塊が形成されるか否か，またその大きさは，流れ下る雪と底面から取り込まれる雪の性質，特に温度と乾湿に強く依存すると考えられる．そこで，小林ほか（1996）は，図 6.9 に示す小型の混合機（コンクリートミキサ）を用いた造粒実験を行った．一定の回転速度のもとで温度や水分量を変えて混合機を回転し，雪塊の形成の有無，塊が形成された場合はその大きさの分布や硬度などを測定

した．それからおよそ20年後の2014年，スイスのSteinkoglerもコンクリートミキサを用いた同様の実験を実施し，雪温が−1℃以上であることが雪塊が形成される必要条件であることを見出した．また，この−1℃以上という値はこれまでに集積された雪崩記録の解析結果とも良く一致することを示した．Steinkogler (2014) は，人工雪崩実験の際に赤外線カメラを用いて雪崩の温度変化の撮影も行った．その結果，標高差100 mを流れ下ると，雪粒子同士や雪粒子と雪面の衝突および摩擦の作用で約0.5℃温度が増加するのに対して，底面から取り込まれる積雪の影響は，雪崩走路上の積雪の温度と雪崩が削剝する深さに依存するものの，最大で1℃程度であったと報告している．

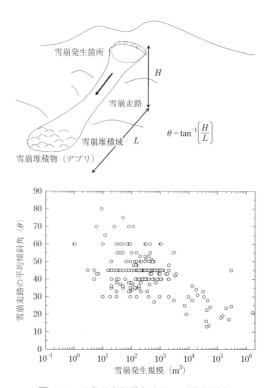

図 6.10 雪崩発生規模と走路の平均傾斜角

6.3.3 雪崩の規模と運動

　図 6.10 は雪崩の発生規模と走路の平均傾斜角（デブリ先端から雪崩発生位置を見上げた角度に相当）の関係を，和泉（1985）と道路雪崩災害データベース（北海道道路管理技術センター）の雪崩記録をもとに表したものである．このように，雪崩の規模が大きくなるほど傾斜角は減少し，雪崩の流下距離，さらには速度も増大する傾向があることが知られており，土石流など他の崩壊現象にも共通した関係である．そのメカニズムに関しては，雪崩の駆動力（重力）は空間スケール（雪崩の長さ）の 3 乗に比例するのに対し抵抗力は 2 乗に比例するためと説明される場合が多いが，その他にも規模が増大するとともに流れ層内部の流動化が進行する，雪崩の厚さの増加に伴って底面付近で雪粒子や雪塊の激しい衝突が起こることで空間密度が下がり摩擦が低下するなどの議論もあり，明確な結論には至っていない．

6.4　雪崩の縮小実験

　前節で述べたように，雪崩の構造とそれを反映したダイナミクスに対する我々の理解はしだいに深まりつつあるが，人工雪崩実験においても，高い危険性に加えて実験条件のコントロールが難しいなどの理由から，その成果はいまだに決して十分とはいえないのが実状である．こうした背景のもと，より基礎的なデータを収集する目的で，各種の室内および屋外での実験も行われている．

　雪煙り層の構造や運動に関する研究は，この部分が雪粒子と空気が混然一体となった重力流とみなせることから，主にフルード数（$Fr = \rho U^2 / \Delta \rho g H$，$\rho$：流体の密度，$\Delta \rho$：食塩水または粒子を含む流体などの重い流体とまわりの流体の密度差，U：流速，H：流れの厚さ，g：重力加速度）を考慮した水槽実験が行われてきた．図 6.11 は，食塩水を用いた水平床上での重力流とこれをシャドウグラフ法で可視化した写真である．塩分濃度の相違が屈折率の違いとなり影の濃淡として表現されている．底面付近に高速流があり，それが先端部に向かって流

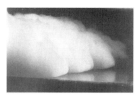

図 6.11 食塩水を用いた水平床上での重力流(牛乳で着色)(左)とシャドウグラフ法で内部を可視化した写真(右)(写真:J. Simpson 提供)

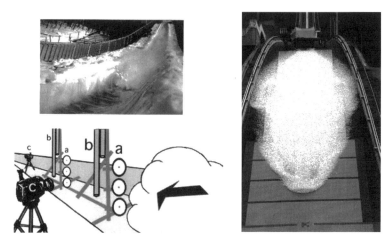

図 6.12 札幌・宮の森スキージャンプ競技場での雪崩実験.左:ミニ雪崩実験,a:雪崩衝撃圧と b:静圧計測用センサー,c:ビデオカメラ.右:65 万個のピンポン球による雪崩実験

れこみ上部に向きを変える様子や,上部境界面で大規模な渦(ケルビン-ヘルムホルツの渦)が発生し,周囲の水を巻き込んでいる様子がわかる.

　一方,札幌・宮の森ジャンプ競技場ではスキージャンプ台を実験斜面として,図 6.12 に示すように冬季は雪を流下させるミニ雪崩実験が,また夏季は最大 65 万個のピンポン球を流下させる実験が行われた(Nishimura and Ito, 1997;Nishimura et al., 1998).前者は黒部峡谷での雪崩の観測結果の理解を深める目的で,また後者は雪崩を「粒子の集団が重力により斜面上を空気や底面,それに粒子間で相互作用しながら流れ下る現象」のひとつとしてとらえたアプロー

チである．ちなみに，速度の代表スケールを終速度，長さの代表スケールを斜面長とするフルード数を用いて相似則を検討すると，およそ 8 m/s 程度の速度で流れるピンポン球雪崩は，50 m/s で 4 km 以上流れ下った大規模な煙型雪崩に匹敵することが導かれる．個々の粒子の運動や粒子の集団が誘起する空気の流れなど，各種の計測が行われたが，ビデオの映像からは，実際の雪崩と同様，ピンポン球の数の増加に伴い速度が増加し，その依存性が理論的に求められる 1/6 乗に一致することも確認された（Nishimura et al., 1998）（図 6.13）．

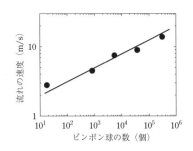

図 6.13　ピンポン球の数と流れの速度の関係

6.5　近年の雪崩観測

　自然発生もしくは人工爆破による雪崩実験は，先に紹介した黒部峡谷の志合谷，ノルウェーのリグフォン，アメリカのモンタナ州のスキー場以外にも，フランスやスイスで実施されている．とりわけスイスの雪・雪崩研究所は，フランス国境に近いシオン渓谷に，ドップラーレーダや FMCW レーダ施設などの先端機器のほか，走路上には各種測定機器を取り付けた高さ 20 m のタワー（図 6.14）などを設置し，これまでに類を見ない大規模かつ組織的な雪崩観測を開始し，近年多くの画期的な成果をあげている（Sovilla et al., 2014）．

　以下，これらの観測結果をもとに明らかになった最新の煙型雪崩の内部構造に関する情報を，図 6.15 をもとに紹介する．

　光センサーにより得られた速度の最大値は雪崩先端部①よりやや後方で出現し，下層は底面での摩擦と雪の取り込みによる速度低下を反映して底面に潜り込む向き，上面は後方上向きの流れの存在が確認されている．②では底面から上縁まで速度はほぼ一様となるが，後方の③では，表面付近の速度は②と同程

図 6.14 スイスのシオン渓谷に設置された観測機器（左，中）と人工爆破により発生した雪崩（右）（写真：B. Sovilla 提供）

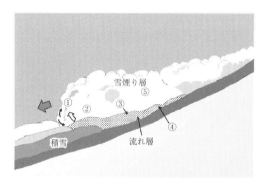

図 6.15 煙型雪崩の内部構造．Sovilla et al.(2014) を参考に作成

度であるが，Gubler (1987) と同様，底面付近 1～3 m の高さに速度勾配の大きい領域が存在する．流れの末端に向かって雪崩は減速し，④では表面から底面にかけて速度勾配のない流れとなる．また静電容量の値とその変動の記録によると，雪崩の先端部①では，密度は $10\,\mathrm{kg/m^3}$ 以下であるが，パルス状の出力が頻繁に記録されるため，底面から取り込まれた積雪の大きな塊（雪塊）の存在が示唆された．②では平均密度とその変動は増大し，さらに③に至ると密度は $300\sim400\,\mathrm{kg/m^3}$ に達して変動幅も小さくなることから，ここでは連続的な濃い流れ（発達した流れ層）が存在する．末端近傍の④では，記録に断続的なピークがあらわれたが，これはセンサーの位置がちょうど薄くなった流れ層

の上端付近となり，流動化した雪粒子と雪塊の流れの通過を反映した結果と考えられる.

　雪崩が発生から停止に至るプロセスで走路上の積雪をいかに取り込むか，もしくは堆積するかは，当然その運動にも大きな影響を与える．シオン渓谷での観測結果に基づいて，Sovilla et al. (2014) は，煙型雪崩は流れ下る過程で発生量の平均4倍，最大では12倍にまで体積が増加すると述べている．取り込み作用は雪崩先端（図6.15の①）の到達直後に最も活発で，そのフラックスは350 kg/m² s に達する場合もあったとされる．積雪の取り込みメカニズムとしては，雪崩先端部の強い乱流や雪崩の通過に伴う積雪中の間隙圧の増加による噴き出しなどが提案されているが，走路に埋め込まれたFMCWレーダの記録は，噴出や爆発と表現した方が適切なほど急速な取り込みが進行したことを示している．先にも述べた通り黒部峡谷での超音波風向風速計を用いた観測でも，雪崩先端部直後に強い上昇流が検知されている.

　上記の観測結果と詳細な雪崩の映像解析結果を踏まえ，雪崩の雪煙部は主に雪崩先端部のプルーム状の強い上昇流によって形成され，流動化した雪との相互作用で形成される乱流渦は，むしろ雪粒子を浮遊状態に維持することに寄与しているとの議論もある（Bartelt et al., 2013）．ちなみに雪煙り層の末端⑤では，もはや流れ層からの粒子の供給もなく，雪粒は浮遊しているのみで前方には進行しない.

　このように雪崩先端部では積雪層が急速に雪崩内部に取り込まれるが，これと同時に下層の積雪の強度も低下させる．このため，図6.15にも示すように密度の大きい流れ層の通過に伴いさらに削剝が進行することも報告されている.

　雪煙部の構造に関しては，フランスと日本が共同で，ロタレ峠（斜面長：約400 m）の雪崩観測施設のタワー頂部に超音波風向風速計とスノーパーティクルカウンター（SPC）を設置し，乱流構造，雪粒子の質量フラックスと移動速度，つまり気相と固相の相互作用に着目した計測が2013年から開始された（Thibert et al., 2015）.

168 第II部 破壊による地形現象

6.6 まとめと今後の展望

雪崩の運動や到達距離を求めるモデルの開発も世界各国で試みられている．当初は，その多くが雪崩全体を質点または剛体と見なして記述するものであったが，ここ数年は，複雑な地形上での雪崩の高さや広がりの情報が得られる連続体モデルが構築されるなど，着実な発展が見られる．しかし，実際の雪崩，とりわけ内部構造に関する情報が依然質，量ともに限られているため，それぞれのモデルの有効性，正当性を客観的に評価することは容易ではない．

一方，先に紹介した道路雪崩災害データベース（北海道道路管理技術センター）の雪崩記録などによると，国内で災害をもたらした雪崩の規模は 10^1 〜$10^3 \mathrm{m}^3$ 程度に集中しており，各国で人工爆破により調査が進められている大規模な雪崩（10^4〜$10^5 \mathrm{m}^3$）に比べてはるかに小さい．そこでこの小さい規模の雪崩に焦点を絞って，2015年度より4年間にわたる国内でのフルスケールの人工雪崩実験（平成なだれ大実験）が北海道のニセコで開始された．スケールが小さくなることで，これまでより接近した位置での観測や，新たな観測手法の導入により今まで見えなかった雪崩の素顔が明らかになり，モデリングにも大きく寄与するものと期待している．

参考文献

Bartelt, P., Buhler, Y., Buser, O., et al. (2013): Plume formation in powder snow avalanches. *International Snow Science Workshop Grenoble —Chamonix Mont-Blanc—*, 576-582.

Dent, J. D., Burrell, K. J., Schmidt, D. S., et al. (1998): Density, velocity and friction measurements in a dry snow avalanche. *Ann. of Glaciol.*, 26, 247-252.

Gubler, H. (1987): Measurement and modeling of snow avalanche speeds. *IAHS Publication*, 162, 405-420.

Issler, D. (2002): Experimental information on the dynamics of dry-snow avalanches. In *Dynamic Response of Granular and Porous materials under Large and Catastrophic Deformations*, Hutter, K. and Kirchner, N. (Eds.), Springer, 109-160.

和泉　薫 (1985)：大規模雪崩の流動性．新潟大学積雪地域災害研究センター研究年報別冊，7，187-194．

第6章 雪崩　169

和泉　薫（2002）：日本における"なだれ"現象の認識とそれを表す言葉の変遷．雪氷，64（4），461-467.

Kawada, K., Nishimura, K. and Maeno, N. (1989)：Experimental studies on a powder-snow avalanche. *Ann. of Glaciol.*, 13, 129-134.

小林俊市・納口恭明・河島克久ほか（1996）：混合機を用いた雪の造粒．第12回寒地技術シンポジウム，208-211.

Louge, M. Y., Steiner, S. C., Decker, R., et al. (1997)：Application of capacitance instrumentation to the measurement of density and velocity of flowing snow. *Cold Reg. Sci. Technol.*, 25, 47-63.

前野紀一・遠藤八十一・秋田谷英次ほか（2000）：雪崩の内部構造と運動機構．『基礎雪氷学講座 III　雪崩と吹雪』，古今書院，83-120.

Nishimura, K. (1996)：Viscosity of fluidized snow. *Cold Reg. Sci. Technol.*, 24, 117-127.

西村浩一（1998）：雪崩の内部構造と運動．気象研究ノート，第190号，21-36.

西村浩一（2015）：雪崩の運動形態．『山岳雪崩大全』（雪氷災害調査チーム編），山と渓谷社，67-76.

Nishimura, K. and Ito, Y. (1997)：Velocity distribution in snow avalanches. *J. Geophys. Res.*, 102（B12），27297-27303.

Nishimura, K., Keller, S., McElwaine, J., et al. (1998)：Ping-pong ball avalanche at a ski jump. *Granular Matter*, 1(2), 51-56.

西村浩一・前野紀一・川田邦夫（1987）：雪崩衝撃力の周波数解析による大規模雪崩の内部構造．低温科学，物理篇，46，91-98.

Nishimura, K., Sandersen, F., Kristense, K., et al. (1995)：Measurements of powder snow avalanches. —Nature—. *Surveys in Geophysics*, 16, 649-660.

日本雪氷学会（1970）：なだれの分類名称．雪氷の研究，4，53-57.

日本雪氷学会（1998）：日本雪氷学会雪崩分類．雪氷，60(5)，437-444.

Pudasaini, P. and Hutter, K. (2007)：*Avalanche Dynamics —Dynamics of Rapid Flows of Dense Granular Avalanches—*, Springer.

Schaerer, P. A. (1975)：Friction coefficients and speed of flowing avalanches. *IAHS Publication*, 114, 425-432.

Shoda, M. (1966)：An experimental study on the dynamics of avalanching snow. *IAHS Publication*, 69, 215-229.

Sovilla, B., McElwaine, J. M. and Louge, M. Y. (2014)：The structure of powder snow avalanches. *C. R. Physique*, http://dx.doi.org/10.1016/j.crhy.2014.11.005.

Steinkogler, W. (2014)：Influence of snow cover properties on avalanche dynamics, PhD. thesis, Ecole Polytechnique Federale De Lausanne.

Thibert, E., Bellot, H., Ravanat, X., et al. (2015)：The full-scale avalanche test-site at Lautaret Pass（French Alps）. *Cold Reg. Sci. Technol.*, 115, 30-41, doi：10.1016/j.coldregions.2015.03.005.

（西村浩一）

第 7 章

雪崩
～理論とシミュレーション～

7.1 はじめに

　第6章では，自然発生・人工爆破による雪崩の観測・実験やスキージャンプ台を用いた模擬雪崩実験から得られた，雪崩の流動形態と内部構造に関する既存の知見が紹介された．第7章では，雪崩が示す複雑なダイナミクスに対する理論的アプローチおよび数値シミュレーションを紹介する．

　雪崩の理論モデルは，冬季に発生する雪崩の観測やガラスビーズ・ピンポン球・ポリスチレンなどを用いた縮小実験と並行して開発されてきた．そのため，種類の異なる多数のモデルが現存しており，モデルごとに得手・不得手は大きく異なる．また，雪崩の理論研究が始まって60年ほど経過しているが，雪崩のダイナミクスに関する統一的記述は未だに成されていない．

　しかしながら，筆者は，容易に表現できない雪崩の多様性こそが雪崩を研究対象として取り扱う最大の魅力であると考える．雪崩の多様な運動形態は，雪崩発生前の積雪構造と強く関連している．斜面上へ堆積した雪は，環境条件（温度など）に依存してその形状や大きさ，密度などを時間・空間的に変化させる．そして，雪崩発生時の積雪内の粒径・密度・水分量分布などに従って，異なる運動形態が引き起こされる（第6章を参照）．したがって，雪崩の挙動は乾燥粉体の集団運動より複雑化するため，多くの研究者が雪崩のダイナミクスに魅了されるのであろう．

172 第Ⅱ部 破壊による地形現象

本章の構成は以下の通りである．初めに，雪崩の内部構造や縮小実験の結果を紹介し，これまでに構築された理論モデルの代表例を説明する[1]．次に，筆者が提唱する粒子群モデリングの発想から導出に至るまでを記した後，数値計算例と得られた知見について述べる．最後に，理論研究者として今後取り組むべき課題を提示する．

7.2 雪崩の縮小実験

一般的な雪崩の運動形態は，下部に流れ層と上部に雪煙り層を伴う（第6章の図6.5を参照）．流れ層は大小の雪塊や流動化した雪により構成され，空間的に高密度の流れが形成される．一方で，雪煙り層は乾いた積雪（粉雪）から構成され，空間的に低密度の流れが形成される．駆動力は両者とも共通して重力であるが，主な抵抗力は空間密度の違いから底面摩擦（流れ層）と空気抵抗（雪煙り層）と異なる．そのため，流れ層と雪煙り層で異なる構造が形成され，特に，雪煙り層に見られる特徴的な頭部-尾部構造は，さまざまな縮小実験で捉えられつつある．代表例として，ピンポン球とポリスチレン粒子を使用した実験結果を紹介する．

雪崩を模した縮小実験は，水中に食塩水などを流し込む密度流から始まり，さまざまな無次元物理量を雪崩と一致させるため，大気中で低密度粒子を流す粒子流へと発展してきた（Beghin et al., 1981；McElwaine and Nishimura, 2001；Nohguchi and Ozawa, 2009）．McElwaine and Nishimura（2001）は，粒子流の3次元構造を解き明かすため，スキージャンプ台の上流から数十万個のピンポン球を流す「なだれ」実験を行った．その結果，粒子流は，前方への粒子凝集による頭部と後方につれて縮小する尾部を伴う頭部-尾部構造へ発達する（図7.1(a)，(b)）．そして，粒子流の速度は実験で使用する粒子数とともに増加し，これらの関係がベキ則として得られた（第6章の図6.13も参照）．さらに，高速度

---

1) 本分野の入門書として，前野ほか（2000）を提示しておく．

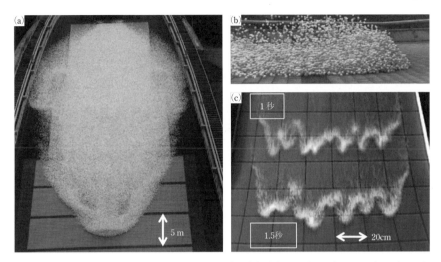

図 7.1 縮小実験における粒子流のパターン形成．(a), (b) 55 万個のピンポン球なだれの上面図と側面図．(c) ポリスチレン粒子流の上面図（McElwaine and Nishimura, 2001；Noguchi and Ozawa, 2009 を一部改変）

カメラと圧力計を用いて，粒子の 3 次元挙動と粒子流周りの気流構造が推定された．

一方，Nohguchi and Ozawa（2009）は，直径数 mm のポリスチレン粒子を使用して，ピンポン球より小規模な粒子流実験を行った．粒子群は斜面上方で横一列に配置されるが，初期の直線的構造は次第に波状パターンへと変化する（図 7.1(c)）．そして，粒子流の渦対が突出した箇所で形成されており，粒子流の速度は渦対の存在によって上昇する．また，粒子の粒径を変化させることで，渦対の大きさと粒径の間に正の線形関係が成り立つことを見出した．

7.3 雪崩の理論モデル

既存モデルの多くは，観測や実験の結果と比較を行うため，雪崩の速度や到達距離に焦点を当て開発された．開発されたモデルの一部は，観測で測定する

174　第Ⅱ部　破壊による地形現象

表 7.1　雪崩の理論モデルの種類

名称	利点	欠点
剛体モデル	代表点の運動を計算するため非常に単純 終端速度や到達距離などを解析的に導出	空間的な分布を取り扱えない 大きさの概念が存在しない
連続体モデル	地形上での大規模な流動分布を計算 雪と空気が混ざった混相流を再現	雪粒子の多様な運動を無視 雪と空気間の構成方程式が不明
粒子群モデル	構成要素である各々の粒子運動を計算 詳細な運動形態や内部構造を表現	大規模な流動計算が困難 複雑な粒子形状は使用できない

ことが困難な雪崩の内部構造を表現するなど，雪崩研究の発展へ貢献を果たしている．近年では，測定技術の向上に伴い，自然発生する雪崩から内部構造が捉えられつつある．したがって，理論研究者にとって，実際の現象とモデルを比較するための豊富なデータが蓄積され始めている．

　雪崩の理論モデルは，表 7.1 で示すように大別される：剛体，連続体，粒子群モデル．この内，連続体モデルは時代の流れに即して，流体近似，密度流，粉体の連続体近似の 3 つに細分される．

　剛体モデルは，雪崩を 1 つの巨大な球（または代表点）と仮定し，雪崩発生から停止に至るまでの流動速度と滑走距離を簡潔に記述する．剛体モデルに適切なパラメータを与えることで，観測された雪崩の代表速度・距離は定量的に再現されるが，空間的な速度分布や堆積領域などは議論できない．

　連続体モデルは，応力と歪みの関係式[2]を与えることで雪崩の運動を記述しており，山岳地帯で発生した雪崩の流下範囲の定量的再現や雪崩の規模に応じた流動予測（ハザードマップの作成）を可能とする．一方，雪と空気の混合系に対する応力-歪み関係式は未だ確立されておらず，さらに，非圧縮流体（密度一定）を仮定した場合は頭部-尾部構造を再現できない．

　粒子群モデルは，雪崩を構成する雪粒子 1 つ 1 つに運動方程式を与えることで，斜面上の粒子流を記述している．空間的な平均操作を行っていないため，雪崩の詳細な運動形態や粒子数密度の空間的粗密などが再現可能である．しか

2）簡単な例として，フックの法則：バネに働く力は自然長からの伸びに比例する．

し，自然発生する大規模雪崩を粒子群で表現し運動させることは困難であり，実験室スケールの再現に留まっている．

7.3.1 剛体モデル

剛体モデルは，雪崩内部の複雑な挙動を除外することで，斜面上における質量中心の位置を記述している．代表的な理論模型として，Perla et al.（1980）によって提案された PCM モデルが知られている．PCM モデルは，傾斜方向のみに移動する質点を取り扱った 1 次元モデルである．そして，質点に働く外力として，重力による駆動力と底面におけるクーロン摩擦[3]，雪崩前面での空気抵抗，積雪の除雪や圧密による抵抗が考慮される．具体的には，傾斜方向を x とした場合，質量 M と速度 v_x を持つ雪崩の運動は，

$$\frac{1}{2}\frac{\mathrm{d}}{\mathrm{d}x}(v_x^2) = g\sin\theta - \mu g\cos\theta - \frac{D}{M}v_x^2 \tag{7.1}$$

と記述される[4]．ここで，g は重力加速度，θ は傾斜角，μ はクーロン摩擦係数，D/M は抵抗と質量の一定比である．式（7.1）において，右辺第 1 項は重力，第 2 項はクーロン摩擦力，第 3 項は空気・除雪・圧密など集約された抵抗力を表す．

PCM モデルは，2 つのパラメータ（μ, D/M）のみで記述された速度 2 乗の線形微分方程式であるため，雪崩の終端速度を式（7.1）から解析的に導出可能である．さらに，終端速度に達した後，抵抗力が駆動力を上回ると仮定すると，雪崩の到達距離さえも解析的に求められる．その後，PCM モデルを拡張したモデルがいくつか報告されている（Lang et al., 1985 ; Nishimura and Maeno, 1989 ; Nohguchi, 1989）．

---

3) 摩擦力が垂直荷重に比例する．

4) 式（7.1）は，雪崩の運動方程式（質量と速度の時間変化）から導出される．その際，時間微分を空間微分に置換している：$\dfrac{\mathrm{d}}{\mathrm{d}t} = \dfrac{\mathrm{d}x}{\mathrm{d}t}\dfrac{\mathrm{d}}{\mathrm{d}x} = v_x\dfrac{\mathrm{d}}{\mathrm{d}x}$．式（7.1）の左辺は，$\dfrac{1}{2}\dfrac{\mathrm{d}}{\mathrm{d}x}(v_x^2) = v_x\dfrac{\mathrm{d}v_x}{\mathrm{d}x} = \dfrac{\mathrm{d}v_x}{\mathrm{d}t}$，速度の時間微分となる．

7.3.2 流体モデル

雪崩は空間的に拡がりながら斜面を滑走するため,剛体モデルでは詳細な雪崩挙動の予測を行えない.そのため,現在の雪崩研究では,連続体モデルを用いた大域的な流動計算が主流である.連続体モデルの基礎は,Voellmy (1955) によって初めて提案された流体モデルで構築された.

流体モデルでは,雪崩が流体のように振る舞うと仮定しており,傾斜角 θ の斜面上を流れる厚さ h の非圧縮性流体(密度 ρ:一定)として取り扱われる(図7.2).そして,傾斜方向および斜面と垂直方向をそれぞれ x, z 軸とすると,雪崩内部の微小な直方体の運動方程式は運動量保存の法則から,

$$\rho \frac{Dv_x}{Dt} = g(\rho - \rho_a)\sin\theta + \frac{\partial \tau_{zx}}{\partial z} \tag{7.2}$$

$$\rho \frac{Dv_z}{Dt} = g(\rho - \rho_a)\cos\theta + \frac{\partial \tau_{xz}}{\partial x} \tag{7.3}$$

と導出される.ここで,v_x, v_z はそれぞれ雪崩速度の x, z 成分,D/Dt はラグランジュ微分[5],ρ_a は空気の密度,τ はせん断応力である.式 (7.2)(7.3) において,雪崩の速度変化は右辺第1項の重力と第2項のせん断応力勾配によっ

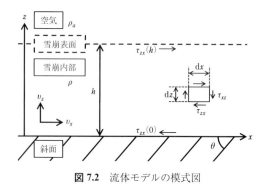

図7.2 流体モデルの模式図

---

5) 微分の位置は流動に応じて変化する.空間的に固定された位置での微分(オイラー微分)とは異なる.

て表される．さらに，応力-歪みの関係式と底面および雪崩表面での境界条件が必要である（Lang, 1979 ; Dent and Lang, 1980）．

　上記で示した初期の流体モデルは雪崩の密度を一定と仮定しているため，雪崩の流れ層の定量的な再現が可能である．加えて，雪崩の終端速度や到達距離が積分操作により導出される．その形式は剛体モデルと類似しているなど，モデル間での整合性も確認されている．

7.3.3　密度流モデル

　雪崩の多くは雪と空気が複雑に混ざり合った混相流であり，流体モデルでは雪崩の雪煙り層を表現する事は困難である．したがって，雪と空気の両者を記述した密度流モデルが考案された（Tochon-Danguy and Hopfinger, 1974 ; Brugnot and Pochat, 1981 ; Issler, 1998 ; Naaim and Gurer, 1998）．

　密度流モデルは雪と空気の2相流体を取り扱うため，その支配方程式は雪と空気に関する質量保存式と運動量保存式で基本的に構成される．そして，密度流モデルにおける最大の特徴は，雪と空気間の相互作用を定式化することである．この点について，具体的な記述形式は提案されたモデルに応じてさまざまであり，今なお開発が進められている．

7.3.4　粉体の連続体モデル

　これまでに説明した流体モデルと密度流モデルは，雪崩を流体と仮定していた．しかし，雪崩は雪粒子や雪塊から構成されるため，固体間の直接相互作用が考慮されるべきである．また，斜面近傍の高密度な粒子流が，雪崩における主要な質量移動であると捉える見方も存在する．このような発想に基づいて考案されたのが，粉体の連続体モデルである．

　Savage and Hutter（1989）によって提案されたモデルは，粒状体から構成される斜面流を連続体近似することで導出された．その際，斜面流は粒子により密に充填していると仮定され，斜面流に働く力は重力・底面摩擦・内部摩擦

（粒子間の接触）の 3 種類である．図 7.2 で示される傾斜方向の速度 v_x は，厚さ方向 h に平均化され $\bar{v}_x$ と表記される．斜面流の質量保存式（7.4）と運動量保存式（7.5）は，

$$\frac{\partial h}{\partial t} + \frac{\partial (h\bar{v}_x)}{\partial x} = 0 \tag{7.4}$$

$$\frac{\partial \bar{v}_x}{\partial t} + \bar{v}_x \frac{\partial \bar{v}_x}{\partial x} = \sin\theta - \mu\,\mathrm{sgn}(\bar{v}_x)\cos\theta - \varepsilon k \cos\theta \frac{\partial h}{\partial x} \tag{7.5}$$

$$k = \frac{2\left[1 - \mathrm{sgn}(\partial\bar{v}_x/\partial x)\sqrt{1 - (1+\mu^2)\cos^2\phi}\,\right]}{\cos^2\phi} - 1 \tag{7.6}$$

として記述される．ここで，μ はクーロン摩擦係数，sgn は符号関数[6]，ε は斜面流の長さと厚さの比率（$\varepsilon \ll 1$），k は土圧係数[7]，ϕ は内部摩擦角[8]である．式（7.4）は密度一定の非圧縮性を表す．式（7.5）の右辺第 1 項は重力，第 2 項は底面のクーロン摩擦，第 3 項は斜面流内部の粒子間接触による摩擦を表す．

　上記は，粉体の連続体モデルの最も基本的な形式であり，滑走中の変形を表現可能である．近年では，溶岩流を対象とした 3 次元流動モデルとして，TITAN2D が構築されており（Patra et al., 2005），雪崩の研究分野にも使用されている．また，密度流モデルの考え方のように，粉体の連続体モデルに流体の支配方程式を組み込む手法も開発されつつある（Pailha and Pouliquen, 2009）．

7.4　雪崩の粒子群の力学モデリング

　前節では，雪崩のダイナミクスに関する代表的な理論モデルを紹介した．実際の地形における雪崩の大域的な流動予測を行う上で，連続体モデルは主流な

---

6) $\mathrm{sgn}(x)$ は，$x > 0$ ならば 1，$x = 0$ ならば 0，$x < 0$ ならば -1 となる．

7) 物体の拡大や縮小に依存した定数．流れに及ぼす影響は，拡大時に弱くなり，縮小時に強くなる．

8) 粒子の安息角とほぼ同値．安息角については注 9 参照．

手法となっている．ところが，既存の縮小実験の多くが，雪崩の物理的な性質を捉えるため，ピンポン球やポリスチレン粒子など固体の粒子群を斜面上に流すことで雪崩現象を模している（図7.1）．そのため，斜面流を構成する粒子1つ1つの挙動を正確に記述することは，実験の知見を実際の雪崩現象へ結び付ける重要な過程と考えられる．

代表的な粒子計算手法として，離散要素法（discrete element method：DEM）が挙げられる．離散要素法とは，粒子間の衝突過程をモデル化することで，粒子運動がニュートンの運動方程式で記述されている．ただし，重力と底面摩擦を考慮するだけでは，粉体の連続体モデルと同様の結果へ帰着する．したがって，本節では，筆者が提唱する（既存の計算手法と異なる）粒子群モデルについて，その基本的概要から具体的な方程式の導出までを説明する．

7.4.1 モデルの概要

著者が提案するモデルの概念は，複雑な雪崩現象を単純に理解することである．そのため，粒子群モデルによる当面の目標は，雪崩の雪煙り層を模した縮小実験で確認されるパターンの再現とする．また，モデリングは，安息角[9]より大きい急斜面上の粒子流を対象に行われる．モデリングの単純化のため，次の3つの条件が仮定される．

1. 粒子流は，多数の球状粒子から構成される．
2. 粒子の運動として，並進運動のみが考慮される（回転運動は無視）．
3. 粒子に作用する力は，雪崩の駆動力である重力と排除体積効果による粒子間の斥力，周囲の流体から受ける空気抵抗力の3種類である．

以降，式の導出は，斜面と平行な平面を x–y 平面（特に，x 軸は傾斜方向），斜面と垂直方向を z 軸と定義した上で進められる．また，モデル説明の単純化のため，x–z 平面における粒子運動を記述していく．

9）粒子を積み上げた際に安定する最大傾斜角．

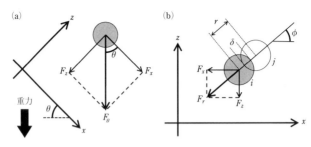

図 7.3 粒子に働く力の模式図. (a)重力, (b)接触による斥力

7.4.2 重力:粒子の駆動力

重力は雪崩の主要な駆動力であり,ポリスチレンのような低密度粒子の場合は周囲の流体との密度差を考慮すべきである.傾斜方向を x 軸と定義しているため,粒子に働く重力 F_g は傾斜角 θ に応じて各成分へ分けられる(図7.3(a)).具体的には,

$$\boldsymbol{F}_g = F_g \begin{pmatrix} \cos\theta \\ \sin\theta \end{pmatrix}, \quad F_g = -Vg(\rho_p - \rho_f), \quad V = \frac{4}{3}\pi a^3 \qquad (7.7\text{a, b, c})$$

と記述される.ここで,V は円周率 π と粒子半径 a から計算される粒子の体積,g は重力加速度,ρ_p,ρ_f はそれぞれ粒子と流体の密度である.

7.4.3 接触による斥力:粒子間の直接相互作用

粒子の排除体積効果で生じる斥力は,法線方向のみに働くと仮定する.つまり,粒子間の接触時の摩擦は考慮されていない.ただし,高密度の粒子流の場合,粒子間摩擦は重要な形成要因の1つである.今回は,空気抵抗により形作られる斜面流のパターンを明瞭に捉えるため,粒子間摩擦と粒子の回転を無視している.

ここでは,粒子 i と粒子 j の二体衝突について考察する(図7.3(b)).まず,接触によって生じる斥力 F_r は弾性バネで表現されるため,法線方向に発生す

る力は粒子間の接触距離 δ に比例する．そして，2つの粒子の中心を通る線分と x 軸が成す角 ϕ に従って，F_r は各成分へ分けられる．具体的に，粒子 i に働く斥力は，

$$\boldsymbol{F}_r = F_r \begin{pmatrix} \cos\phi \\ \sin\phi \end{pmatrix} = F_r \frac{\boldsymbol{r}_j - \boldsymbol{r}_i}{r} \tag{7.8}$$

$$F_r = -k_n \delta, \quad \delta = \begin{cases} a_i + a_j - r & (r < a_j + a_i) \\ 0 & (\text{それ以外}) \end{cases} \tag{7.9a, b}$$

として記述される．ここで，$\boldsymbol{r}_i$, $\boldsymbol{r}_j$ はそれぞれ粒子 i と粒子 j の座標，r は粒子の中心間距離 $|\boldsymbol{r}_j - \boldsymbol{r}_i|$，$k_n$ はバネ定数，a_i, a_j はそれぞれ粒子 i と粒子 j の半径である．また，粒子と斜面間の接触も同様の式で計算される．

7.4.4 空気抵抗力：粒子間の間接相互作用

粒子に作用する空気抵抗を厳密に求める場合，粒子スケールに応じた流体計算が求められる．ここでは，空気抵抗の定性的な表現を優先し，流体と粒子の関係性が導出されている条件を想定する．具体的に，周囲の流体は，レイノルズ数 Re が非常に小さい場合に成立するストークス流であると仮定される．そして，半径 a と速度 $\boldsymbol{v}$ の単一粒子が静止流体中を運動する場合，粒子が流体に及ぼす力 $\boldsymbol{F}$ と速度場 $\boldsymbol{u}(\boldsymbol{r})$ は，

$$\boldsymbol{F} = 6\pi\eta a \boldsymbol{v} \tag{7.10}$$

$$\boldsymbol{u}(\boldsymbol{r}) = \frac{3}{4} \frac{a}{r} \left[\boldsymbol{I} + \frac{\boldsymbol{rr}}{r^2} \right] \cdot \boldsymbol{v} + \frac{1}{4} \left(\frac{a}{r} \right)^3 \left[\boldsymbol{I} - 3\frac{\boldsymbol{rr}}{r^2} \right] \cdot \boldsymbol{v} \tag{7.11}$$

として解析的に導出される．ここで，η は流体の粘性係数，$\boldsymbol{r}$ は粒子の中心を原点とする座標，r は粒子中心からの距離 $|\boldsymbol{r}|$，$\boldsymbol{I}$ は単位テンソルである．注意として，式 (7.11) の $\boldsymbol{rr}$ は $\boldsymbol{I}$ に対応したテンソルであり，$\boldsymbol{rr}_{ij} = \boldsymbol{r}_i \boldsymbol{r}_j$[10] と記述さ

---

10) ここでの添字は粒子番号でなく，座標系である．

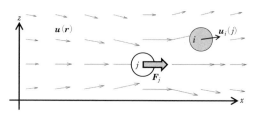

図 7.4 球状粒子により生成される流体の速度場（式（7.12）を使用）

れる．

　上記の理論式は，2 つの球状粒子が同時に存在する場合へ拡張可能である．ただし，2 つの粒子は周囲の流体を介して相互作用するため，Rotne and Prager（1969）では粒子のサイズ効果が式（7.11）に考慮された．その結果，粒子 j によって粒子 i の座標で生じる流体の速度 $\bm{u}_i(j)$ は，

$$\bm{u}_i(j) = \frac{1}{8\pi\eta r}\left[\bm{I} + \frac{\bm{rr}}{r^2}\right]\cdot\bm{F}_j + \frac{a_j^2}{12\pi\eta r^3}\left[\bm{I} - 3\frac{\bm{rr}}{r^2}\right]\cdot\bm{F}_j$$
$$= \frac{1}{8\pi\eta}\mathrm{J}(\bm{r})\cdot\bm{F}_j \tag{7.12}$$

$$\mathrm{J}(\bm{r}) = \frac{1}{r}\left[\bm{I} + \frac{\bm{rr}}{r^2} + \frac{2}{3}\left(\frac{a_j}{r}\right)^2\left(\bm{I} - 3\frac{\bm{rr}}{r^2}\right)\right], \quad (\bm{r} = \bm{r}_i - \bm{r}_j) \tag{7.13}$$

として記述される（図 7.4）．ここで，$\mathrm{J}(\bm{r})$ は Rotne-Prager テンソルと呼ばれる．さらに，式（7.10）を用いると，粒子 i に働く空気抵抗力 $\bm{F}_d$ は，

$$\bm{F}_d = 6\pi\eta a_i \bm{u}_i(j) \tag{7.14}$$

と表される．注意として，式（7.12）が成立する条件は 2 つの粒子が十分に離れている場合に限られるが，空気抵抗の定性的再現は可能である．

7.4.5　粒子の運動方程式

　粒子の運動方程式は，駆動力となる重力と接触による粒子間の斥力，粒子間

の間接相互作用で表現される空気抵抗力を用いて記述される．式（7.7）（7.8）
（7.10）（7.14）を用いて，粒子 i の速度 $\boldsymbol{v}_i$ は，

$$\boldsymbol{v}_i = \frac{\boldsymbol{F}_i}{6\pi\eta a_i} = \frac{\boldsymbol{F}_g + \boldsymbol{F}_r + \boldsymbol{F}_d}{6\pi\eta a_i} = \frac{\boldsymbol{F}_g + \boldsymbol{F}_r}{6\pi\eta a_i} + \sum_{j\neq i}^{N} \boldsymbol{u}_i(j) \tag{7.15}$$

として導出される．ここで，N は斜面上に存在する粒子数である．

7.5　粒子群モデルの数値シミュレーション

　本節では，前節で構築された粒子群モデルの数値計算例について紹介する．
ピンポン球やポリスチレン粒子を使用した縮小実験は，雪崩で測定することが
困難な詳細なパターンや内部構造，物理的特性を精査している．したがって，
本モデルの再現・比較対象は，地形上で発生する雪崩でなく既存の縮小実験と
する．具体的には，斜面流の前端で確認される流動不安定性や，それに伴い形
成される頭部-尾部構造に関して焦点を当てる（図7.1）．

7.5.1　数値計算の設定

　本節では，平坦な斜面上を滑走する粒子流について考察する．ただし，斜面
の傾斜角は安息角より十分に大きいと設定することで，粒子流は静止すること
なく常に流動状態を保っていると仮定される．そして，2000 個の粒子を斜面
上に配置することで，各々の粒子は式（7.15）に従って運動を開始し，斜面流
が自発的に形成される．

　粒子と流体の物性値（パラメータ）は，既存の縮小実験と定性的比較を行う
ため，ポリスチレン粒子および空気を想定して与えられる．具体的には，傾斜
角 θ は 45°，粒子の密度 ρ_p は 20 kg/m^3，接触による斥力のバネ定数 k_n は 10
N/m，流体の密度 ρ_f と粘性係数 η はそれぞれ 1.2 kg/m^3 と 1.82×10^{-5} Pa s と
固定される．注意として，実際の現象と対応するバネ定数を正確に定めること
は困難である．ここでは，バネ定数として，粒子の排除体積効果が十分に確認

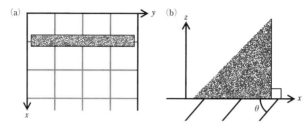

図 7.5 数値計算で考慮される 2 種類の異なる 2 次元平面．(a) 斜面と平行な x-y 平面，(b) 斜面と垂直な x-z 平面

される値を採用している（粒子間の接触距離 δ は粒径と比較して十分小さい）．

　数値計算は，単純な状況でのパターン形成を捉えるため，2 種類の異なる 2 次元系で行われる（図 7.5）．図 7.5(a) は，斜面と平行な x-y 平面上の粒子挙動のみを考慮しており，高さ方向への粒子運動が発生しないと仮定する（粒子の z 座標：一定）．本設定は，斜面に沿った非常に薄層の粒子流を考察しているが，斜面流の前端で発生する流動不安定性を簡潔に表現可能である．一方で，図 7.5(b) は，斜面と垂直な x-z 平面上の粒子挙動のみに着目しており，粒子が側面方向へ移動しないと仮定する（粒子の y 座標：一定）．本設定は，厚みのある斜面流を取り扱うため，雪崩の雪煙り層の象徴である頭部-尾部構造を再現可能である．

　さらに，粒子の大きさが斜面流の挙動へ及ぼす影響を調べるため，3 種類の粒子半径 a が数値計算で使用される：1, 2.5, 5 mm. ただし，粒子速度は粒径に強く依存するため，これらの粒径を混ぜて数値計算に適用することは行わない．しかし，単一粒径を用いた数値計算では，粒子の結晶化（幾何学構造）が引き起こされる．この結晶化を避けるため，粒子半径は基本となる大きさから ±5％の範囲内でランダムに選択される．以上の設定に基づき，各々の 2 次元数値シミュレーションの結果について紹介する．

7.5.2　単一の頭部形成および粒子流動

　x-y 平面上の数値計算は，2 種類の初期条件を用いて行われる：円形型と長

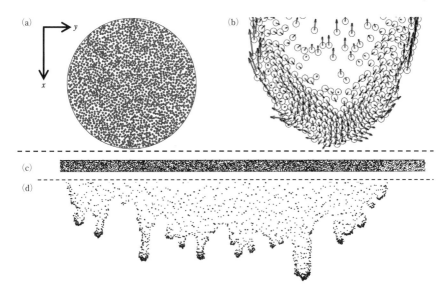

図 7.6 x-y 平面での粒子の初期配置と構造形成.(a)円形型,(b)前端での頭部形成と進行速さに対する粒子速度.(c)長方形型,(d)前端の不安定化に伴う波状パターン

方形型(図 7.6(a), (c)).粒子の初期配置に関して異なる初期形状を採用した理由として,前者は単一の頭部形成に焦点を当てており,後者は斜面流前端での幅広い不安定化構造を捉えるためである.両者の初期形状において,2000 個の粒子は,粒子同士が接触しないように初期形状内へランダムに配置される.その際,初期形状の大きさは,粒子体積率[11]が約 0.5 を満たすように与えられる.具体的に,円形型の半径は,使用する粒子半径に応じて 0.065,0.17,0.34 m と与えられる.同様に,長方形型の x 方向の長さと y 方向の幅は,それぞれ粒子 10 個分の値および 0.35,0.85,1.7 m と固定される.

まず,粒子の初期配置として,円形型を用いた数値結果について述べる(図 7.6(a)).円形内に配置された粒子は,時間の経過に伴い斜面流の前方へ移動を開始する.この際,流体を介した粒子間の間接的相互作用は粒子間の距離が近

---

11) 粒子体積率とは,ある形状の体積に対して粒子が占める割合であるが,ここでは面積を使用している.

いほど強い牽引力を示すため，初期状態における粒子速度は円形型の中心部で最大となる．そして，粒子速度分布の不均一性が，斜面流前方への粒子凝集を引き起こし，最終的に明瞭な単一の頭部を創り出す（図7.6(b)）．また，数値計算で使用される粒子半径 a を変化させたとしても，同様の斜面流の形状変化が確認された．ただし，本モデルにおいてはストークスの抵抗法則（式(7.10)）を仮定しているため，斜面流の進行速さは粒子半径の増大とともに増加する．

さらに，頭部内部の詳細な粒子運動を捉えるため，斜面流前端の進行速度の x 成分 v_a に対する各粒子の相対速度ベクトル $v - v_a$ が可視化された（図7.6(b)）．その結果，すべての粒子は傾斜方向へ進行しているにもかかわらず，一対の粒子渦対流が斜面流前方の粒子凝集部において形成された．具体的に，頭部の後方に位置する粒子は，近傍粒子の牽引力に従って頭部の中心および前方へ移動する．一方で，頭部の前方に位置する粒子は，頭部の中心から遠ざかるように斜面流の前端に沿って左右へ動かされる．その後，頭部の両後端に達した粒子挙動は，頭部の大きさ（凝集部の粒子数）や局所的な粒子配置に応じて2種類に分類される：①再び頭部の中心へ巻き込まれる，②斜面流の後方へ置き去られる．②の効果によって，頭部は渦対流を保ちながら時間とともに縮小する．

上記の頭部形成および粒子の渦対流は，ポリスチレン粒子を用いた縮小実験（Nohguchi and Ozawa, 2009）においても確認されている．一般的な DEM では，粒子が斜面上へ散らばるため，頭部形成を再現することができない．それに対して，本モデルは，低密度粒子の斜面流ダイナミクスが流体を介した粒子間の牽引力で定性的に再現可能であることを示した．

7.5.3　斜面流前端の流動不安定性

粒子の初期配置として，長方形型を使用した数値結果について説明する（図7.6(c)）．初期に配置された粒子は，円形型の数値計算と同様に速度の不均一性を示している．そのため，斜面流は長方形型の形状を維持したまま滑走するが，その内部では斜面流前端への粒子凝集が徐々に引き起こされる．続いて，粒子

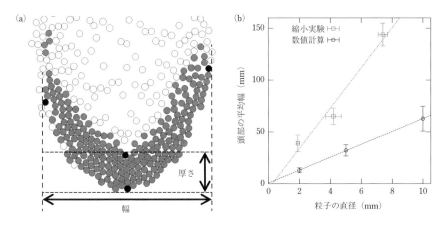

図 7.7 (a)頭部の幅と厚さの定義, (b)頭部サイズの粒径依存性

凝集を有する直線形状は,複数の頭部を伴う波状パターンへ不安定化する（図 7.6(d)）. そして,形成された頭部は,粒子間の牽引力に従い周囲の粒子よりも速く進行し,下流へと伸長する. ここで,突出した頭部の大きさの違いは,初期の粒子配置に応じた非一様性や粒径の揺らぎに起因していると考えられる.

次に,頭部サイズの粒径依存性を調べるため,頭部を図 7.6(d)のように成長した波状パターンから定義しなければならない. ここでは,凝集かつ突出した箇所が代表的な頭部であると単純に仮定し,各頭部の幅と厚さの測定を行っている. しかしながら,頭部の測定を行う上で,どの領域までが測定の対象であるか厳密に定めることは非常に困難である. 以下では,実際に行った測定の手順について説明する.

基本的な考え方は,図 7.7(a)のような粒子配置から密な箇所を抽出することである. 初めに,粒子 i の中心から二粒径分（$4 \times a$）の範囲内に含まれる粒子数 n_i を計算する. 再度,粒子 i から二粒径分の範囲内に存在する粒子 j を探索し,先に計算された近傍の粒子数 n_j の総和 n'_i を算出する.

$$n'_i = \sum_{r<4a}^{n_i} n_j, \quad n_j = \sum_{r<4a} 1 \qquad (7.16\text{a, b})$$

式 (7.16) によって計算された値が,粒子近傍の粗密に関する指標となる. た

188 第 II 部 破壊による地形現象

だし，形成される頭部の大きさは異なるため，各頭部において指標の最大値 n'_{max} を求める．もし，粒子 i が $n'_i > n'_{max}/4$ を満たすならば，その粒子は頭部の構成要素となる（図 7.7(a) の灰色粒子）．そして，頭部の幅と厚さを測定するために，4 つの基準粒子が灰色の粒子座標に基づいて選択される（図 7.7(a) の黒色粒子）：側面方向に関して最も外側の粒子，傾斜方向に関して前方・後方の最前端の粒子．

図 7.7(b) は，斜面流を構成する粒径と上記手法で測定された頭部の平均幅の関係を示している．図中の四角と丸の点は，それぞれ Nohguchi and Ozawa (2009) による縮小実験と本モデルによる数値計算の結果である．これらの結果は，最小二乗法による直線フィッティング（点線）で上手く近似される．したがって，縮小実験と数値計算の両者において，粒径と頭部の幅の間に強い正の線形関係が成り立っている．また，粒子数や粒子の初期配置などが実験と異なっているにもかかわらず，本モデルは既存の結果と同様の性質を見出すことに成功した．

7.5.4 頭部-尾部構造

最後に，x-z 平面上の数値計算は，初期条件として斜面と垂直な三角形型を用いて行われる（図 7.5(b)）．本設定では，斜面流の前方から後方に向かって形成される頭部-尾部構造に着目している．そして，7.5.2 と 7.5.3 小節で示された x-y 平面上の数値計算と同様に，2000 個の粒子が粒子体積率 0.5 を満たすように初期形状内へ配置される．この場合，粒子の配置領域を決定する三角形型の深さ（直角から斜辺までの長さ）は，使用する粒子半径に応じて，0.115，0.3，0.6 m として与えられる．

運動を開始した粒子は，初めに重力に従って斜面近傍へ凝集する．その後，形成された粒子集団が傾斜方向へ進行することで，頭部のような形状が斜面流の前方に形成された（図 7.8(a)）．ここで，図中の粒子の色は，粒子速度と斜面流前端の進行速度の x 成分の差を表す（$v - v_a$）．また，頭部における粒子は後方に位置する粒子より速い速度を示すため，後方の粒子は頭部から次第に引

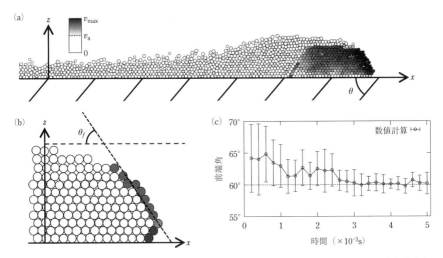

図 7.8 x-z 平面での計算結果.(a)構造および前端の進行速さに対する粒子速度.(b)前端角の定義.(c)前端角の時系列データ.

き離される.このような粒子挙動が,斜面流の後方に頭部よりも厚みの小さい尾部を創り出す.ただし,頭部内の粒子流動はほとんど確認されず,頭部の上方から後方への粒子移動によって,頭部は時間とともに縮小していく.

さらに,斜面流前端の形状を把握するため,前端角 θ_f が頭部の縁を構成する粒子座標に基づいて測定された.まず,斜面近傍の粒子の内,最も前面に位置する粒子が選択される.そして,外側に位置する粒子は,選択された粒子から繋ぎ合わせるように抽出される(図7.8(b)の色付き粒子).正確に言えば,選択した粒子の近傍において,自身よりも上方(z 座標)に位置する粒子が選択される.上記手法によって,前端角 θ_f は,抽出された粒子座標に対する近似直線と x 軸の成す角度として定義される.

図7.8(c)は,5 mm の粒子半径を用いた数値計算における前端角の時系列データである.図中の丸点とエラーバーは,20回分のアンサンブル平均値と標準偏差を示している.その結果,前端角は時間経過に応じて一定値(60°)へ収束し,標準偏差も徐々に減少する.そして,前端角の60°への収束は,使用する粒子の大きさを変化させたとしても同様に確認された.また,McElwaine

（2005）によると，前端角は傾斜角に依存せず 60°に保持されることが，斜面流の運動論および実験から予測されている．したがって，本モデルによる斜面流前端の形状は，既存の研究結果と定量的に一致する．

7.6　まとめと今後の展望

　本章では，複雑な雪崩の動力学を単純に理解するために，雪崩や斜面流を構成する最小要素（粒子）の挙動に焦点を当て，数理モデリングを行った．モデリングを行う上で，考慮された要因は，雪煙り層で見られる頭部-尾部構造を模した縮小実験の知見に基づいている．つまり，斜面流の駆動力となる重力と接触による粒子間の斥力，空気抵抗として作用する粒子間の牽引力の 3 種類である．そして，粒子群モデルを用いた 2 次元系の数値計算は，斜面流前端での流動不安定性や頭部-尾部構造の定性的な再現に成功した．さらに，これらの発生メカニズムに関して，粒子間の牽引力により生じる粒子凝集が非常に重要な役割を担っていた．

　しかしながら，構築された粒子群モデルは斜面流のパターンを定性的に再現したに過ぎず，多くの挑戦すべき課題が残されている．以下では，そのいくつかについて述べる．まず，本モデルで計算された斜面流の速度は，ポリスチレン粒子を使用した実験と比較して非常に大きな値を示している．この原因はモデルを単純化するために導入された空気抵抗力（7.4.4 小節）であり，その牽引力は多粒子系や高い数密度領域において過大評価されてしまう．また，複雑な乱流構造が雪崩の雪煙り層で形成されており，粒子は乱流効果により取り込まれ上方へ巻き上げられる．この効果は本モデルで考慮されていないため，流体と粒子間の相互作用を単純かつ正確に取り入れる必要がある．さらに，実際の雪崩ダイナミクスは，下層（流れ層）と上層（雪煙り層）での異なる運動形態を有する．これら運動形態が混在した斜面流を再現することも，雪崩現象を理解する上で欠かせない要因であろう．

　最後に付言しておくと，広範に発生する雪崩を捉えるため，多くの理論モデ

ルは雪粒子1つ1つの運動を軽視してしまう．今回の粒子群モデリングを通して，小規模な雪崩の構造や特性が解き明かされつつある．今後，既存の理論モデルと組み合わせることで，大規模な雪崩の予測やメカニズム解明に至ると期待される．その際，研究分野で長年蓄積された知見および主流な手法は，時として斬新な考え方を束縛する原因になりかねない．故に，自由な発想を抱くことはモデリングにとって重要であり，それは今すぐ誰もが行えることである．本書を通じて，多様な地形現象の一端に触れていただき，地形現象が多くの研究者を魅了してやまない理由をご承知いただければ幸いである．

参考文献

Beghin, P., Hopfinger, E. and Britter, R. (1981): Gravitational convection from instantaneous sources on inclined boundaries. *J. Fluid Mech.*, 107, 407-422.

Brugnot, G. and Pochat, R. (1981): Numerical simulation study of avalanches. *J. Glaciol.*, 27, 77-88.

Dent, J. D. and Lang, T. E. (1980): Modeling of snow flow. *J. Glaciol.*, 26, 134-140.

Issler, D. (1998): Modelling of snow entrainment and deposition in powder-snow avalanches. *Ann. of Glaciol.*, 26, 253-258.

Lang, T. E. (1979): Numerical simulation of snow avalanche flow. Rocky Mountain Forest and Range Experiment Station, Forest Service, RM-205, pp51.

Lang, T. E., Nakamura, T., Dent, J. D., et al. (1985): Avalanche flow dynamics with material locking. *Ann. of Glaciol.*, 6, 5-8.

前野紀一・遠藤八十一・秋田谷英次ほか (2000):『基礎雪氷学講座 III 雪崩と吹雪』, 古今書院.

McElwaine, J. N. and Nishimura, K. (2001): Ping-pong ball avalanche experiments. *Special Publication-International Association of Sedimentologists*, 31, 135-148.

McElwaine, J. N. (2005): Rotational flow in gravity current heads. *Phil. Trans. R. Soc. A*, 363, 1603-1623.

Naaim, M. and Gurer, I. (1998): Two-phase numerical model of powder avalanche theory and application. *Natural Hazards*, 17, 129-145.

Nishimura, K. and Maeno, N. (1989): Contribution of viscous forces to avalanche dynamics. *Ann. of Glaciol.*, 13, 202-205.

Nohguchi, Y. (1989): Three-dimensional equations for mass center motion of an avalanche of arbitrary configuration. *Ann. of Glaciol.*, 13, 215-217.

Nohguchi, Y. and Ozawa, H. (2009): On the vortex formation at the moving front of lightweight granular particles. *Phys. D*, 238, 20-26.

Pailha, M. and Pouliquen, O. (2009) : A two-phase flow description of the initiation of under water granular avalanches. *J. Fluid Mech.*, 633, 115-135.

Patra, A. K., Bauer, A. C., Nichita, C. C., et al. (2005) : Parallel adaptive numerical simulation of dry avalanches over natural terrain. *J. Volcanol. Geotherm. Res.*, 139, 1-21.

Perla, R., Cheng, T. T. and McClung, D. M. (1980) : A two-parameter model of snow-avalanche motion. *J. Glaciol.*, 26, 197-207.

Rotne, J. and Prager, S. (1969) : Variational treatment of hydrodynamic interaction in polymers. *J. Chem. Phys.*, 50, 4831-4837.

Savage, S. B. and Hutter, K. (1989) : The motion of a finite mass of granular materials down a rough incline. *J. Fluid Mech.*, 199, 177-215.

Tochon-Danguy, J. C. and Hopfinger, E. J. (1974) : Simulation of the dynamics of powder avalanches. *IAHS-AISH Pub.*, 114, 369-380.

Voellmy, A. (1955) : Über die Zerstörungskraft von Lawinen. *Schweizerische Bauzeitung*, 73 (12), 159-165 (in German).

(新屋啓文)

第8章

断層

～付加体のモデル実験～

8.1 はじめに

　この章では，地層の変形，特に変形に伴って生じる「断層」をテーマとする．断層とは，地層や地層を構成する岩石に力が作用することで生じた破断（破壊）面（いわゆる「割れ目」）のうち，面に沿うズレがあるもののことである．ちなみにズレがないものは節理と呼ばれるが，第9章でその一種である柱状節理について述べているので参照されたい．ズレがある面（断層）とズレがない面（節理）では，以下で述べるように，破断のメカニズムが異なる．このため，破断面を見た時にはズレの有無を必ず観察・記録しなくてはならない，と大学で地球科学を学び始めた学生は野外実習などの機会に教員から指導される．

　断層は一般に何らかの外力が作用することによって岩石がせん断力[1]によって破壊することで形成されるが，節理は岩石の体積変化（膨張・収縮）に伴って発生する引張力によって破壊することで形成される．岩石が破断する場所が地表近くの場合には岩石に作用する力が引張になるときがある（節理面の形成）が，ある程度以上の深度になった時には（例外的な状況を除いて）岩石に作用する力は圧縮である．これは，その岩石の上に乗っている岩石の重さによる圧

---

[1] せん断力とは着目している面を滑らせる力である．この力によって破壊することで面に沿うズレができる．

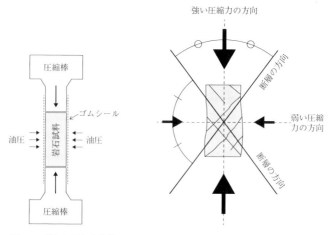

図 8.1 岩石圧縮試験機　　**図 8.2** 断層の方向と力の方向の関係

力（上載荷重圧）や周りの岩石から押される圧力（周圧・封圧）が圧縮力であることが原因である．岩石がこのような圧縮環境下で破壊する際には，せん断破壊することが知られている．これまでに数多く行われた岩石を圧縮破壊する室内試験（図8.1）の結果，岩石に作用する力とせん断面（断層）の方向には幾何学的な関係が成立することが知られている（図8.2）．岩石が圧縮力によって破断する時には，強い圧縮力の方向に対してせん断面がなす角度は20°から45°程度になることが知られている．なお，力が小さいときはこの角度が小さく，力が大きくなると角度が大きくなることも知られている．これは地下浅部では圧縮力と断層のなす角度が小さく，大深度では角度が大きくなることを示唆している．

　断層は，断層を挟んだ両側が相対的にどちらの方向に動いたのか，という「ズレの向き」で分類される．断層の面は重力方向に対して一般に傾いているので，断層の上側（上盤と呼ぶ）が断層面に沿ってズレ落ちるように動いているものを正断層，さかのぼっているものを逆断層と呼ぶ．これらの断層の名前やその動き方からわかるように，地球の重力に従って運動する正断層は「普通の断層」で，重力に逆らって運動する必要がある逆断層は「異常な断層」である．上記した岩石に作用する力とせん断面の角度の関係から，正断層は45°以

上の角度（普通は 60°から 70°程度）で急傾斜する．それに対して，逆断層は横方向（水平方向）から重力以外の力が作用する必要があり，その傾斜角は 45°以下（普通は 30°以下）の緩傾斜となる．

8.2　南海トラフの付加体

　以下では「付加体」と呼ばれる逆断層が発達する特異な地質体（ある地域において同種のメカニズムで形成された地層群）とそれが作る地形について，モデル化した試みを紹介する．

　静岡県から紀伊半島，四国，宮崎県や鹿児島県の太平洋側沖合にかけて，南海トラフと呼ばれる谷状の深い海が分布している（図 8.3）．南海トラフの方向はほぼ西南日本と平行（東北東-西南西）であるが，その北側（つまり日本列島側）の海底はトラフに平行した凸凹状の複雑な地形になっている（図 8.3）．この地形の原因を探るために反射法地震探査という方法で調査が行われた．反射法地震探査とは，海面近くで小規模な爆発振動を発生させ，その振動波が海底の地層で反射して戻ってきたものを小型地震計で記録・解析することで海底下の地層の様子を探る方法である．調査の結果，海底の凸凹地形は多数の逆断層

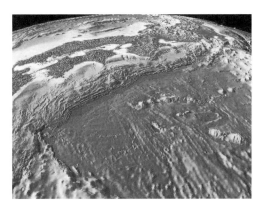

図 8.3　南海トラフ付近の海底地形

196 第II部 破壊による地形現象

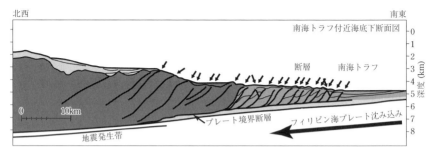

図 8.4 南海トラフ付加体の内部構造

(図 8.4 の矢印)によってできており,しかも逆断層はほぼ一定間隔でほとんどが同じ方向(北側)に傾斜していることがわかった(図 8.4:左側が北西方向).このような地形や断層は南海トラフの南東側には見られない.逆断層の存在は横方向からの力が作用したことを示唆するが,この地形と内部構造はどのようにして形成されたのだろうか.

南海トラフは,プレートテクトニクス論での「プレート沈み込み」の場所と考えられており,フィリピン海プレートが日本列島(ユーラシアプレート)の下に沈みこんでいると考えられている.実際,フィリピン海プレートの上に位置する大東島や伊豆諸島などの島々に設置した GPS 機器による観測によって,これらの島々はすべて北西方向に運動していることが確認されている(Miyazaki and Heki, 2001 ほか).したがって,南海トラフでのフィリピン海プレートの沈み込みは確定した事実と考えて良いだろう.そこで先ほどの探査データをもう一度観察すると,南海トラフ付近ではフィリピン海プレートの上には海底で降り積もった泥や砂などの軟らかい堆積層が分厚く乗っていることが読み取れる(図 8.4 の右端部).しかしその堆積層の半分ほどはフィリピン海プレートと一緒に沈み込んでいないことがわかった(Bangs et al., 2004).沈み込めなかった堆積物は,まるでブルドーザーでかき寄せられた土砂のように,ユーラシアプレートの端の部分にくっついて,上記した地形と内部構造を作っているように見える(図 8.5).つまり,元々フィリピン海プレートの上に堆積した地層がその上にあるユーラシアプレートの先端部で剥ぎ取られて張り付いたため

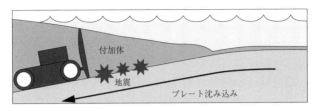

図 8.5　ブルドーザーモデルによる付加体形成モデルと地震発生
（日本地震学会広報誌「なゐふる」2008 年 1 月号より）

に，多数の逆断層を含む地質体になったようである．このようなメカニズムでできた地質体を「付加体」と呼んでいるが，南海トラフで観察される地形と内部構造は付加体の特徴であろうと考えられている．

　南海トラフでは東海地震・東南海地震・南海地震などの大地震が少なくとも数百年間にわたって周期的に起きており，将来も大地震が起きると考えられている．南海トラフでの小規模地震の震源分布を調査すると，沈み込んでゆくフィリピン海プレートとそのすぐ上に乗っている付加体の間にある断層が動くことで地震が発生していることがわかった．また，海底で井戸を掘って堆積層を調べた結果，1944 年の東南海地震を引き起こした断層が付加体の中にあることもわかった（Sakaguchi et al., 2011）．つまり南海トラフでの将来の巨大地震の発生やその津波被害を前もって調べるためには，付加体がどのようなものでどのようにして形成されるのかということについて詳しく調査する必要がある．

　また，東海沖と呼ばれている静岡県沖合の海域に位置する付加体の内部には，メタンハイドレートが埋蔵していることが確認されており，それをエネルギー資源として利用するための調査が進められている（Yamamoto, 2015）．メタンハイドレートを資源として利用・開発するためには，どこにどうやってメタンハイドレートが濃集するのか理解する必要がある．メタンハイドレートの濃集には，付加体内部の地下水の流れが大きな役割を演じているらしいことがわかっている（Yamada et al., 2014）が，付加体内の水の流れは断層の形成と活動によって非常に大きい影響を受けるため，やはり付加体内の断層のでき方について詳しく調査する必要がある．

198　第 II 部　破壊による地形現象

8.3　付加体をモデル実験で再現するために

8.3.1　相似則

　プレート沈み込みによって付加体がどのようにしてできるのか，最も簡単かつわかりやすい検討方法は簡単なモデル実験を行うことである．ただし実際の付加体は数十 km の大きさがある上，数万年以上の時間をかけてできていると考えられるため，これらを扱いやすい大きさと時間に短縮しなくてはならない．このような「縮小モデル」を作るときには，「相似則」（similarity condition : Hubbert, 1951 ほか）と呼ばれるルールを守る必要がある．

　相似則によると，モデル実験での諸条件や設定など（単にモデルと呼ばれる）は，幾何学的（geometrically）のみならず運動学的（kinematically）および動力学的（dynamically）に，実際の地質構造（プロトタイプと呼ばれる）に相似である必要がある．幾何学的相似とは，モデルとプロトタイプにおいて，対応するすべての長さの比と角度が同一であることを指す．このときの両者の長さの比を R_l で表す．運動学的相似とは，モデルがプロトタイプと幾何学的相似を保ち，かつモデルの変形に要する時間がプロトタイプ中のそれに対応する変形時間に対してある比（時間比 R_t）を保つことを指す．動力学的相似とは，まずモデルとプロトタイプの両者において微小な単位体積を設定し，この部分に作用する力（たとえば，重力，慣性力，弾性力，摩擦力など）が両者で相似であることを指す．両者において運動学的相似性が保たれているとき，その微小体積の質量を d_m とすると力は d_m に比例する．したがって両者における力を相似にするためには，両者における質量分布を相似にする必要がある（この時の質量比を R_m とする）．ここで，モデル実験材料とプロトタイプの強度比 R_s は $R_s = R_m R_l^{-1} R_t^{-2}$ と表現される．これを実験材料の密度比 R_d を用いると $R_s = R_d R_l^2 R_t^{-2}$ のように書き換えが可能である．モデル実験を（遠心載荷装置などではなく）通常の重力環境下で行う場合には，モデルとプロトタイプ間の重力加速度比は 1 である．これを基にモデルとプロトタイプ間の加速度比を 1 として式を整理す

ると，$R_s = R_d R_l$ という関係が導かれる．ここで実験材料の密度は実際の岩石密度と大きく変わらないことから，この関係式は実験材料の強度を長さ比 R_l に従って縮小する必要があることを示している．なお，相似則に従うとモデル実験には種々のルール（拘束条件）が発生するが，すべての条件を満たす実験を行うことは困難である．そこで実験結果に大きな影響が出ないだろうとみなすことができる条件について緩和した実験が行われている．相似則に関する詳細は Hubbert（1937, 1951），垣見・加藤（1994），山田（2006）などによる解説を参照されたい．

　相似則は，プロトタイプ（南海トラフ付加体）とモデル（実験室内で縮小された付加体）の間の関係を「物理的に相似」に保つための条件と言い換えることができる．たとえば，南海トラフでの海底堆積層の厚さは数百 m 程度であるが，それに対応する実験材料の厚さを数 cm 程度としてモデル実験を行う場合について相似則を検討すると，上記した条件から付加体を構成する岩石の1/10,000 程度にモデル実験材料の強度を小さくする必要が導かれる（山田，2006）．次に，モデル実験材料を選択するために，プロトタイプの変形挙動を検討する必要がある．変形挙動は解析対象とする地質体の岩相や変形速度によって異なるが，上部地殻の典型的な岩相が 10^{-13}/s 程度（数 km 程度の地質体に対して年間数 cm 程度）の変形速度で変形する場合には，変形挙動を脆性破壊[2]と近似できる．そこで今回のプロトタイプの変形挙動も「脆性破壊」で近似できると仮定した．実験材料も脆性破壊によって変形挙動が近似できるものを選択する必要があるが，脆性破壊する物質の強度は固着強度と内部摩擦の2つの要素で決まるため，実験材料の強度については下記の条件を満たす必要がある．

1）固着強度は岩石の 1/10,000 程度
2）内部摩擦係数は岩石と同等

付加体を構成する岩石の固着強度は，数 MPa 程度から数十 MPa 程度であることから，実験材料の固着強度は数百 Pa から数千 Pa 程度である必要がある．

2）ほとんど変形していない段階で破断面が生じるタイプの破壊．

200 第II部 破壊による地形現象

このように非常に小さい固着強度を持つ材料として，乾燥砂やガラスビーズなどの粒状体材料が挙げられる．条件の2つ目を満たすためには，厚さ数 cm の粒状体材料の内部摩擦係数を計測する必要がある．このような低封圧（数百Pa）環境における粒状体材料の物性を正確に計測することは長らく困難であったが，計測器の進化によって可能になってきた．実際に計測した結果，驚いたことに乾燥砂の変形・破壊挙動は実際の岩石のものと非常に似ていた（Lohrmann et al., 2003 ほか）．つまり内部摩擦係数がほぼ同じであるだけではなく，変形が進む（歪が増加する）につれて，応力上昇・降伏・最大強度値での破壊・低下した強度値での安定すべり（歪み弱化）という，岩石と同じ挙動を乾燥砂が示すことがわかった．このことは，乾燥砂を使うことによって南海トラフでの付加体形成過程を「物理的に相似」に実験室での縮小モデルで再現することが可能であることを示している．

8.3.2 乾燥材料の意味

ここで，「乾燥」材料を使う意味について解説する．どのような種類の岩石でも隙間や割れ目などの空間（孔隙と呼ぶ）が必ず存在するが，地下にある岩石の孔隙は水で満たされている（一般に地下水と呼ばれる）．付加体を構成する岩石も同様で，付加体が元々海底で形成されることもあって，岩石ができたときの海水でその孔隙は満たされている．これを実験で再現するのであれば，実験材料の孔隙を完全に水で満たした状態，つまり水中での実験を行う必要がある．実は，孔隙を完全に水で満たした状態の砂と，孔隙を完全に空気で満たした状態の砂は，どちらも「孔隙を充填している流体[3]（孔隙流体）が1相の状態である」と呼ばれ，物理的な性質が良く似ている．したがって，完全に実験材料を乾燥させることによって，水中での実験の代わりとすることができる．たとえば，乾燥砂はサラサラとしているが，同じ砂を水槽の中に沈めるとやはりサラサラした状態を示す．砂浜海岸で海に入ったときに足裏に触る砂の感触

3）流体とは液体と気体の総称である．

を思い出してほしい．もちろん水の粘性などによる影響の違いはあるが，粘性の影響が無視できるくらいゆっくりとした運動であれば，乾燥砂と水中砂は物理的には近い挙動をすることが知られている．一方，孔隙流体が1相状態ではないとき，孔隙内には水（などの液体）と空気（などの気体）が両方存在していることになる．たとえば，砂を湿らせるとその孔隙には水と空気の両方が存在している（したがって2相状態である）が，この状態では強度が非常に大きくなるため「砂のお城」を作ることができる．同じ砂を完全に乾燥させるとサラサラになるためお城を作ることはできない．また，水中でも同じ砂はやはりサラサラ状態になるためお城はできない．このことは孔隙流体が2相状態と1相状態では非常に物性が異なることを示している．

8.3.3 実験装置

次に実験装置の話をしたい．再現したい運動は，フィリピン海プレート上に堆積した地層がプレートと一緒に沈み込めないために，その上に乗っているユーラシアプレートによって剥ぎ取られる，というものである．これを単純化したモデル実験の方法として，これまでに2つの方法が考案されている（図8.6）．以下では，フィリピン海プレートに相当するプレートを「沈み込むプレート」，ユーラシアプレートに相当するプレートを「乗っているプレート」

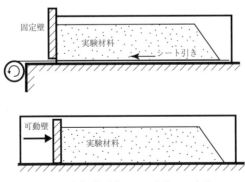

図 8.6 付加体形成モデル実験の二方法

202　第Ⅱ部　破壊による地形現象

と呼ぶ.

1) 沈み込むプレートと堆積物が移動し，乗っているプレートが移動しない方法（図8.6上）

　この方法では，まず箱を用意してその中にシートを置き，その上に砂層を堆積させる. 箱の側壁の下にはシートの厚みくらいの隙間を開けておき，そこからシートを出すことができるが，その上の砂層は出ることができないようにしておく. すると，シートを引っ張って砂層を移動させると，壁にぶつかるために砂層はシートから剝ぎ取られる. この方法では，シートが沈み込むプレートに，隙間の上の固定壁が乗っているプレートに相当する. 長いシートを使用することで変位量を非常に大きくできることが利点であるが，シートとその下の装置底面との間に摩擦が発生するため，シートの変位速度が均一になりにくい欠点がある.

2) 沈み込むプレートと堆積物が移動しないで，乗っているプレートが移動する方法（図8.6下）

　この方法でも箱を用意するが，この箱の壁の1つは可動式にしておく. この壁を動かすことで，箱の中に堆積させた砂層を箱の底面から剝ぎ取る. この方法では，箱の底面が沈み込むプレートに，可動壁が乗っているプレートに相当する. 壁の変位速度が安定することが利点であるが，壁による変位量を大きくすると反対側の壁にぶつかってしまうことなどから変位量には限界がある.

　筆者らは両方の方法を用いて実験を行い，結果を比較したが，大きな違いは見られなかった. 実験材料に加速度が発生しない程度に十分低速な実験を行ったことによって，両者に違いが生まれなかったと考えている.

　これらの実験方法で問題となる点は，砂を剝ぎ取るための「壁」の存在である. 上述したブルドーザーモデルにもブルドーザーが土砂をかき取るための壁があるが，南海トラフの地質には実際にはこのような壁はない. このような壁を想定して良いのだろうか. これまでに軟らかい壁を使った実験や壁の形をいろいろと工夫した実験などが行われた結果，壁の近傍では壁の存在による影響が実験結果に影響を与えるが，壁からある程度離れた場所では壁の影響は無視できることがわかった. このことは実際の実験結果をもとに後で説明する.

第 8 章　断層　　203

　実際の南海トラフでは，堆積層の最下部は剥ぎ取られておらず，それ以外の部分が剥ぎ取られている（図 8.4）．そこで，筆者らは前者の方法（図 8.6 上）を改良して実験装置を製作し，それを用いて実験を行った．装置の箱はジュラルミン製で手前側の側壁を透明アクリル製とした．この箱の中に丈夫なシートを置いて，その上に乾燥させた色砂を使って地層を作り，シートを引っ張ることで地層を左側に動かした．シートと砂層の下半分は装置左側の壁の下部に開けた隙間から装置外へと出ることができるが，砂層の上半分は壁によって剥ぎ取られ，壁に押し付けられるようにした．砂層の中間部には固着強度の小さいガラスビーズの薄層を挟んで，その上に乗る砂層だけが剥ぎ取られるように工夫した．変形の様子は透明アクリル板を通じて観察できる．

8.4　実験による付加体と断層の再現

　実験の結果，実験材料（乾燥砂層）がブルドーザーのようにかき取られて，断層や褶曲[4]などの変形が起きることが観察された（図 8.7）．狙い通りに，ガラスビーズ層（白色層）よりも上の砂層だけが剥ぎ取られて変形している．断層の間隔や地層の全体の変形の形状などは，実際に南海トラフの付加体で観察されているものに大変良く類似しており（図 8.4 参照），南海トラフの付加体も実際にこのようにして形成されたと考えられている．実験結果をよく見ると，まず壁の近傍で壁側（左側）の方向に傾斜する逆断層が 2 ないし 3 つ（図 8.7 の断層 1 から 3 まで）形成された後，やや離れた場所にやはり壁方向に傾斜する逆断層（断層 4）が形成され，それ以降はほぼ同じ間隔で同方向に傾斜する逆断層が（壁から遠ざかる方向に）順番に形成した（図 8.7 の断層 5 から 9）．

　変形の先端部（図の右側の断層付近）を観察すると，壁方向に傾斜する断層だけではなく，反対方向に傾斜する断層（番号に「'」が付いた断層）も同時に形成して，逆三角形の隆起地形を作っていることがわかる．この「反対方向に

4）地層が曲がること．

204 第 II 部　破壊による地形現象

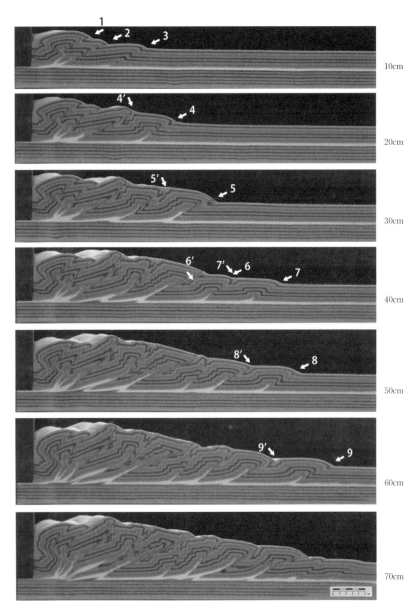

図 8.7 付加体形成のモデル実験結果．写真内のスケールは白黒部が各 1 cm

傾斜する断層」は個々の活動期間が短く，次々に新しいものが下側に隣接して形成している．このような小規模な断層は，確かに探査データでの付加体先端部で明瞭に観察できる（図 8.4 の付加体先端部での方向の違う矢印参照）が，それ以外の個所においてはこれまでほとんど留意されていなかった．実験によって活動の時期とメカニズムが明らかになった断層の例として挙げられる．

実験結果を観察すると，数多く形成された逆断層の中に，進行につれて他の断層に切られるなど変形してしまうもの（たとえば断層 1, 2, 3, 4）と，変形が進行しても元々の角度と形を保っているもの（たとえば断層 5 や 8）があることがわかる．前者の断層はその活動が終了したので隣接する断層に切断されるなどして変形してしまったものである．いったん断層面が曲面や凸凹に変形すると，その面に沿って断層が再び変位することは不可能であり，実際に実験でも活動することはない．これらは「死んでしまった断層」と呼ぶことができる．一方，後者の断層は形成当初から長期にわたって活動が続いており，このために変形しない（その姿が変わらない）と考えられる．もちろん，断層の活動は間欠的なので短時間の活動期と長時間の休止期が常に繰り返される．休止期には断層面が多少変形することがあるかもしれないが，活動期に再び平滑化されるのだろう．あるいは休止期にあまり変形しなかった（その後の活動に支障がない）断層のみがその後に活動できるということかもしれない．断層面の凸凹形状と活動性に関連があるらしいことは，実際の南海トラフの海底活断層に対する調査で明らかになっている（Yamada et al., 2013）．断層の活動期について実験結果を詳細に解析した結果によると，先端部の断層が形成された時期にはこの先端断層のみが活動（ほかの断層は休止）しているが，先端断層の活動性が低下するとそれまでに形成した断層が活動期に入ることがわかっている（Yamada et al., 2014）．ここまで述べてきたような，付加体の中にある断層の活動性が一様ではないことや，それぞれの断層の活動時期の関係などは，モデル実験によって初めて明らかになったことである．

砂層の表面地形を観察すると，変形が進行した壁側（図 8.7 では左側）の隆起量が大きく，未変形の部分は隆起していないため，全体として緩やかに未変形（図 8.7 では右側）の方向に向かって傾いた地形になっている．このことは，

206　第 II 部　破壊による地形現象

一般に地形の隆起量は変形の程度に対応していることを示している．上述した活動期間が長い断層の上盤付近でも地形がやや凸状になっており，若干ではあるが周囲に比べて隆起量が大きくなっている．このような地形と内部変形構造の関係も，モデル実験によって明らかになった知識として挙げることができる．

　実際には存在しない「壁」（図 8.7 では左側の固定壁）を作ったことによって，実験結果にどのような影響があったのだろうか．実験の初期では壁が砂層を直接押している影響があると考えられるが，ある程度実験が進行すると「壁に押された砂」が未変形部分の砂層を押していることから，壁による影響は低下するだろうと予想される．実際，実験の初期には断層が 2〜3 条（図 8.7 では断層1，2，3）連続して同じ方向（壁側への傾斜）に形成されるので，これは壁の存在による影響だろうと考えられるが，それ以降（断層 4 以降）は必ず反対方向へ傾斜する断層（「'」付きの断層）を伴って断層が形成されることから，壁による影響はなくなったと考えて良いだろう．

8.5　まとめと今後の展望

　簡単なモデル実験によって，プレート沈み込みに伴って形成される付加体と呼ばれる海底地形やその内部構造である断層や褶曲などの複雑な変形をかなり良く再現できることがわかった．この知見を西南日本太平洋沖の南海トラフ地域で観察される付加体に応用することで，この場所で定期的に発生している巨大地震・津波の発生メカニズムや，メタンハイドレートなどの海底資源がどこにどのように集積しているのか，などの課題について理解が進むものと期待される．

　モデル実験を用いることで付加体形成過程とその地形への影響に関する理解は非常に深化したが，もちろん解決されていない問題も数多く存在する．たとえば，モデル実験では付加体の先端部しか再現できていないことが挙げられる．フィリピン海プレートのような海洋プレートがいったん沈み込みを始めると，数百万年以上にわたって沈み込み続けるため，付加体形成も非常に長期間継続

し，結果として大規模な付加体が形成されることがある．これをモデル実験で再現するためには，単に巨大な実験装置が必要になるだけではなく，付加体を構成する岩石をすべて同質とは見なすことはできなくなることから，実験材料を工夫する必要が生じる．付加体の先端部は若く比較的軟質の堆積物で構成されていることに対し，先端部から離れる（つまり古くなる）にしたがって，堆積物から内部の水が絞り出されることによって，付加体を作っている物質は徐々に固結した岩石に変化する．付加体を構成する岩石の性状が変化することから，付加体の下面となるプレート境界断層の性質も徐々に変化するだろうと考えられている．このような岩石の物理的性質の変化が付加体形成に与えている役割をモデル実験で具体的に検討するためには，実験材料の性質が実験中に徐々に変化する必要があるが，相似則を保ちながらこのような変化を作り出すためには実験材料を新開発する必要があり，現時点では大変困難である．

　実験材料として使用している乾燥砂の粒子サイズも課題である．相似則によると実験で使用した砂粒子のサイズ（約 0.2 mm）は実スケールでは直径数 m 程度の粒子に相当する．このサイズの粒子を使う限りにおいては数十 m 程度より小さい規模の実現象は再現できないことになる．砂よりも粒径の小さい材料を使用することも可能であるが，粒子サイズが小さい場合には，静電気や凝集などによって粒子が集合化する現象が発生しやすい．筆者は 40 μm 程度のガラスビーズ材料を使用したことがある（たとえば図 8.7 の実験）が，現時点ではこの程度が小粒径材料として限界に近いと感じている．

　付加体中の水移動は，付加体の内部構造と表面地形の形成に重要な影響を与えると考えられるが，モデル実験で検討することは難しい．上述したように，付加体の形成では変形の進行に伴って堆積物からの脱水が生じるが，この水は付加体内部を移動して表面に達する．水の移動に伴って水圧が局所的に上昇することがありうるが，水圧上昇はその場所にある断層面の摩擦力を低下させるため，断層が活動しやすい状況を作る．ということは，付加体の断層と地形の形成過程を正確にモデル実験で再現するためには，付加体内部に存在するであろう水圧の影響を取り入れなければならないことになる．このような付加体内部における水圧の影響をモデル実験で検討した例として，フランス・レンヌ大

学のピーター・コボルド教授によって行われた検討が挙げられる（Cobbold et al., 2001）．前述したように，孔隙流体として水を空気と入れ替えることが可能であることから，コボルド教授はモデル実験の底部を目の細かい金網とし，その下に巨大な空気箱を設置して空気圧を変化させることで，実験材料として使用した乾燥砂の砂粒の隙間にある空気の圧力を変動させた．その結果，予想された通りに圧力上昇によって断層が活動しやすい状態になることが確認されている．この実験は成功であったが，装置が非常に大がかりになるうえ扱いが難しいことから，他者による検証は行われていない．その代わりに，活動が想定される断層面がわかっているときには，その断層位置にすべりやすい材質の実験材料を挟んでおくなどの代替策による実験が行われている．

　付加体中を移動する水の中にはさまざまな物質が溶解しているが，水の移動に伴ってそれらが沈殿・付着することから，移動経路に沿って各種の鉱物やメタンハイドレートが生成される．したがって，付加体地域に存在する各種の資源について検討する際には，付加体内部のどこをどのように水が移動するのか，検討する必要がある．前述したようにモデル実験で直接的に付加体内部の水移動を検討することは困難であり，コボルド教授のモデル実験でもどこをどのように流体が流れたのか可視化できていない．一般に水は岩石の孔隙を流れるが，孔隙の種類によって流れ方が非常に異なる．孔隙は，岩石の固体部分を構成する粒子の隙間である「粒子間孔隙」と，「割れ目」の2種に大別できる．前述したように，断層も割れ目の一種である．粒子間孔隙は均質に分布すると仮定することができるため連続体として扱うことで解析が可能である．しかし，割れ目の分布は不均一で，その上の水の流れは一様ではなくしかも時間変化するだろうことから，割れ目に沿う流体移動はモデル化が困難である．そこでYamada et al.（2014）は，Sibson（1985）の断層弁（fault valve）モデルを応用した検討を行っている．断層弁モデルとは，断層は活動時には流体を流す経路になるが通常時には流体を通さない，というアイデアである．このモデルに従うと，断層が活動する時に限定して流体は断層に沿って移動できることになる．断層活動はモデル実験で正確・詳細に観察することが可能であるため，断層に沿う流体移動も実験結果を使うことによってモデル化が可能になる．8.4節で述べ

たように，モデル実験で観察された断層運動パターンは非常に複雑で頻繁な活動・休止を繰り返すが，先端断層は形成後しばらくの期間は活動が継続することや，長期間活動する断層が形態から判断できるという成果を紹介した．断層に沿って実際にどのように流体が移動するのかわからないが，断層弁モデルが成立するのであれば実験で観察された断層活動パターンに整合的な資源分布が期待できる．今後付加体海域での資源掘削調査などを進めることによって実際の資源の空間分布を確認するこ

図 8.8 モデル実験の表面地形．南海トラフ付加体で観察される海底地形の特徴が再現されている．モデルの横幅は 50 cm

とで，ここで紹介した簡易モデルを修正し，より現実的な資源集積モデルを構築することが可能となるだろう．

　現在の付加体モデル実験では，地形形成に大きな役割を持つ侵食・削剥の効果について検討が不十分である．陸上地形と同様に海底地形でも隆起した地形は削剥されるが，海底には降雨がなく河川系の発達も弱いため，削剥は主に斜面崩壊や地すべりによる．一般に海底堆積物の強度は非常に小さいため，1度以下の海底面傾斜でも崩壊やすべりが生じる．図 8.7 の実験例からもわかるように，モデル実験での表層地形は乾燥砂の物性によって規定されるが，乾燥砂の場合には安息角が 35 度程度であるため，比較的急な斜面も安定しており，結果として実際の付加体地形よりもかなり地形が急峻になっている（図 8.8，図 8.9）．海底は安定した環境で，温度・孔隙圧・上載荷重圧などの変動はほとんどないことから，海底地すべりの直接的要因は地震動である．モデル実験でも変形に伴って微小な振動が発生していると推定されるが，その計測に成功した例はない．モデル内に埋め込んだセンサーを用いて圧力変動を計測した例はある（Nieuwland et al., 1999）．しかしセンサー自体の体積によってモデル内の

図 8.9　モデル実験によって再現された付加体での海底地形と断面形態．砂層の厚さは約 3 cm．「しんかい 6500」の模型のサイズは約 5 cm．

応力場が乱されていることから，信頼できる計測値であるかどうか疑問である．

　モデル実験による今後の検討が，より精緻な方向に進化するだろうことは間違いない．モデル実験結果についてデジタル画像処理法を用いて詳細情報を抽出することは，今や普通に行われており，そのようなデジタル情報なしでは論文として出版できない時代になった．また，実験材料の物性を精密に計測することが可能になったことから，今度は自分の目的とする現象の検討に好適となるよう実験材料を自作する動きも活発になっている．モデル実験は「アナログ」な手法であるが，実験装置や実験結果の解析は完全にデジタルの時代になっており，実験結果から数値情報を抽出・解析すること，さらにはモデル実験のデジタル版と見なすことができる個別要素法シミュレーション（Miyakawa et al., 2010）などの手法と組み合わせることによって，さらなる理解が進もうとしている．

参考文献

Bangs, N.L., Shipley, T., Gulick, S., et al. (2004): Evolution of the Nankai Trough décollement from the trench into the seismogenic zone: Inferences from three-dimensional seismic reflection imaging. *Geology*, 32, 273-276.

Cobbold, P. R., Durand, S. and Mourgues, R. (2001): Sandbox modelling of thrust wedges with fluid-assisted detachments. *Tectonophysics*, 334, 245-258.

Hubbert, M. K. (1937) : Theory of scaled models as applied to the study of geological structures. *Bulletin of Geological Society America*, 48, 1459-1520.

Hubbert, M. K. (1951) : Mechanical basis for certain familiar geological structures. *Bulletin of Geological Society America*, 62, 355-372.

垣見俊弘・加藤碵一 (1994)：『地質構造の解析―理論と実際―』，愛智出版．

Lohrmann, J., Kukowski, N., Adam, J., et al. (2003) : The impact of analogue material properties on the geometry, kinematics, and dynamics of convergent sand wedges. *Journal of Structural Geology*, 25, 1691-1711, doi : 10.1016/S0191-8141(03)00005-1.

Miyakawa, A., Yamada, Y. and Matsuoka, T. (2010) : Effect of increased friction along a plate boundary fault on the formation of an out-of-sequence thrust and a break in surface slope within an accretionary wedge, based on numerical simulations. *Tectonophysics*, 484, 89-99, doi : 10.1016/j.tecto.2009.08.037.

Miyazaki, S. and Heki, K. (2001) : Crustal velocity field of southwest Japan : Subduction and arc-arc collision. *J. Geophys. Res.*, 106, 4305-4326, doi : 10.1029/2000JB900312.

Nieuwland, D. A., Urai, J. L. and Knoop, M. (1999) : In-situ stress measurements in model experiments of tectonic faulting. In *Aspects of Tectonic Faulting*, Lehner, F. K. and Urai, J. L. (Eds.), Springer Verlag, 151-162.

Sakaguchi, A., Chester, F., Curewitz, D., et al. (2011) : Seismic slip propagation to the updip end of plate boundary subduction interface faults : Vitrinite reflectance geothermometry on Integrated Ocean Drilling Program NanTro SEIZE cores. *Geology*, 39, 395-398, doi : 10.1130/G31642.1.

Sibson, R. H. (1985) : A note on fault reactivation. *Journal of Structural Geology*, 7, 751-754.

山田泰広 (2006)：付加体形成過程のモデル実験．地質学雑誌，112，153-159．

Yamada, Y., Baba, K., Miyakawa, A., et al. (2014) : Granular experiments of thrust wedges : Insights relevant to methane hydrate exploration at the Nankai accretionary prism. *Marine and Petroleum Geology*, 51, 34-48, doi : 10.1016/j.marpetgeo.2013.11.008.

Yamada, Y., Masui, R. and Tsuji, T. (2013) : Characteristics of a tsunamigenic megasplay fault in the Nankai Trough. *Geophys. Res. Lett.*, 40, 4594-4598.

Yamamoto, K. (2015) : Overview and introduction : Pressure core-sampling and analyses in the 2012-2013 MH21 offshore test of gas production from methane hydrates in the eastern Nankai Trough. *Marine and Petroleum Geology*, 66, 296-309, doi : 10.1016/j.marpetgeo. 2015.02.024.

（山田泰広）

第9章
柱状節理
〜火成岩の亀裂とそのモデル実験〜

9.1 はじめに

　玄武岩とは火成岩——すなわちマグマが冷却凝固して生成された岩石——の一種で、安山岩などと同じく比較的浅いところで形成された火山岩に分類される。この岩石がなぜ「玄武」岩と呼ばれるのだろうか？　英語の basalt の訳語として玄武岩を選んだのは地球物理学者の小藤文次郎であり、氏が兵庫県城崎温泉近くにある名勝玄武洞を訪れたのがきっかけであるといわれている（太田ほか, 2004）。そう、玄武岩は玄武洞にちなんで名づけられたのである。この玄武洞の奇妙な光景は確かにきわめて印象深い（図9.1 上）。亀の甲羅のように主として六角形の断面をもつ岩柱が規則正しく林立しているかと思うと、その上にはやや細めの柱がまるで生きているかのように滑らかな曲線を描いたその景観は、古代中国の伝説上の生き物「玄武」を思い起こさせても不思議ではない[1]。

　玄武洞に見られるような柱状の構造を地質学では柱状節理（columnar joint）と言う。節理とは、亀裂にズレが起きないもの（亀裂の両側が亀裂面に平行な方向に変位しないもの）を意味し[2]、この亀裂によって多くの石の柱が形成されたものが柱状節理である[3]。この印象的な景観は日本の各地で見られ、材木岩・

---

1) 玄武洞と名づけたのは江戸時代の儒学者柴野栗山とされる。

2) これに対して亀裂にズレがあるものは断層と呼ばれる。第8章を参照のこと。

214 第Ⅱ部 破壊による地形現象

図 9.1 さまざまな柱状節理．上：玄武洞（兵庫県）．下左：ジャイアンツコーズウェイ（北アイルランド）．下中：スタッファ島（英国），太いコロネードの上に細いエンタブラチュアが見える．下右：デビルズポストパイル（カリフォルニア），うねった柱状節理の例（上：山陰海岸ジオパークより提供，下左：S. W. Morris 博士の厚意による．下中：Goehring et al., 2015．下右：Goehring and Morris, 2008 をそれぞれ改変）

畳岩などの名称で呼ばれることも多い（山本, 2009）．そして，日本だけでなく世界中でもさまざまなところで観測される（ニュートン編集部, 2014；Wikipedia LPCJV, 2017）．特に有名なのは，北アイルランドのジャイアンツコーズウェイ，英国スタッファ島のフィンガルの洞窟[4]，北米のデビルズタワーやデビルズポストパイルなどであろう（図9.1下）．多くの場合，人間以外の存在を示す名前がついており，古くから人々の興味を引いてきたことをうかがわせる．たとえば，ザクセン地方シュトルペンには16世紀に描かれた図が残されている（シュミンケ, 2006）し，ジャイアンツコーズウェイに関する文献も17世紀にまで遡る（Bulkeley, 1693）．なかなか印象的なスケッチも残されている（Foley, 1694）．

　本章では，この柱状節理という火成岩に形成された角柱構造に焦点をあてる．この構造は（文字通り，岩体に）刻まれたパターンから過去に起きた事象を推定するという意味で逆問題の好例といえよう．露頭の観察によって角柱構造に関するさまざまな特徴が明らかになっている．しかしながら，その形成メカニズムについては，理論的な考察にとどまっている部分が多く，実証されたものは多くない．これは実際のスケールでの火成岩を使った実験・観測が困難であることに起因する．ところが，近年，類似した亀裂パターンが思いもかけない物質の組み合わせで再現されることが明らかになった．これは柱状節理のモデル実験とみなすこともできる．両者を比較し，共通点と相違点を洗い出すことで，亀裂パターンの形成メカニズムに迫ることができるだろうか？　まず，次節で柱状節理の特徴とその形成メカニズムを紹介しよう．続く9.3節でモデル実験を紹介し，9.4節では両者の比較を行う．最終節にてまとめと今後の展望について述べる[5]．

3）形状による分類としては他に板状節理や方状節理などが知られている．

4）メンデルスゾーン作曲の『ヘブリディーズ諸島』はスタッファ島のフィンガルの洞窟にインスパイアされたとのこと．

5）本章の内容は，狐崎 創博士，西本 明弘博士，Lucas Goehring 博士，Stephen Morris 博士，寅丸 敦志博士，濱田 藍博士との議論によるところが大きい．

9.2 柱状節理

9.2.1 構造

柱状節理を構成する岩石は玄武岩・安山岩などの火山岩や溶結凝灰岩などの火砕流堆積物であり，以下に記述するすべての特徴は亀裂によって形成されたパターンに関するものである．柱状節理で最も印象的なのは規則的な多角形の断面を持つ角柱構造であろう（図 9.2 左）．しかし，他にも柱側面に刻まれた小さなスケールの構造から角柱の集合全体にわたる大きなスケールの構造までいくつかの特徴がある．これらを順に紹介しよう．

まず，角柱構造であるが，断面に見られる多角形の一辺は数 cm～1 m 程度であり（図 9.2 右上），亀裂の交点における亀裂間角度の分布は，およそ 120 度にピークを持つ（図 9.2 右下）が，90 度付近に 2 つ目のピークを持つこともあ

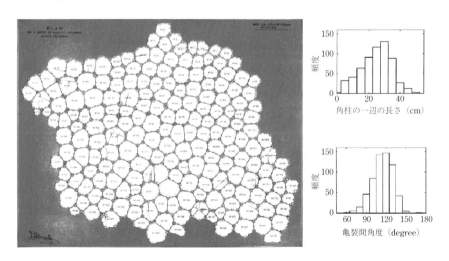

図 9.2 左：柱状節理の断面図（ジャイアンツコーズウェイ）．測定された各辺の長さと角度も記載されている．右上のスケールバーの長さがおよそ 1 m（O'Reilly, 1879）．輪郭だけ抽出した図もよく用いられている（Budkewitsch and Robin, 1994；Jagla and Rojo, 2002；Goehring, 2008 など）．右上：多角形の一辺の長さ分布，右下：亀裂間角度分布（いずれも筆者作成）

る．六角形だけで構成されているわけではなく，三角形から八角形程度まで分布している（図9.3左）．この亀裂同士のつながり方（接合）と角形分布の間には数学的な関係がある．多角形によって無限に広い面が埋め尽くされるような状況を考えよう．すべての頂点から3本の辺がY字の形に伸びていれば，その平均角形数は6になることが知られているが，接合がT字の形を含む場合はもう少し複雑になる．詳しくは次節で触れる．

角柱全体の構造にも2種類あり，ギリシア時代の建築様式から名前を取って，それぞれコロネード（colonnade）とエンタブラチュア（entablature）と呼ばれる（Tomkeieff, 1940）．前者は相対的に太くて規則正しく真っ直ぐであるのに対して，後者は柱が細く不規則で，柱自身も曲がっていることが多い（図9.1下中）し，組織も異なる（Long and Wood, 1986）．これとは別に，図9.1下右に示すように周期的にうねったものも報告されている（Goehring and Morris, 2008）．

全体的な構造としては，エンタブラチュアがコロネードの上に乗っていることもあれば，エンタブラチュアがコロネードに挟まれている場合もある（Spry, 1962）．これらを層（tier）構造と呼ぶこともある．観測は主として露出する部分に限られるため，全体像を網羅的に把握するのは難しい．濱田は高千穂峡で

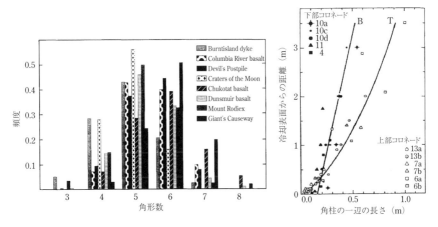

図9.3　柱の形状．左：さまざまな柱状節理の角形分布（Budkewitsch and Robin, 1994を改変）．右：一辺の長さと冷却表面からの距離の関係．白記号は上部コロネード（T），黒記号は下部コロネード（B）（DeGraff and Aydin, 1993を改変）．

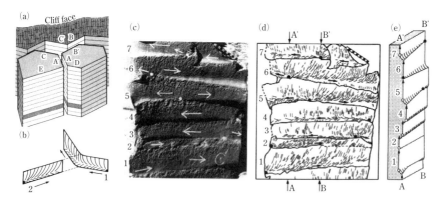

図 9.4 柱状節理（スネークリバー玄武岩流）の構造．(a)柱状構造の模式図．柱の側面の筋が条線をあらわす．(b)条線に見られる羽毛状構造の模式図．羽毛状構造の向きから，亀裂の進展方向（矢印）がわかる．(c), (d), (e)条線と羽毛状構造の詳細．(c)柱の断面に見られる条線と羽毛状構造．右上のスケールはインチ／目盛．(d)と(e)は(c)の正面模式図および断面模式図．(c), (d), (e)いずれの図でも，数字は条線の番号．矢印は条線内の亀裂の伝搬方向．白点・黒点はその条線内での亀裂の初期点．(d)で太い実線が条線で，細い実線が羽毛状構造を表す（a, b：Aydin and DeGraff, 1988, c, d, e：DeGraff and Aydin, 1987 を改変）

コロネードとエンタブラチュアを調査し，角形分布や角度分布などの違いを調べている（濱田, 2010）．

次に角柱の側面を見てみよう．側面には striae（条線[6]）と呼ばれる帯状の筋が柱の軸とは垂直に刻まれていることがある（図9.4）．条線の間隔は数 cm から数十 cm 程度である[7]．条線にはまた，羽毛状構造（plumose/hackle）が刻まれていることもある．条線や羽毛状構造は必ずあるとは限らない．もともとなかったのか，あるいは風化によって消えてしまったのかはよくわかっていない．

露頭で角柱の太さや条線の間隔を測定した研究がある（Reiter et al., 1987；Aydin and DeGraff, 1988；DeGraff and Aydin, 1993；Grossenbacher and McDuffie,

---

[6] 邦訳されていないようなのでここでは「条線」と訳す．chisel mark と記載している文献もある．

[7] 原図をあたってもはっきりしないが Ryan and Sammis（1978）には「それぞれの帯は，やや幅が広いスムーズな部分と幅の狭いラフな部分からなる」と記述されている．

1995；Goehring and Morris, 2008）．図9.3右は，角柱の一辺の長さが表面からの距離に応じて増大している（すなわち柱が太くなっている）ことを示しているが，これは層の表面近くでの傾向であり，数m内部になると太さがほぼ一定になることも報告されている．条線に関しては，角柱の太さと条線の間隔はおおよそ比例関係にあること，そして条線の間隔も層の表面近くでは表面からの距離に比例して増大するが，数m内部になるとほぼ一定になることなどが報告されている．

さらに，柱の軸とは垂直に周期的に割れ目が入っているものもある（たとえば図9.1上の左下部分）．その周期は角柱の太さの半分程度であり，条線とは別と考えられる．断面の多角形構造がきれいに見える柱状節理にはこういう構造があるのかもしれない（Mallet, 1875；Toramaru et al., 1996）．

9.2.2　形成メカニズム

まず，亀裂とそれに関連する要因を整理してみよう．亀裂とは，その先端での応力集中によってひき起こされる破壊現象の軌跡であると同時に，応力場に対する境界条件でもある．亀裂先端が進むか否かは，先端に集中する応力場と物体の破壊靭性によって決定される（Griffith, 1921；Irwin, 1957）．すなわち，亀裂と応力場は互いに影響を及ぼし合う要因である．後述するように，柱状節理の場合，その形成に必要な応力の集中を引き起こすのは非一様な冷却であると考えられているので，亀裂・応力場・温度場という少なくとも3種類の要因とそれらの間の関係を考慮する必要がある．これらの関係を模式的に表したものが図9.5左である．岩体内部の温度場の変化すなわち冷却によって，岩体は非一様に収縮し，その結果，応力集中が起きる．応力の集中によって亀裂が形成される．形成された亀裂は応力の境界条件となる．亀裂が温度場に与える影響として，亀裂内の水と水蒸気によって熱を輸送するという効果も提唱されている（Hardee, 1980；Budkewitsch and Robin, 1994）．応力場が温度場に与える効果としては熱弾性効果が考えられるが，ここでは小さいとしている．このように，亀裂に関する要因は互いに絡み合っており，どれかだけを取り出して議論

図 9.5 柱状節理を形成するための要因とその間の関係．左：火成岩の場合．温度場が非一様な収縮を引き起こし，応力集中の原因となる．応力集中は亀裂を形成し，形成された亀裂は応力に対する境界条件として働く．亀裂が温度場に与える影響として，亀裂内に存在する水・水蒸気による熱輸送効果が提案されている．また，熱弾性効果の影響は小さいと考えられる（本文 9.2.2 小節参照）．右：デンプンペーストの場合．応力集中を引き起こすのは温度場ではなく，含水量場である．亀裂と応力の関係は変わらない．水圧の影響および含水量場に対する亀裂の境界条件としての効果は小さいと考えられる（本文 9.3.4 小節参照）

することは難しい．

　実際に流出した溶岩が冷却するにつれて何が起きるかを考えてみよう．今のところ，受け入れられている柱状節理形成シナリオは以下の通りである[8]．地表に流出したマグマが冷却され固化し，火山岩を形成する．この火山岩は表面からさらに冷却され非一様に収縮する．このとき内部に応力が発生し，その集中によって亀裂が形成される（図 9.6）．応力の分布は温度場と境界条件である亀裂によって決定されるが，火山岩が冷却される場合，温度変化が急な比較的薄い層（図 9.6 の R3）に集中すると考えられる．集中した応力は層内で等方的であり，これを解放するために，等方的な亀裂のネットワークが層内に形成される．そして，火山岩が表面から冷却されるにしたがって，応力集中層も内部（図 9.6 の R4）に進行し，温度勾配に駆動された亀裂のネットワークが自分自身の跡を感じながら内部に進む．柱状構造はこの 2 次元的な亀裂のネットワークが内部に向かって進行した結果形成されたものであると考えられている．

---

8) Neptunist と呼ばれる一派によって，結晶成長によって形成されたというシナリオも提案されたが現在では否定されている．また，多角形構造という形態の類似性からベナール対流との関連も論じられたが，3 次元的な構造は異なっており単純な対応は考えにくい．二重拡散対流などで溶岩中に柱状構造が生成され，その構造を保ったまま固化し，冷却時に亀裂を導いたという説もある．

温度勾配が緩やかになればそれだけ集中する応力も弱まる．応力を解放するために必要な亀裂は短くなり，結果的に亀裂間隔（柱の太さ）は広くなることが予想される．事実，火成岩の冷却表面から数 m 程度は，柱が太くなる傾向があることが報告されている．しかし，奇妙なことにそれ以上内部では柱の太さは一定と言っても良い．このことは，冷却面がある程度内部に入ると温度勾配が一定に保たれることを示唆している．温度勾配が一定に保たれるためのメカニズムとして現在もっとも有力なものは，亀裂に存在する水・水蒸気が循環することで，岩体内部の熱伝導よりも素早く熱を輸送するというアイデアである（図 9.7, Budkewitsch and Robin, 1994）．これは図 9.5 左に示された亀裂が温度場に与える影響に対応する．

　これらのシナリオが正しいならば，柱状構造は形成時の等温面に垂直に形成される．逆に言えば，残された構造から形成時の等温面が推定できることになる．そして，柱状構造の断面は岩体表面から規則正しい多角形構造だったのではなく，亀裂ネットワークが内部に進行するにつれて，規則正しさが増す秩序化過程の結果であるとされる．実際には角形分布（図 9.3 左）からもわかる通り，正六角形を組み合わせた蜂の巣構造ができるのではなく，ゆらぎが残ることが指摘されている．サイズのそ

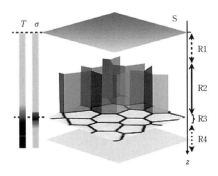

図 9.6 柱状節理形成過程の模式図．冷却表面 S から内部に向かって破壊領域が伝搬し，その結果亀裂による柱構造が形成される．z は表面から内向きにとった座標（冷却面が上面なら z は下向きが正で，冷却面が下面なら z は上向きを正とする）．R1 は（図には描いていないが）柱の太さ（と条線間隔）が大きくなる領域．R2 は柱の太さ（と条線間隔）が一定の領域．R3 は破壊が起きている領域．R4 はまだ割れていない領域．さらに内部にはガラス転移面がある．左端の T の濃淡図は，それぞれの深さにおける平均的な温度を模式的に表したもので，色の濃い方が高温を示す．一方 σ はその深さにおける応力の平均的な大きさを模式的に表したもので，濃い方がより応力が集中している．破壊は温度勾配が大きく，応力が集中する領域 R3 に局在して起こり，一定の深さに等方的な亀裂の多角形ネットワークを形成する．時間経過とともに T と σ の分布は変化し，それにともない領域 R3 は R4 に向けて進行する．形成された亀裂はその場に残され，柱状構造を形成する．形成された柱の側面は一部しか描いていない

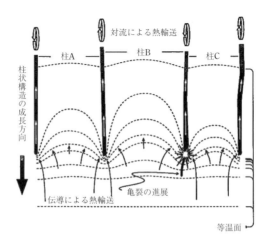

図 9.7 熱輸送過程の断面模式図．亀裂内に存在する水・水蒸気の対流（白矢印）が伝導（黒細矢印）よりも素早く熱を輸送する（Budkewitsch and Robin, 1994 を改変）

ろった六角形構造が形成される理由として「平面を等面積な多角形で分割する場合，周長を最も短くするのは正六角形格子である」などの考え方もあるが，そのような単純な"変分原理"的メカニズム[9]で説明できるかどうかは疑問である．

　条線構造と羽毛状構造も興味深い．条線は亀裂の断続的な進展の結果形成されたと考えられている（Ryan and Sammis, 1981）．ゲーリングは，破壊靭性を特徴づける応力（およびそれに対応する温度）として，亀裂が進展しはじめるための閾値と亀裂進展が静止するための閾値の存在を仮定し，温度場に対するモデル方程式を用いて，条線間隔の冷却表面からの距離依存性を導きだした．さらに実測したデータを用いて，閾値の1つと亀裂の進展速度（数mm/日）を見積もることに成功している（Goehring and Morris, 2008）．また，羽毛状構造は亀裂の伝搬方向に沿って形成されると考えられており，そのパターンから条線の

---

9) 関連する物理量の汎関数を停留値にするようなパターンや状態が実現されるという考え方．

中での亀裂の伝搬方向や，その条線を含む柱が上下どちらから形成されたかを推定することができる（DeGraff and Aydin, 1987）.

なお，上記のシナリオは，比較的真っ直ぐで太いコロネードに対するものである．より細いエンタブラチュアはより早く冷却されたと考えられているが，その形成メカニズムはよくわかっていない.

9.2.3　実証の困難性

9.2.1 小節で述べられた多くの特徴のうち，いくつかは 9.2.2 小節で紹介されたメカニズム——すなわち，3 次元的な物体に非一様な収縮が起こるとき，その内部に生成する応力集中の界面が伝搬し，そこで起きた破壊の痕跡として亀裂が柱状構造を形成する——で説明できるであろう．けれども，実際の冷却過程での温度分布や亀裂形成によって実証されているわけではない.

これらの理論の是非を明解に実証するためには，制御された環境下での実験もしくは観測が望ましいが，溶岩を数百立方メートルのスケールで温度制御するということを考えれば，柱状節理の検証実験がどれほど困難であるかは想像できるであろう．その意味で，上述したシナリオの妥当性の実験的な検証はまだ行われていない．観測例としてはキラウェア溶岩において固化した溶岩湖に形成される亀裂を観測したものや，試掘孔から熱伝導係数（$\sim 5 \times 10^{-6}$ m²/s）とガラス転移界面の進展速度（$\sim 6.7 \times 10^{-8}$m/s）を測定したものがある．亀裂の形成によると考えられる微小振動が観測されたとの報告もあり，大変興味深い（Peck and Minakami, 1968；Hardee, 1980）.

（準）2 次元的な物体で温度勾配が作り出す非一様な収縮に駆動された亀裂が作り出すパターンについては，平田による先駆的な研究がある（Hirata, 1931）．これは熱したガラス板を急冷するという単純な設定だが，湯瀬らによってより洗練された形で再現され，亀裂の振動や分岐など興味深い現象が報告されている（Yuse and Sano, 1993；Hayakawa, 1994）．ガラス板を重ねたものに対して同様の実験も行われ，冷却表面からの深さに応じて亀裂間隔が増大していることが示されている（Bahr et al., 2010）．いずれも，温度変化による収縮が

224　第II部　破壊による地形現象

亀裂を進展させるという意味で興味深い現象だが，柱状構造は報告されていない．

　ところが，近年，火成岩とはまったく異なる物質中に柱状構造をもつ亀裂が形成されることが判明した．この現象は実験室程度の時空間スケールで起こり，実験も可能である．次節では，このまったく異なる物質——デンプンのペースト——の柱状節理を紹介しよう．

9.3　デンプン柱状節理

9.3.1　ペーストの乾燥

　ペーストとは粉体と流体の混合物であり，もちろん，火成岩とは組成も構造も異なる．しかし，それは乾燥させることによって収縮するのである．ちょうど火成岩が冷却すると収縮するように．すなわち，ペーストは冷却されるのではなく乾燥させることによって亀裂を生じさせることができる．干上がったダムの底に見られるようなひび割れもこれにあたる．この乾燥亀裂は日常生活でもよく見かけられていた現象であるにもかかわらず，物理的な観点からの定量的な研究が始まったのは比較的新しい．グロイスマンがコーヒー粉の薄層ペーストの乾燥過程で生じる亀裂を解析した（Groisman and Kaplan, 1994）ものを皮切りに，多くの研究が行われているが，それほど単純な現象ではないこともわかってきている．得られるパターンや現象はペーストの材質や条件に依存するが，特に火成岩に見られる柱状節理と同様の角柱構造が観測されるという点で興味深いのは，デンプン＋水の組み合わせである．

　デンプン（starch）は炭水化物の一種で，トウモロコシやイモ・葛など植物の種子や球根などに含まれている．物理・化学的な性質は起源となった植物の種類に依存するが，ここでは主にコーンスターチ（トウモロコシのデンプン粉）と水の組み合わせを考えてほしい[10]．ペーストの乾燥実験は比較的単純であり，典型的な実験のセットアップは以下のようなものである．コーンスターチと同

質量の水を混合して懸濁液（スラリー slurry）を作る．これを容器に満たし，上面を開放させ乾燥させる．温度および湿度を積極的に制御した実験もあるが，デモ実験ならば家庭でも可能である．乾燥には数日間要する場合もあり，カビなどを生やさないために漂白剤を少量添加する方法もある．

図 9.8　透過光によるデンプンペーストの乾燥亀裂の可視化．スケールバーの長さは 10 mm．層厚は 5 mm．比較的太くて真っ直ぐな I 型亀裂とジグザグで細い II 型亀裂が見える（Mizuguchi et al., 2005）

9.3.2　構造

もともとデンプンペーストの乾燥過程において 2 種類の亀裂が存在することは古くから報告されていた（Walker, 1986）．図 9.8 は深さ 5 mm のデンプンペーストを乾燥させた結果できる亀裂パターンであるが，2 種類の亀裂が見られる．比較的太く直線性の高いものを I 型亀裂（もしくは 1 次亀裂），細くギザギザしているものを II 型亀裂（2 次亀裂）と呼ぶ．I 型はデンプン＋水以外に炭酸カルシウム＋水など他の物質を用いた実験でも観測されるが，II 型が見出されるのは筆者の知る限りデンプンだけである．この II 型亀裂が柱状節理のアナログになっているのだが，I 型亀裂も興味深い．両者の性質の比較をする意味もあり，以下では必要に応じて I 型亀裂についても触れる．

まず，9.2.1 小節でも述べた亀裂同士の接合（junction）に関して述べよう．純粋に数学的な問題として，多角形によって無限に広い面が埋め尽くされる場合を考えると，頂点の接合数の分布と角形分布の平均値 g との間には

---

10) ジャガイモ，葛などさまざまなデンプン＋水でも同様の構造ができる．Müller（1998a）には米デンプンが滑らかとの記述がある．亀裂パターンのデンプンの種類依存性に関する報告もある（Akiba et al., 2017）．

$$g = 2\frac{2J_T + 3J_Y + 4J_X}{J_T + J_Y + 2J_X} \tag{9.1}$$

という関係が理論的に示されている（Gray et al., 1976）．ここで J_T, J_Y, J_X はそれぞれ T 字，Y 字，X 字の形をした接合の数の割合である．X 字の頂点からは 4 本の辺が出ているのに対して，T 字と Y 字の頂点からは 3 本の辺が出ている．ただし，T 字から出ている 3 本のうち 2 本は同一直線になっているところが Y 字と異なる．$J_T = J_X = 0$ とすれば $g = 6$ であり，よく知られた結果と一致する．そして，火成岩の柱状節理の断面の場合は，角度分布のピークが 120 度であったことからもわかる通り，亀裂同士の交差は Y 字が多い．これは角形分布の平均値がおよそ 6 になることと無矛盾である．しかし，ペーストの薄層に見られる I 型亀裂の接合には T 字が多く観測され，亀裂間角度分布は 180 度にもピークを持つ．したがって $J_T = 0$ になるとは限らない．また，亀裂は途中で曲がったり途切れたりすることがあることにも注意しなければならない．

　2 次元的な物質に形成される亀裂に限定すれば，この亀裂同士の接合が T 字か Y 字かという違いは亀裂の形成の順番という観点から重要である．というのも，亀裂先端に集中する応力の分布でその亀裂先端がどの方向に伸びるかが決まるのであるが，亀裂自身が応力の境界条件であり，すでにある直線的な亀裂に近づくと亀裂先端は垂直になろうとする．すなわち，亀裂同士が T 字で接合されていた場合，横棒の亀裂は縦棒の亀裂よりも先に形成されていたことが示唆される[11]．実際，I 型の亀裂交差は多くの場合 T 字であり，最終的なパターンから亀裂形成の時間的な順序がある程度推定できる．

　これに対して Y 字の形の亀裂は同時に形成されたか，あるいは破壊と回復が繰り返し起きたことを示唆している．I 型亀裂でも層が極端に薄い場合は Y 字になることが報告されているし（Groisman and Kaplan, 1994；伊藤・宮田, 1998），南極のドライバレーや火星において，主として Y 字接合をもつ多角形

11）この順序はあくまでも局所的なものである．亀裂の進展速度は有限なので，AB 2 本の亀裂が，ほとんど同時にできた場合，一方の端ではすでにある A に B がぶつかるが，他方の端では逆に A が B にぶつかるということもあり得る．

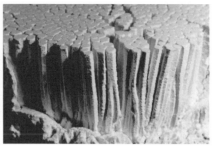

図 9.9 米デンプンペーストの乾燥による節理構造．左：乾燥したサンプル．サンプル上のスケールバーの長さは 1 cm．右：上下を反転させたサンプル．底面での多角形の一辺の長さは 2～3 mm（Müller, 1998a）

で形成されているような表面地形が観測されている．後者に対して，ゲーリングはこの地形は一種の亀裂であり，乾燥による亀裂の形成と湿潤による回復という 2 種類の過程が繰り返されることで，亀裂交差が T 字から Y 字に徐々に変わりうることを示した（Goehring et al., 2010）．

また，I 型亀裂によって形成される多角形構造の長さがペーストの厚さで決まっていること（Groisman and Kaplan, 1994；Kitsunezaki, 1999；Colina and Roux, 2000；Ito and Yukawa, 2014）や，ペーストが乾燥する前の揺れや流れを「記憶」[12] し，その記憶を割れ目と言う形で可視化することができること（Nakahara and Matsuo, 2005, 2006）など，数多くの興味深い研究がなされている．しかしながら，たとえば亀裂進展速度を決定する要因が何であるかという基本的な疑問にはまだ決定的な答が得られていない（Kitsunezaki, 2009, 2010, 2013）．

以上述べた内容は薄層ペーストなどの（準）2 次元的な物質の亀裂に関するものであるが，3 次元的な構造を持つ亀裂の形状やダイナミクスはもっと複雑である．そして，柱状節理と II 型亀裂はまさに 3 次元的な構造を持っているのである．

---

12) いささか擬人的な表現だが，過去に与えられた変形や応力などの履歴がペーストのどこかに保持されていることを意味している．この履歴がどういう形で保持されているかは未解明であり，現在も研究が進められている．

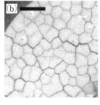
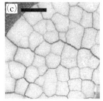

図 9.10 デンプン節理の断面．コーンスターチ＋水．乾燥過程終了後，樹脂でサンプル全体を固化．旋盤で断面を削り可視化．(a)縦断面，(b)横断面（表面からの深さ $z=6.25$ mm），(c)横断面（$z=11.60$ mm）．スケールバーの長さはいずれも 5 mm（Mizuguchi et al., 2005）

 II 型亀裂は I 型亀裂と異なり，深さ方向に形を変える．その 3 次元的な構造を見るために，比較的深い容器で行った例が図 9.9 である．これは，乾燥過程終了後サンプルを取り出したもので，角柱構造が見てとれる．これこそが乾燥によってデンプンペーストに形成された柱状節理である．この現象はウォーカーによって報告されたものが最初であると考えられる[13]が，その 3 次元構造やメカニズムにまで踏み込んだ詳細な研究は，1998 年のミュラーの X 線 CT による解析（Müller, 1998a, 1998b）をきっかけに相次いで行われた．基本的な設定は同じであり，デンプンと水の混合物を乾燥させることによって形成される割れ目を解析している．寅丸らは加熱のためのランプとの距離を変えた実験を行い，サンプル全体の平均乾燥速度と形成された柱の断面積が反比例することや，乾燥速度がある臨界値を下回ると柱状構造が形成されなくなることを見出した（Toramaru and Matsumoto, 2004）．

 筆者らもコーンスターチのペーストを乾燥させたサンプルを作成し，その形状解析を行った（Mizuguchi et al., 2005）．図 9.10 はサンプルの縦断面と異なる深さでの横断面である．いずれも乾燥過程が終了した後に，サンプルを染料入りのエポキシ樹脂で固化し，切削することによって，断面を可視化したもので

---

13) 市販の葛粉の中に節理の欠片を見つけることもある．葛粉の製造にたずさわっている人々は，昔から知っていたであろう．DeGraff and Aydin（1987）では，柱状節理を示す火山岩以外の物質の例として紹介されている．

ある．同様の可視化は X 線 CT によっても行われている．2 枚の横断面より角柱構造があることと，角柱が深さとともに太くなっていることがわかる．いずれの断面からも表面（上）の方が角柱構造の太さ（亀裂の間隔）が細いことがわかる．亀裂間角度分布を測ると 120° あたりに単峰を持つ．

ゲーリングはフィードバック制御を行うことで，蒸発速度を積極的に制御し形成される柱状構造を解析した．その結果，蒸発速度が常に一定になるように制御した場合，柱の太さが一定に保たれることを示している（Goehring and Morris, 2005, 2008；Goehring, Morris and Lin, 2006；Goehring, 2008, 2009）．

9.3.3　形成過程

火成岩の冷却過程と異なり，ペーストの乾燥過程は時間スケールも空間スケールも実験室規模である．そのため，途中がどうなっているかも，ある程度測定することができる．亀裂あるいは応力の分布を可視化するのは容易ではないが，亀裂進展の駆動要因となる含水量の分布をリアルタイムで測定した例を紹介しよう（Mizuguchi et al., 2005）．興味深いことにデンプンペーストの乾燥と収縮は大きく二段階に分かれる．第一段階ではペースト全体が乾燥し，容器との収縮率の差によって生じた応力から I 型亀裂が形成される．そして，第二段階ではペーストの表面から内部に向かって乾燥が徐々に進行する．II 型亀裂——すなわち，柱状節理が形成されるのはこの第二段階である．

この第二段階での乾燥の様子を，核磁気共鳴装置（MRI）を用いてサンプル内の自由水の密度によって示したものが図 9.11 である．(a)は乾燥開始から 95 時間後の縦断面の含水量分布をグレイスケールで表したものであり，黒がより乾燥していることを示す．白い三角で示した部分は含水量が急激に変化しているところであり，応力が集中していることが示唆される．この界面の上下の横断面での含水量分布が(c)(d)(e)である．乾燥側(c)には多角形構造が見られるが，湿潤側(e)には多角形構造が見られない．図 9.11 は亀裂構造そのものを可視化したものではないが，それは亀裂が含水量界面に駆動されていることを示唆している．同様の結論はゲーリングらによっても得られている．

230　第Ⅱ部　破壊による地形現象

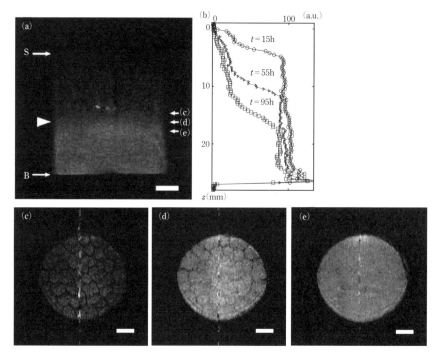

図 9.11 MRIによる含水量分布．(a)乾燥開始から95時間経過後の縦断面．Sは乾燥表面．Bはサンプル底面．三角は含水量界面のおおよその位置を表す．(b)含水量分布の時間変化．(c)〜(e)乾燥開始から95時間後の横断面．位置は(a)の対応する矢印の深さ．スケールバーの長さはいずれも5 mm（Mizuguchi et al., 2005を改変）

9.3.4　形成メカニズム

　前節で述べたように，火成岩中の柱状節理の形成過程に対しては亀裂・応力場・温度場という要因を考える必要があった．しかし，デンプンペーストの場合に破壊を駆動するのは冷却ではなく乾燥である．したがって，応力場を駆動する場としては温度場ではなく含水量場を考えなければならない．このことを考慮すると要因関係図は図9.5右のようになる．そして，水圧や亀裂の含水量場に与える効果がどの程度かも重要になってくる．

　実際，ペーストの乾燥過程は単純ではない．多孔質――粉体で作られた骨格

間の空隙（孔隙）——が液相と気相によって占められ[14]，液相からの蒸発で気液界面が進行する．乾燥の状態は，気相・液相の連続性からスラリー，キャピラリー，ファニキュラー，ペンデュラーと呼ばれるいくつかの相に分類される（岡ほか, 1991）．多孔質内の水の輸送現象は複雑で未解明な部分が多い．これに対して，たとえばキャンベルは土壌中の含水量の拡散現象に対して，拡散係数そのものが含水量に依存する非線形拡散方程式でモデル化している（Campbell, 1985）．ある特徴的な含水量の値で拡散係数が極小値を取るが，これは多孔質内の液相と気相の分布に依存して決まる[15]．

西本らは，デンプンペーストの弾性と含水量分布を表す数値モデルを構築し，亀裂がどのように進展するかを数値計算によって調べた（Nishimoto et al., 2007；西本, 2008；西本ほか, 2009, 2011）．含水量の変化を表す方程式は多孔質内の気相と液相の状態を反映し，拡散係数が含水量自身に依存する非線形拡散方程式

$$\frac{\partial \varepsilon_L}{\partial t} = \nabla \cdot [D_L(\varepsilon_L) \nabla \varepsilon_L] \tag{9.2}$$

を採用した．ここで ε_L, D_L, ∇ はそれぞれ体積含水比，拡散係数，空間微分である．前述した通り，拡散係数は定数ではなく含水量のある値で極小をとるため，単純な拡散にくらべて含水量の変化は急になり，一種の「界面」に近いものが形成される．また，弾性場は，最近接格子点および次最近接格子点を線形バネでつないだ立方格子で表現した．線形バネは，含水量場に応じてその自然長が変化し，臨界力を超えた力が加わると不可逆に切れるとしている．

数値計算結果を見ると，この界面付近に応力が集中し，破壊が起こる．破壊によって生成された亀裂は柱状構造を形成する（図9.12）．数値モデルでは，

---

14) 第8章でも述べられているように，孔隙流体が1相状態の場合と2相状態の場合では物性が異なる．特に2相の場合は，流体同士の境界面（この場合は気液界面）の形状とその効果も考えなければならない．

15) なお，ペーストの乾燥過程が進むにつれ，多孔質を構成する粉体の応力は，バルクな液相の負圧によるものから粒子間の架橋によるものへと変わる．前者がI型亀裂形成を，後者がII型亀裂形成を駆動すると考えられる．

232 第II部 破壊による地形現象

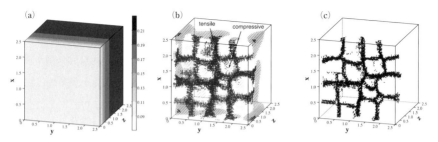

図 9.12 数値モデルの計算例．(a) 90 時間後の含水量場．(b) 90 時間後の応力場．かかる力の大きさが一定以上のバネを表示．引張力をうけるバネを黒，圧縮力をうけるバネを灰色で表す．(c) 80〜90 時間の間に切れたバネを表示（西本ほか，2011）

亀裂の先端が亀裂の2次元ネットワーク上を縦横に走っているように見える．これは，羽毛状構造の解析から示唆される亀裂の進展を想起させて興味深い．界面の傾きは含水量の減少とともに次第に緩やかになり，それに伴って応力集中も徐々に減少することから形成される柱の太さも徐々に太くなる．

　数値モデルによる研究は Bahr らによるものをはじめとして，他にもさまざまな形で行われている（Malthe-Sørenssen et al., 2006；Bahr et al., 2009；Bourdin et al., 2014；Hofmann et al., 2015）．

9.4　2つの柱状節理

　冷却による収縮と乾燥による収縮という違いはあるが，非一様な収縮過程が作り出す応力集中が亀裂の3次元的なパターンを生み出すと言う点で，デンプンペーストは火成岩の柱状節理のモデル実験としても魅力的な対象である．特に，制御可能な実験条件で亀裂の3次元的な構造やそのダイナミクスを解析できることの意義は大きいと言えよう．単なるパターンの類似性以上の知見も得られている．たとえば，ゲーリングらはデンプンペーストの乾燥過程および火成岩の冷却過程それぞれに対するモデルを考案し，亀裂の進展速度 v，熱／含水量拡散係数 D，亀裂間隔 L で決まるペクレ数[16] $Pe = vL/D$ を用いてスケーリングすることで異なる2つの現象を定量的に比較した．それによると，いずれ

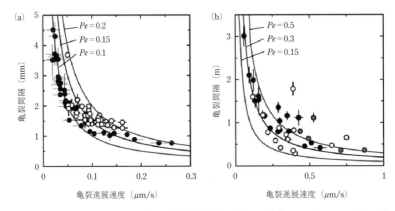

図 9.13 2種類の柱状節理の亀裂進展速度と亀裂間隔．(a)デンプンペースト．黒丸は乾燥速度が徐々に低下する条件．白丸は乾燥速度一定条件．(b)火成岩柱状節理．異なる記号は異なる測定場所に対応．(a), (b)いずれも実線はペクレ数一定（Goehring, Mahadevan and Morris, 2009 を改変）

の場合も柱の太さと駆動場の界面の進展速度が反比例している（図9.13）．

　特に，火成岩の柱状節理についてのスケーリングは，条線間隔に着目した興味深い解析であり，あらましを紹介しよう．まず，条線の形成は破壊の先端が岩体内を進行する際に停止と進行を繰り返したことに起因していると仮定する．さらに，亀裂が進行しはじめる条件および停止する条件が物質の温度で決まると仮定する．すると条線のパターンは冷却面が岩体内部を通過した際の特定の温度の記録であると考えられる．定性的に言えば，冷却表面近くで条線間隔が徐々に広がっているということは，温度勾配が徐々に緩やかになっていたと解釈できるし，岩体内部で条線間隔が一定になっていることは，温度勾配が一定に保たれていたことを意味する．

　この仮定のもと，まずは冷却表面近傍での条線形成過程を考えよう．表面近傍では熱輸送が熱伝導だけで行われるとすると，（当然，温度勾配は時間とともに緩やかになるが，）その温度分布の時間発展はガウスの誤差関数を用いて解析

---

16) 移流による輸送と拡散による輸送の比を表す無次元数として知られている（巻末の補説参照）．

234 第Ⅱ部 破壊による地形現象

的に解くことができる．その解から，冷却表面からの距離 z における条線間隔 s は z に比例していることが導かれる．そして，その比例係数は溶岩の中心部の温度 T_1，冷却表面の温度 T_0，亀裂が進展し始める温度 T_{init}，亀裂の進行が停止する温度 T_{term} という 4 種類の温度で決められる．実測データから s と z の比例係数を見積もり，また T_1，T_0，T_{init} に対して先行研究の推定値を用いることで T_{term} を推定することができる．

　次に，破壊の先端が岩体の内部まで侵入した場合を考える．内部では冷却面が一定速度で進行していることを仮定して，やはり温度場の発展方程式を解く．このとき，冷却面の進行速度 v と同じ速度で移動する共動座標を用いて方程式を無次元化すると，唯一残された（無次元）係数はペクレ数であり，その値は柱の太さ L，条線間隔 s と表面近傍の解析で求めた比例係数で決定される．以上の結果を組み合わせることで，亀裂の速度 v を見積もることに成功している．図 9.13 はこれを元に描いたものである（Goehring and Morris, 2008；Goehring, Morris and Lin, 2006；Goehring, 2008, 2009）．

9.5　まとめと今後の展望

　本章では，柱状節理——火成岩中の亀裂による角柱構造——と，その形成過程を解明するためのモデル実験としてのデンプンペーストの乾燥過程に関する研究の一部を紹介してきた．両者の角柱構造はよく似ていることから，それらの形成過程には共通するメカニズムが横たわっていると期待される．もちろん，火成岩とデンプンのペーストはまったく異なる物質であり，形成された構造のスケールや形成する駆動要因も違う（図 9.5 参照）．そのため，両者の対応関係は慎重に吟味しなければならない．特に，収縮の駆動要因（温度場／含水量場）の従う方程式の非線形性[17]や境界条件としての亀裂の役割が異なっていると考

17）火成岩内の熱拡散過程において拡散係数は一定と考えられている．これはペースト内の含水量の拡散過程とは対照的であると言えよう．

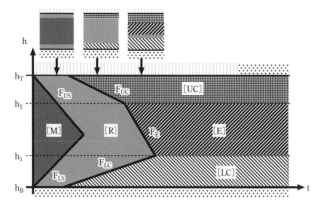

図 9.14 火成岩柱状節理の形成過程の一例（模式図）．横軸 t は時間，縦軸 h は高さ．M，R，E，UC，LC はそれぞれ溶岩，割れていない岩体，エンタブラチュア，上部コロネード，下部コロネードを示す．F_{US}，F_{LS} はガラス転移の上部および下部境界．F_{UC}，F_E，F_{LC} は亀裂の進展をあらわす．h_B，h_1，h_2，h_T はそれぞれ底面，下部コロネードとエンタブラチュアの境界，エンタブラチュアと上部コロネードの境界，上部冷却面の高さを示す．当初，上部冷却面は大気に接していたが，柱状節理が形成された後に，別の堆積層によって覆われていることを示す．簡単のためいずれの境界も直線で表しており，スケールも実際のものではない

えられるが，これらは柱状構造の太さの深さ依存性に大きな影響を与える．他の違いとしては，デンプンペーストの柱状節理において，条線やコロネード／エンタブラチュアの構造転移や周期的にうねった柱状構造などは観測されていない．濱田はデンプンペーストでエンタブラチュアを再現するためのさまざまな試みを行っている（濱田, 2010; Hamada, 2012, 2016）．

　火成岩の柱状節理についても未解明な点が少なくない．Budkewitsch らによって提唱された亀裂内の水・水蒸気が熱輸送に寄与する効果（9.2.2 小節）に対して，下部コロネードでも上部コロネードと同様に起きるのか，また亀裂の中で具体的にどのような現象が起きているのかなどは未解明である．また，エンタブラチュアがどのようなメカニズムで形成されるか，条線に平行な亀裂や周期的にうねったパターンはどのようにしてできたのかなどの疑問を明らかにするためにはさらなる研究が必要である（Forbes et al., 2014）．破壊の先端とガ

図 9.15 左：諏訪湖で観測された御神渡り（三上, 1984）．右：木星の衛星エウロパ表面で観測された亀裂と思われる模様（Hoppa et al., 1999）

ラス転移点との関係を重視したモデルや Y 字接合の形成メカニズムに関する研究（Hofmann et al., 2011, 2015），柱の内部構造に関する研究（Mattsson et al., 2011；Hetényi et al., 2012；Bosshard et al., 2012）も行われている．また，エンタブラチュアの成因と形成方向が決定されれば，図 9.14 のような時間発展図を描くことができるであろう（DeGraff, Long and Aydin, 1989）．

　ペーストに関して言えば，デンプンは I 型 II 型両方の亀裂が形成されるのに，なぜ他の種類の粉体を用いた場合は I 型しかできないのかという大きな問題も残っている．柱状節理構造とは異なるが，I 型亀裂のダイナミクスや記憶効果に関する問題も興味深い．

　また，デンプンとは異なる物質を用いたモデル実験として，つい最近，ステアリン酸を冷却することで柱状節理構造が形成されるという興味深い報告がなされた（Christensen et al., 2016）．

　火成岩は地球以外にも存在する．ならば，柱状節理も存在するであろう．実際，火星にも柱状節理らしい地形があることが報告されており，水の存在との関連も興味深い（Milazzo et al., 2009）．風化の影響が小さいことも考えられ，間近で詳細に観測すればより詳細なデータが得られると期待される．

第 9 章　柱状節理　　**237**

　亀裂が作り出すパターンは多様で，柱状節理以外にも興味深いものが多い．南極の乾燥した地域や火星で観測される多角形地形（Goehring, 2013；NASA, 2017），いくつかの湖で報告されている「御神渡り」や木星の衛星エウロパ表面で観測されているサイクロイド型の模様も亀裂によって形成されている（あるいはそう考えられている）（図 9.15）．亀裂は破壊という不可逆な現象の結果であり，一度形成されたものは条件さえそろえば長い時間スケールで保存される．これら地形に刻まれたパターンから遥か昔に起こったことを解き明かす楽しみは尽きることがない．

参考文献

Akiba, Y., Magome, J., Kobayashi, H., et al. (2017)：Morphometric analysis of polygonal cracking patterns in desiccated starch slurries. *Phys. Rev. E*, 96, 023003.

Aydin, A. and DeGraff, J. M. (1988)：Evolution of polygonal fracture patterns in Lava Flows. *Science*, 239, 471-476.

Bahr, H.-A., Hofmann, M., Weiss, H.-J., et al. (2009)：Diameter of basalt columns derived from fracture mechanics bifurcation analysis. *Phys. Rev. E*, 79, 056103.

Bahr, H.-A., Weiss, H.-W., Bahr, U., et al. (2010)：Scaling behavior of thermal shock crack patterns and tunneling cracks driven by cooling or drying. *J. Mech. Phys. Solids*, 58, 1411-1421.

Bosshard, S. A., Mattsson, H. B. and Hetényi, G. (2012)：Origin of internal flow structure in columnar-jointed basalt from Hrepphólar, Iceland：I. Textural and geochemical characterization. *Bull. Volcanol.*, 74, 1645-1666.

Bourdin, B., Marigo, J.-J., Maurini, C., et al. (2014)：Morphogenesis and propagation of complex cracks induced by thermal shocks. *Phys. Rev. Lett.*, 112, 014301.

Budkewitsch, P. and Robin, P.-Y. (1994)：Modelling the evolution of columnar joints. *J. Vol. Geo. Res.*, 59, 219-239.

Bulkeley, S. R. (1693)：Concerning the Giants Causeway in the County of Antrim in Ireland. *Philos. Trans. R. Soc. London*, 17, 708-710.

Campbell, G. S. (1985)：*Soil Physics with BASIC—Transport Models for Soil-Plant System*. Elsevier.

Christensen, A., Raufaste, C., Misztal, M., et al. (2016)：Scale selection in columnar jointing：insights from experiments on cooling stearic acid and numerical simulations. *J. Geophys. Res. Soild Earth*, 121, 2015JB012465.

Colina, H. and Roux, S. (2000)：Experimental model of cracking induced by drying shrinkage.

238　第 II 部　破壊による地形現象

Eur. Phys. J. E, 1, 189-194.

DeGraff, J. M. and Aydin, A.（1987）：Surface morphology of columnar joints and its significance to mechanics and direction of joint growth. *Geol. Soc. Am. Bull.*, 99, 605-617.

DeGraff, J. M. and Aydin, A.（1993）：Effect of thermal regime on growth increment and spacing of contraction joints in basaltic lava. *J. Geophys. Res.*, 98, 6411-6430.

DeGraff, J. M., Long, P. E. and Aydin, A.（1989）：Use of joint-growth directions and rock textures to infer thermal regimes during solidification of basaltic lava flows. *J. Volcanol. Geotherm. Res.*, 38, 309-324.

Foley, S.（1694）：An account of the Giants Causeway in the north of Ireland. *Philos. Trans. R. Soc. London*, 18, 170-175.

Forbes, A. E. S., Blake, S. and Tuffen, H.（2014）：Entablature：Fracture types and mechanisms. *Bull. Volcanol.*, 76, 820.

Goehring, L.（2008）：On the scaling and ordering of columnar joints, PhD. thesis, University of Toronto.

Goehring, L.（2009）：Drying and cracking mechanisms in a starch slurry. *Phys. Rev. E*, 80, 036116.

Goehring, L.（2013）：Evolving fracture patterns：Columnar joints, mud cracks and polygonal terrain. *Phil. Trans. R. Soc. A*, 371, 20120353.

Goehring, L., Conroy, R., Akhter, A., et al.（2010）：Evolution of mud-crack patterns during repeated drying cycles. *Soft Matter*, 6, 3562-3567.

Goehring, L., Mahadevan, L. and Morris, S. W.（2009）：Scale selection in columnar joints. *Proc. Nat. Acad. Sci.*, 106(2), 387-392.

Goehring, L. and Morris, S. W.（2005）：Order and disorder in columnar joints. *Europhys. Lett.*, 69(5), 739-745.

Goehring, L. and Morris, S. W.（2008）：Scaling of columnar joints in basalt. *J. Geophys. Res.*, 133, B10203.

Goehring, L. and Morris, S. W.（2014）：Cracking mud, freezing dirt, and breaking rocks. *Physics Today*, 67, 39-44.

Goehring, L., Morris, S. W. and Lin, Z.（2006）：Experimental investigation of the scaling of columnar joints. *Phys. Rev. E*, 74, 036115.

Goehring, L., Nakahara, A., Dutta, T., et al.（2015）：*Desiccation Cracks and their Patterns*, Wiley-VCH.

Gray, N. H., Anderson, J. B., Devine, J. D., et al.（1976）：Topological properties of random crack networks. *Math. Geol.*, 8, 617-626.

Griffith, A. A.（1921）：The phenomena of rupture and flow in solids. *Philos. Trans. R. Soc. London A*, 221, 163.

Groisman, A. and Kaplan, E.（1994）：An experimental study of cracking induced by desiccation. *Europhys. Lett.*, 25, 415-420.

Grossenbacher, K. and McDuffie, S. M.（1995）：Conductive cooling of lava：Columnar joint diameter and stria width as functions of cooling rate and thermal gradient. *J. Volcanol. Geotherm. Res.*, 69, 95-103.

濱田藍（2010）：柱状節理に見られる形態的遷移とその特徴付けについて．九州大学理学府卒業論文．

Hamada, A.（2012）: Analogue experiments of columnar jointing : Focus on entablature. Master thesis, Kyushu University.

Hamada, A.（2016）: Analogue experiments for understanding of factors controlling morphological transition in columnar joints. PhD. thesis, Kyushu University.

Hardee, H. C.（1980）: Solidification in Kilauea Iki lava lake. *J. Volcanol. Geotherm. Res.*, 7, 211-223.

Hayakawa, Y.（1994）: Pattern selection of multicrack propagation in quenched crystals. *Phys. Rev. E*, 50, R1748-R1751.

Hetényi, G., Taisne, B., Garel, F., et al.（2012）: Scales of columnar jointing in igneous rocks : Field measurements and controlling factors. *Bull. Volcanol.*, 74, 457-482.

Hirata, M.（1931）: Experimental studies on form and growth of cracks in glass plate. *Sci. Pap. Inst. Phys. Chem. Res.*, 16, 172-195.

Hofmann, M., Bahr, H.-A., Weiss, H.-J., et al.（2011）: Spacing of crack patterns driven by steady-state cooling or drying and influenced by a solidification boundary. *Phys. Rev. E*, 83, 036104.

Hofmann, M., Anderssohn, R., Bahr, H.-A., et al.（2015）: Why hexagonal basalt columns? *Phys. Rev. Lett.*, 115, 154301.

Hoppa, G. V., Tufts, B. R., Greenberg, R., et al.（1999）: Formation of cycloidal features on Europa. *Science*, 285, 1899-1902.

Irwin, G. R.（1957）: Analysis of stresses and strains near the end of a crack traversing a plate. *J. Appl. Mech.*, 24, 361.

伊藤寛之・宮田雄一郎（1998）：マッドクラックのパターン形成実験．地質学雑誌，104，90-98．

Ito, S. and Yukawa, S.（2014）: Stochastic modeling on fragmentation process over lifetime and its dynamical scaling law of fragment distribution. *J. Phys. Soc. Jpn.*, 83, 124005.

Jagla, E. A. and Rojo, A. G.（2002）: Sequential fragmentation : The origin of columnar quasihexagonal patterns. *Phys. Rev. E*, 56, 026203.

Kitsunezaki, S.（1999）: Fracture patterns induced by desiccation in a thin layer. *Phys. Rev. E*, 60, 6449-6464.

Kitsunezaki, S.（2009）: Crack propagation speed in the drying process of paste. *J. Phys. Soc. Jpn.*, 78, 064801.

Kitsunezaki, S.（2010）: Crack growth and plastic relaxation in a drying paste layer. *J. Phys. Soc. Jpn.*, 79, 124802.

Kitsunezaki, S.（2013）: Cracking condition of cohesionless porous materials in drying processes. *Phys. Rev. E*, 87, 052805.

Klein, C. and Philpotts, A.（2012）: *Earth Materials : Introduction to Mineralogy and Petrology*,

Cambridge University Press.

Lachenbruch, A. H. (1962): Mechanics of thermal contraction cracks and ice-wedge polygons in permafrost. *Spec. Pap. Geol. Soc. Am.*, 70, 1-69.

Long, P. E. and Wood, B. J. (1986): Structures, textures and cooling histories of Columbia River basalt flows. *Geol. Soc. Am. Bull.*, 97, 1144-1155.

Mallet, R. (1874): On the origin and mechanism of production of the prismatic (or columnar) structure of basalt. *Proc. R. Soc. Lond.*, 23, 180-184.

Mallet, R. (1875): On the origin and mechanism of production of the prismatic (or columnar) structure of basalt. *Phil. Mag.*, 50, 122-135 ; *ibid*, 201-226.

Malthe-Sørenssen, A., Jamtveit, B. and Meakin, P. (2006): Fracture patterns generated by diffusion controlled volume changing reactions. *Phys. Rev. Lett.*, 96, 245501.

Mattsson, H. B., Caricchi, L., Almqvist, B. S. G., et al. (2011): Melt migration in basalt columns driven by crystallization-induced pressure gradients. *Nature Communications*, 2, 299-1-6.

三上岳彦 (1984): 諏訪湖の御神渡り. 御茶の水地理, 25.

Milazzo, M.P., Jaeger, W. L., Keszthelyi, L. P., et al. (2009): Discovery of columnar jointing on Mars. *Geology*, 37(2), 171-174.

Mizuguchi, T., Nishimoto, A, Kitsunezaki, S., et al. (2005): Directional crack propagation of granular water systems. *Phys. Rev. E*, 71, 056122.

Müller, G. (1998a): Experimental simulation of basalt columns. *J. Vol. Geo. Res.*, 86, 93-96.

Müller, G. (1998b): Starch columns : Analog model for basalt columns. *J. Geophys. Res.*, 103 (B7), 15239-15253.

Nakahara, A. and Matsuo, Y. (2005): Imprinting memory into paste and its visualization as crack patterns in drying process. *J. Phys. Soc. Jpn.*, 74(5), 1362-1365.

Nakahara, A. and Matsuo, Y. (2006): Transition in the pattern of cracks resulting from memory effects in paste. *Phys. Rev. E*, 74, 045102R.

NASA (2017): Possible Mud Cracks Preserved in Martian Rock. http://mars.nasa.gov/multimedia/images/2017/possible-mud-cracks-preserved-in-martian-rock

ニュートン編集部 (2014): Nature View 大地の彫刻:柱状節理:火山活動が生み出す芸術的な無数の柱. Newton, 34(11), 98-109.

西本明弘, (2008): 乾燥亀裂のパターン形成. 京都大学大学院理学研究科博士論文.

Nishimoto, A., Mizuguchi, T. and Kitsunezaki, S. (2007): Numerical study of drying process and columnar fracture process in granule-water mixtures. *Phys. Rev. E*, 76, 016012.

西本明弘・水口毅・狐崎創 (2009): デンプン柱状節理. 日本物理学会誌, 64(10), 758-762.

西本明弘・水口毅・狐崎創 (2011): 乾燥亀裂における柱状構造. 地質学雑誌, 117, 183-191.

太田陽子ほか (編) (2004):『日本の地形6 近畿・中国・四国』, 東京大学出版会.

岡小天 (編著) (1991):『レオロジー入門』, 工業調査会.

O'Reilly, J. P. (1879): Explanatory notes and discussion on the nature of the prismatic forms of a group of columnar basalts, Giant's Causeway. *Trans. R. Irish Acad.*, 26, 641-728.

第9章　柱状節理　241

Peck, D. L. and Minakami, T. (1968) : The formation of columnar joints in the upper part of Kilauean lava lakes, Hawaii. *Geol. Soc. Am. Bull.*, 79, 1151-1168.

Reiter, M., Barroll, M. W., Minier, J., et al. (1987) : Thermo-mechanical model for incremental fracturing in cooling lava flows. *Tectonophysics*, 142, 241-260.

Ryan, M. P. and Sammis, C. G. (1978) : Cyclic fracture mechanisms in cooling basalt. *Geol. Soc. Am. Bull.*, 89, 1295-1308.

Ryan, M. P. and Sammis, C. G. (1981) : The glass transition in basalt. *J. Geophys. Res.*, 86, 9519-9535.

シュミンケ, H.-U. (隅田まり・西村裕一訳) (2006) :『火山学』, 古今書院.

Spry, A. (1962) : The origin of columnar jointing, particularly in basalt flows. *J. Geol. Soc. Aust.*, 8, 191-216.

Tomkeieff, S. I. (1940) : The basalt lavas of the Giant's Causeway district of Northern Ireland. *Bull. Volcanol.*, 6, 89-143.

Toramaru, A., Ishiwatari, A., Matsuzawa, M., et al. (1996) : Vesicle layering in solidified intrusive magma bodies : A newly recognized type of igneous structure. *Bull. Volcanol.*, 58, 393-400.

Toramaru, A. and Matsumoto, T. (2004) : Columnar joint morphology and cooling rate : A starch-water mixture experiment. *J. Geophys. Res.*, 109, B02205.

Walker, J. (1986) : The amateur scientist. *Scientific American*, 255, 204-209.

Wikipedia LPCJV (2017) : List of places with columnar jointed volcanics, https://en.wikipedia.org/wiki/List_of_places_with_columnar_jointed_volcanics

山本治之 (2009) :『大地の鼓動 柱状節理の四季』, 光村推古書院.

Yuse, A. and Sano, M. (1993) : Transition between crack patterns in quenched glass plate. *Nature*, 362, 329-331.

（水口　毅）

第 10 章

クレーター
～低速衝突実験と緩和・流動モデル～

10.1 はじめに

　球技に分類されるスポーツのほとんどは衝突によって支配されている．たとえば野球ではバットでボールを打つことにより「反発」が起こる．木製バットは「破壊」に至ることもある．また，野球の野手やサッカーのゴールキーパーは巧みに身体を変形させてボールをキャッチ（「合体」）しようとする．これらの反発，破壊，合体といった現象はいずれも衝突現象の一般的帰結の素過程である．本章で取り扱う衝突クレーター形成は，これらの反発・破壊・合体といった素過程が複雑に絡み合った現象と言える．衝突クレーター形成の過程では，衝突により一部で破壊が起き，反発（放出）も見られるが，最終的には放出物の大部分が表面に戻るケースが大きな天体の場合は多く，全体としては合体とみなすこともできる．衝突の痕跡として残るクレーター地形は固体天体表面[1]での歴史を体現しているはずである．さらに，実は衝突クレーター形成は地上の低速衝突でも日常的に見られる現象であるが，その物理過程の理解は十分には深まっていない．

　本章では，天体および実験室スケールで起こるこれらの現象の理解を進める

---

1) 岩石惑星や小惑星など，衝突による特徴的地形変化（クレーター形成や地形緩和など）が観察可能な固体天体の表面地形について本章では注目する．

244 第II部 破壊による地形現象

ために研究されている，衝突クレーターの形成・進化（劣化）に関するいくつかのシンプルな物理モデルについて紹介する．ただし本章の議論では，天体現象と室内実験を完全に対応させるようなアプローチは必ずしも目指さず，独特なセットアップによる室内実験を通して，衝突という物理現象の帰結として得られるクレーター形成の基礎的性質に迫る．

10.2 衝突クレーター

　上述のように，衝突現象の結果として現れるクレーター形成は，反発，破壊，合体などといった基本的過程が複雑に絡み合っている現象と考えられる．クレーター形成は固体の衝突により必ず起こるというわけではない．むしろ特殊な条件下で起こる現象と言えるかもしれない．密度とサイズの似通った二体の衝突を考えると，衝突速度が十分小さく，表面の吸着力が大きい場合には合体が起こる．衝突速度が大きくなってくると合体することは不可能となり，反発が起こる．さらに衝突速度が大きくなると，遂には破壊が起こるようになる．このとき，衝突する二体のサイズに著しい差がある場合にクレーター形成が起こりやすい．そういう意味ではクレーター形成現象を1つの相として考えた場合，それは数ある衝突現象の帰結の中の特殊な一例に過ぎない．しかし，さまざまな固体天体表面を観測すると数え切れないほどの衝突クレーターが存在していることが多いのも事実である．そのため，固体天体の表面進化を議論するためには衝突クレーター形成の物理を確立することが必要不可欠となる．

　一方，ゴルフボールがバンカーに落ちるとそこにもクレーターが形成される．このような日常（実験室）スケールの衝突クレーター形成と天体スケールのそれとは，どのような点が相似的でどこが異なるのだろうか．この問の答にアプローチするために本章ではクレーター形状について簡単に概観した後，主に実験室スケールで起こる衝突クレーター形成の簡単な実験について中心的に議論する．その中で，可能な箇所については天体スケールの衝突に関しても随時議論することとする．

第 10 章　クレーター　245

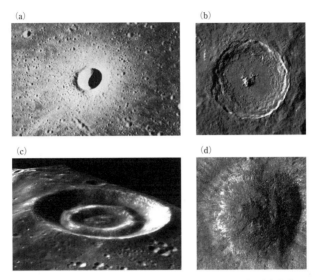

図 10.1　月面上のさまざまな衝突クレーター地形．(a)単純クレーター（Linne, 直径 4 km）NASA，(b)中央丘を伴うクレーター（Tycho, 直径 102 km）NASA，(c)リング構造を伴うクレーター（Hesiodus A, 直径 15 km）諸田智克氏提供，(d)岩塊の点在するクレーター（直径 80 m）NASA

衝突クレーター形状にはいくつかの種類（分類）がある．月や火星の表面が多くの衝突クレーターで覆われていることは今や Google Moon, Google Mars といったウェブサイトで気軽に確認することができるようになっている．さまざまな固体天体上の表面地形を眺めると，一口に衝突クレーター地形と言っても多様な形状があることに気がつく（図 10.1）．一番典型的なおわん型のくぼみ形状を持つものは通常「単純クレーター」と呼ばれる（図 10.1(a)）．単純クレーター形状はサイズの比較的小さい領域に見られる．クレーターのサイズは衝突天体の持っているエネルギー（もしくは運動量）と相関すると考えられるので，クレーターのサイズが小さいということは小規模な衝突によって形成されたクレーターであることを反映している．一方，大規模衝突現象ではクレーターの形状はもはや我々がクレーターと聞いてすぐに思い浮かべる単純なおわん型ではなくなる．たとえば比較的大きな規模のクレーターでは，その中央部

246 第II部 破壊による地形現象

に中央丘と呼ばれる突起構造が見られることが多い（図 10.1(b)）．その他にもクレーターの周囲に崩壊や皺のような特徴的構造が見られることもある．これらの複雑な形状の形成過程については未解明の部分も多く残るが，その形状は明らかに単純クレーターとは異なる．そのため，これらの比較的大きく複雑な形状を持つクレーターを一般に「複雑クレーター」と呼ぶ．

　単純クレーターは複雑クレーターに比べて比較的小さいと上で説明したが，このような定性的記述は科学的説明としては不適切と感じられたかもしれない．しかし実は単純クレーターと複雑クレーターの境界サイズを「直径 1 km」というようにユニークに決定することはできない．両者の境界は一般にクレーターが形成されるターゲット天体に依存して変化する．すなわち，たとえば火星と小惑星ではこの境界サイズは異なるということになる．では，どのような要因がこの境界を決めているのだろうか．

　その答を議論するためにここで柔らかい（強度の小さい）構造物の重力下での安定性を考えてみる．一般に，重力下では構造物が大きなサイズになると自重に耐えられず崩壊する限界がある（豆腐のような柔らかい構造物を考えると想像しやすい）．ここで構造物の材料としての強度[2]を Y_t，密度を ρ，高さを h，重力加速度を g とすると，大雑把には，重力に起因する静圧 $\rho g h$ が強度 Y_t を超えると構造物は崩壊を始めることとなる．重力加速度の値は地球上ではほぼ定数とみなすことができるが，これは一般の天体上では異なる値を取る．つまり，重力の小さな天体上では，同じ強度の材料を用いてより大きな（高い）構造物を作ることができるのである．基本的には同様の考え方を単純クレーターと複雑クレーターの境界についても適用できる（単純クレーターの安定限界は重力で決まる）．構造物の自立限界サイズと単純・複雑クレーターの境界とは一般に異なる限界（境界）であり，この類比は乱暴と感じるかもしれない．しかし，構成物質の種類や状態によって決まる物性である強度や密度と外力として加わる重力の拮抗により境界が決まるというレベルでは，両者の限界（境界）

　2）強度は対象物を破壊させるのに必要な単位面積あたりの力（応力），もしくは単位体積あたりのエネルギーとして定義される．

は同一のメカニズムで理解が可能と言える．実際に単純クレーターと複雑クレーターの境界クレーターサイズはターゲット天体表面の重力加速度に反比例することが知られており，上の推論の正しさを示唆している．さまざまな要因が複雑に絡み合い地球惑星スケールで起こる現象の本質を理解するには，却ってこのように思い切って単純化した推定が有効であることも多い．

　地球惑星スケールの大規模現象では，天体のサイズや表面の重力加速度などの値が何桁にもわたって変化しうる．例として地球と小惑星イトカワ[3]の表面重力加速度を比較してみよう．地球の直径はおよそ 10^7 m で表面の重力加速度は約 10^1 m/s^2 であるが，小惑星イトカワのサイズは 10^2 m，その表面重力加速度は 10^{-4} m/s^2 のオーダーであり，両者の値は大きく異なる．

　このようなケースにおいてはオーダーエスティメイトという手法が有効となる．オーダーエスティメイトでは物理量を上記のように 10^x の形で表記し，ベキ指数 x の値に主に注目する．天体表面の重力加速度 g は天体の質量 M とその半径 R，万有引力定数 G を用いて $g = GM/R^2$ と書くことができる．天体の密度がほぼ一様だと仮定すると質量 M は R^3（体積）に比例するので，結局 g は R^1（天体サイズ）に比例するということになる．実際の値を見てみると，確かに地球とイトカワではサイズ比と表面重力加速度比がいずれも 10^5 となり，上述の考察がオーダー（桁）の推定としては正しいことを示している．ここで，地球の密度の不均一性やイトカワの形状の特異性，自転の効果などは思い切って無視をしたが，それでもオーダーエスティメイトとしては適切な答えを導き出すことができた．これは，現在注目している物理量を決定する主要因を正しく抽出できていることを示す．ちなみに，地球とイトカワで5桁も重力加速度の値に開きがあることは，イトカワのような小天体の表面進化を考える上で非常に重要な要因となる．これについては小天体における衝突起因の粉体対流モデルの節（10.5.3 小節）で後述する．

　衝突クレーターの形成過程に関する物理素過程などの研究は，地球惑星科学

3）日本の探査機はやぶさにより詳しく探査された地球近傍小惑星（平均直径 300 m 程度で表面には砂礫が不均一に分布している）．

248　第 II 部　破壊による地形現象

分野で古くから精力的に行われてきているが，筆者の能力の限界のため本章では衝突クレーターの地球惑星科学的意義の詳細にはこれ以上立ち入らない[4]．

　本章では，地球惑星科学分野における正統的な天体衝突クレーター形成過程ではなく，少し異なる視点から「衝突クレーター形成の物理に迫る実験」や「衝突の地形進化への影響」に関するいくつかの風変わりなモデルについて紹介する．具体的には，次節で本章全体において主として用いる無次元数を用いた解析の手法について概説し，10.4 節では柔らかい衝突によるクレーター形成現象，10.5 節では衝突による（クレーター）地形の緩和のモデルについて，それぞれその考え方を中心に紹介する．実は，本章で紹介する研究成果はむしろ粉体などを扱うソフトマター物理の枠組みの中で一定の役割を果たすものであり，衝突やそれに伴うクレーター形成，衝突体の流動化などの現象は惑星科学，ソフトマター物理の両方に関わる学際的研究トピックであると言えるだろう．

10.3　無次元数による評価

　天体に関わる現象はとにかくスケールが大きく，しかも物理量の桁（オーダー）も，前節の地球と小惑星イトカワの比較で示したように，天体ごとに大きく異なる場合がある．このような場合にはオーダーエスティメイトの方法が有効であることは既に述べたが，注目する物理過程を正しく考察することができれば，スケールに依存せず系を特徴づける物理量を定義することができる．そのような物理量が無次元数である．たとえば前節の単純クレーターと複雑クレーターの境界について，強度と静的圧力の比を取ることにより $Y_t/\rho g h$ という無次元数を作ることができる．この比は分子分母ともに応力（圧力）の次元

4）衝突クレーター形成に関する標準的参考文献としては，この分野のバイブルとも言える Melosh（1989）をお勧めする．さらに地球上の衝突クレーターについての調査なども含めた最近の展開は Osinski and Pierazzo（2013）に詳しい．衝突クレーター以外も含めた天体表面地形の進化一般に興味がある場合は，Melosh（2011）が良い参考書になる．

を持っており，その比は単位の付かない無次元の数となる．このような無次元数は特定の長さや時間のスケール（メートル，秒など）にしばられない数であり，長さ，時間などのスケールが大きく異なる現象（たとえば天体現象と室内実験など）においても物理的状態が同じ（相似）であれば等しい値を示すものとなる．

　注目する現象を説明するパラメータとして最も適した無次元数を求める方法はいくつかあるが，基本的にはその物理現象を支配する力や応力，エネルギーなどのバランスを考えることで求めることができる．具体的な例としてここでは，衝突クレーター形成現象を理解する上で重要となる無次元数であるフルード数 Fr を考えてみる．フルード数は慣性力と重力の効果の比に対応する無次元数として定義される．衝突クレーターの場合，慣性の効果は密度 ρ_i 直径 D_i のインパクター（弾丸）が速度 v で衝突する際の運動エネルギー $\rho_i D_i^3 v^2$ で評価され，重力の効果にはインパクターの持つ重力ポテンシャル $\rho_i g D_i^4$ が相当する（ここで，形状に起因する π などいくつかのファクターはオーダーエスティメイトの精神に則って落とした）．すると，両者の比から $Fr = v^2/gD_i$ が求まる[5]．

　インパクターのもたらすエネルギーが主としてクレーター孔の重力ポテンシャルに変換されることによりクレーター形成が起こる「重力支配域」と呼ばれる領域では，このように定義された Fr が系を特徴づける本質的な無次元数となる．重力支配域でのエネルギーバランスはクレーターサイズ（通常は直径を用いる）を D_c とすると，$\rho_i D_i^3 v^2 \sim \rho_t g D_c^4$ と表される．さらにターゲット（標的）密度 ρ_t がインパクターの密度とほぼ等しい（$\rho_i \approx \rho_t = \rho$）とすると，$D_c \sim (v^2/gD_i)^{1/4} D_i \sim Fr^{1/4} D_i$ なるスケーリング関係が得られる[6]．

　一方，インパクターの運動エネルギーにより強度 Y_t のターゲットを破壊することがクレーター孔を形成する物理過程の中で支配的な場合は，エネルギーバランスは $\rho D_i^3 v^2 \sim Y_t D_c^3$ となり，$D_c \sim (\rho v^2/Y_t)^{1/3} D_i$ の関係が求まる．このよう

---

[5] フルード数は $Fr = v/\sqrt{gD_i}$ で定義される場合も多いようだが，ここではエネルギー（もしくは応力）比から直接求まる定義を採用した．

[6] 本章で記号 "$\sim$" は次元の一致する比例関係を意味する．

250　第 II 部　破壊による地形現象

に，クレーターサイズが主に無次元数 $\rho v^2/Y_t$ に依存して決まるような領域を「強度支配域」と呼ぶ.

クレーター形成が重力支配域となるか強度支配域となるかは，両者を特徴づける無次元数の比 $\rho g D_i/Y_t$ で決まる. $\rho g D_i/Y_t \gg 1$ が重力支配域，$\rho g D_i/Y_t \ll 1$ が強度支配域にそれぞれ対応する. このように無次元数を用いることにより，現象を支配する物理過程，対応するスケーリング関係とその適用範囲を明解に議論することができる.

さて，いよいよ具体的衝突現象を紹介する準備が整った[7]. 次節では，比較的最近ソフトマター物理の立場から行われた衝突クレーター形成についての実験について紹介する.

10.4　柔らかな衝突によるクレーター形成

10.4.1　なぜ柔らかな衝突なのか

通常のクレーター形成模擬実験では，天体衝突を模擬するために高速の弾丸を固体ターゲットに衝突させ，生じる衝撃波によるクレーター形成を考える. しかし，ここではそれとは少し異なるアプローチについて紹介する[8]. 具体的には，柔らかな弾丸が低速で柔らかなターゲットに衝突する際に起こる現象について注目する. 柔らかな弾丸やターゲットを用いる利点はいくつかある. ま

---

7) ここではクレーター形成のスケーリング関係についてこれ以上深入りしないが，クレーター形成を無次元数や次元解析の枠組みで理解する試みについては，たとえば Holsapple（1993）によるレビューが詳しい. また，次元解析や無次元数についての基礎に関してさらに知りたい場合は Barenblatt（2003）に詳しい解説がある. なお，本節で導入した無次元数やスケーリング関係の考え方は衝突クレーター形成研究においても標準的に用いられるものである.

8) 標準的クレーター形成についての教科書としては前出の Melosh（1989），Osinski and Pierazzo（2013），Melosh（2011）が挙げられる.

ず変形が容易なので低速の衝突でクレーターを形成させることができる．ただし，この縮小モデル化により，特に衝突点近傍でのダイナミクスが高速での衝突と低速での柔らかな衝突では大きく異なるものになってしまう可能性がある．実験系を縮小することによって支配的物理過程が変化してしまっては意味がないとの意見もあろう．しかし，ここで我々は天体スケールの衝突クレーターだけに興味があるわけではない．本章の冒頭でも紹介した通り，衝突現象と一口に言ってもさまざまなものがある．クレーター形成はその中の一部の現象に過ぎないが，大規模天体衝突によるクレーター形成はその中でもさらに一部の現象となる．クレーター形成は低速から高速，サイズもナノスケールから数千 km スケールまで多種多様にある．衝突クレーター形成現象を統一的に理解するためにはそれらの幅広い時間・空間スケールでのさまざまな実験や観測が必要となる．広範にわたりさまざまな実験を行うことによりしばしば我々が予想だにしなかった現象が発見される場合があるということは，歴史が証明してきている．あまり最初から焦点を絞りすぎず，自由な発想で実験を行うことが科学研究では重要であり，柔らかな衝突クレーター形成の研究は，このような意味での遊び心を持った研究トピックであると言える．

　ターゲットに粉体のような柔らかい材料を用いると，その強度は岩石などの固体材料に比べて著しく小さくなるので，簡単に重力支配域に注目したクレーター形成の実験を行えるという利点もある．重力と強度の効果のバランスを表す無次元量 $\rho g D_i / Y_t$ の形からもわかるように，地球上のように重力加速度がほぼ定数として決まっている環境で強度 Y_t の大きなターゲットを用いた衝突において重力支配域にアクセスするためには，密度 ρ もしくはサイズスケール D_i を大きくする必要があり，これは実験技術上の困難を伴う場合が多い．そのため，材料の強度を小さくする（バルクとしてのターゲットを柔らかくする）ことが重力支配域を地球上で再現する最も現実的（簡単）な手段となる．

　最後に，柔らかなターゲットへの衝突ダイナミクスはターゲット材料の物理的特性を明らかにする一種の材料試験のように捉えることもできることを指摘しておく．砂粒のような粉体の他にも高分子溶液やコロイド分散系など，ソフトマターと呼ばれる物質は特異で多彩な力学的特性を示すことが知られている．

252 第II部 破壊による地形現象

衝突現象は1つの特殊な載荷条件とみなすことができ，その荷重に対する応答則の物理を解明することは，ソフトマター物理の基礎としても意義が深いと考えられる．

このように地球惑星現象の理解のみに収まらず基礎科学としての普遍性をも持ち合わせる柔らかな衝突の実験について，次小節より詳しく述べていく．

10.4.2 液滴の衝突

柔らかいインパクターとしてここでは「液滴」を考える．蛇口から水を流すと最初は柱状の構造をしている水が徐々に分裂して液滴状になる．これは液体の表面張力による効果である（レイリー・プラトー不安定性）．表面張力 γ は張力という名の通りバネ定数と同じ［力／長さ］の次元を持つ量で，単位面積あたりのエネルギーと見なすこともできることから表面エネルギーと呼ばれることもある．液滴はこの表面エネルギーを最小にするために球形に近づこうとする．一方で水を容器に張るとその表面は水平面となる．これは重力によるポテンシャルエネルギーを最小にするためである．長さスケール（サイズ）λ の物体が受ける重力は $\rho g \lambda^3$ に比例し，表面張力は $\gamma\lambda$ に比例する．すなわち，λ が大きくなると前者が，小さくなると後者が，それぞれ支配的と（それぞれに対応する力の影響が相対的に大きく）なる．その境界となる長さスケール λ_c（毛管長）は重力と表面張力のバランスより $\lambda_c = \sqrt{\gamma/\rho g}$ と求まる．この長さスケール（液滴の表面張力が重力に勝って液滴形状が安定的に存在しうる最大サイズに相当する）は地球上では通常ミリメートルのオーダーとなる．このようなサイズに関する制限はあるものの，液滴は固体に比べると大変形や分裂を容易に起こすため，衝突により多彩な現象を引き起こすことができる．

まずは，液滴を固体壁に衝突させた際の変形について考えてみよう（Okumura et al., 2003）．直径 D_i の液滴が衝突により直径 $D_{\max}$，厚さ $H_{\min}$ となるまで引き伸ばされたとする（図10.2(a)）．このとき非圧縮性を仮定すると体積の保存より次元的に $D_{\max}^2 H_{\min} \sim D_i^3$ の関係が成り立つ．ここでさらに衝突による単位体積あたりの液滴内の運動量変化を考える．速さ v の液滴衝突により単位体

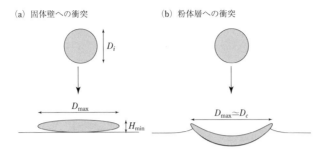

図 10.2 液滴の(a)固体壁への衝突と(b)粉体層への衝突の概念図

積にかかる力は $\rho v^2/D_i$ で見積もられ，この単位体積あたりの運動量変化［密度×加速度］は，圧力の空間勾配 ∇p とバランスすることができる（$\rho \partial v/\partial t \simeq \nabla p$）．液滴変形ダイナミクスの場合，この圧力勾配はラプラス圧と呼ばれる表面張力起源の圧力（曲率半径 R の曲面にかかる圧力 $\sim \gamma R/R^2 = \gamma/R$）の勾配（空間変化率）となる．今，最大変形した液滴形状の曲率半径を H_{min} で近似し，さらにラプラス圧が H_{min} の空間スケールで生じるとすると，その空間勾配は γ/H_{min}^2 となる．以上で得られた関係を組み合わせることにより D_{max} が従う法則として $D_{max} \sim (\rho v^2 D_i/\gamma)^{1/4} D_i = We^{1/4} D_i$ という関係が得られる．ここで $We = \rho v^2 D_i/\gamma$ はウェーバー数と呼ばれる無次元数である．$We \gg 1$ では衝突慣性が現象を支配し，$We \ll 1$ においては表面張力が現象を支配することとなる．このスケーリング関係における比例係数は実際に用いる物質の種類に依存し変化するが，どのような液滴であれ，衝突慣性と表面張力の競合により支配される液滴拡張はこのシンプルなスケーリング関係に従うことになる[9]．液滴の固体壁への衝突ではターゲットである固体壁は変形せず，液滴が限界まで変形し，もし衝突慣性が過大な場合には液滴の分裂が起こる．

　柔らかなインパクターである液滴が粉体のように柔らかいターゲットに衝突すると，インパクターだけでなくターゲットの変形も起こり，クレーターが形

---

9) ただし，液滴の粘性が重要な役割を果たす領域では異なるスケーリング関係が求まることになる（Clanet et al., 2004）が，ここではその詳細は割愛する．

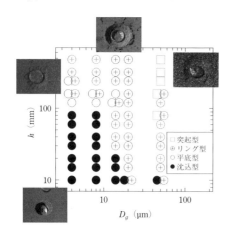

図 10.3 液滴と粉体層の衝突により生成されるクレーター形状の相図．図中の写真は左下が「沈込型」，上段左より「平底型」，「リング型」，「突起型」のクレーターをそれぞれ示す (Katsuragi, 2010)．

成される（図 10.2(b)）．例として，水滴を高さ $h = 10\sim480$ mm から研磨粉ターゲット（粒径の中央値 $D_g = 4\sim50$ μm）に自由落下衝突させた実験により形成されたクレーター形状の相図を図 10.3 に示す．この実験により，自由落下高さ（衝突速度）とターゲットの粒径を変化させると，いくつかの特徴的クレーターが形成されることがわかった (Katsuragi, 2010, 2011)．

自由落下高さとターゲット粒径がいずれも小さい領域では，円柱状の沈込型クレーター形状が形成される．高速撮影による衝突の直接観察によると，この領域では衝突慣性が小さく衝突時に（液滴の変形は起こるが）クレーターの掘削は起きない．その後，液滴はターゲット粉体層上の粉体粒子を取り込みつつ，ターゲット粉体層を徐々に圧縮させながら沈んでいく．この静かな沈み込みにより円柱のような縦穴形状のクレーターが形成される．

自由落下高さ（衝突速度）もしくはターゲット粒径を大きくすると形成されるクレーター形状は劇的な変化を示す．具体的には，$D_g \geq 20$ μm もしくは，$h \geq 100$ mm の領域で，リング型クレーターが一般的に見られるようになる．この領域では，衝突時に粉体層が掘削されクレーターが形成される（図 10.2(b)）．その後，液滴は何度かバウンドを繰り返しクレーター中央部にほぼ静置される状況となり，最終的には沈込型と同様に徐々に粉体層中に沈み込んでいくことになる．しかし，このときの液滴は初期の衝突により表面の粉体粒子を既に相当量内部に取り込んでいる．また，ターゲット粉体層も衝突時に掘削圧縮されており，ターゲットのさらなる変形は容易でない状態となっている．そのため，沈込型のような縦穴は形成されず，代わりに液滴の沈降時にリング形状が残る．

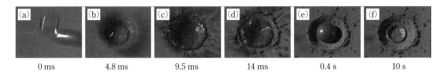

図 10.4 液滴と粉体層の衝突によるクレーター形成の時間発展 (Katsuragi, 2010)

　高速度カメラにより捉えられた一連のクレーター形成の様子を図 10.4 に示す．このような二重リング構造を持つクレーター形状は，一様な固体ターゲットへの固体弾衝突においては作ることが難しい．しかし，実際の天体上にはこの二重リング型クレーターと形状が類似するクレーターが存在する．たとえば月面にある Hesiodus A クレーターがそれにあたる（図 10.1(c)）．このクレーターの形状は実験により得られたリング型クレーターの形状に非常に似ているが，両者のスケールはそれぞれ 10 km と 10 mm でおよそ 6 桁も異なる．さらに，ミリメートルの長さスケールでは表面張力が支配的となるが，キロメートルのスケールでは月面においても表面張力が支配的となる状況は作り出せない．すなわち，両者の一致は残念ながら今のところ偶然の一致と言わざるをえない．しかし，このような形状の類似はクレーター形状研究について何らかの新しい視点を与えるものであるかもしれない．液滴と粉体層の衝突による二重リング型クレーターの形成はまだそのダイナミクスが完全に理解されたわけではなく，今後のさらなる研究の進展が期待される．

　沈込型とリング型の境界近くで自由落下高さが $h \simeq 100$ mm 程度の領域では平底型のクレーター形状が観察される．この平底型クレーターの形成ダイナミクスはリング型とほぼ同様であるが，液滴の沈降時に粉体は液滴の外縁のみに集中せず全体に広がるために平底を形成すると考えられる．

　液滴と粉体層の衝突では「たんこぶ」のような突起が形成されることすらある（突起型クレーター）．衝突により凸形状が作られるのは普通の意味では反直感的であり，これは液体と粉体の微妙な相互作用を反映しての独特な作用である．その定性的説明は以下のようになる．まず，この突起型クレーターはターゲット粉体層の粒径が比較的大きく，液滴の衝突速度も比較的大きい領域でし

か観察することができない．この実験においてターゲット粉体として用いられた研磨粉は，粒径が大きくなるにつれて表面付着力の効果が小さくなることによりバルク密度（充填率）が大きくなる．そのため，大きな粒径により構成される（バルク密度の大きな）ターゲット粉体層に液滴が衝突した場合，粉体層より液滴の方が容易に変形され，クレーターの掘削はほとんど起きず，液滴の大変形が起こる．そして，変形中の液滴はターゲット表面の粉体を液滴に取り込む．すなわち，液滴の衝突時の慣性は衝突により横（水平）の拡張方向へと転ぜられ，その拡張の過程で表面のごく薄い粉体が液滴に巻き込まれることとなる．この結果，広く浅いクレーターが衝突直後に形成される．その後，粉体粒子を含んだ液滴がクレーター中央付近で沈降する過程は他の実験条件の場合と同様に見られる．しかし，ターゲット粉体層の密度は既に大きく，さらなる圧縮は難しい．この状況で液滴に取り込まれていた粉体がクレーター中央部に静かに（低充填率で）積層するため，結果として突起構造を残すということになる．

　ここまで，水滴と研磨粉という特殊な組み合わせの衝突で形成されるクレーター形状について議論してきたが，これらのクレーター形状は当然液滴やターゲット粉体層の物性によっても変化する．実際に液滴の表面張力や粘性，ターゲット粉体層の物性（形状や濡れ特性など）を変化させた実験も行われた．

　さまざまな実験条件下で得られたクレーター形状の時間発展と最終形状を図10.5に示す．図中では，比較的濡れやすいガラスビーズを使用することにより，完全に濡れ広がってクレーターができない場合（図10.5(f)），液滴が衝突により変形されその周囲にミルククラウン構造のようなフィンガー形状が見られる場合（図10.5(d, e, g, i)）なども見られる．その他にも，液体と粉体の相互作用の妙により実に多様なクレーター形状が形成されることがわかる．

　液滴と粉体層の衝突によるクレーター形成現象においてその形状を分類することで定性的挙動をこれまで議論してきたが，このような系においてどのような定量的解析ができるだろうか．クレーターを特徴づけるために重要と考えられる量としては，その直径および深さが直ちに考えられる．しかし，クレーターの深さ（高さ）は上述のいくつかのクレーター形状で紹介したように非単

第10章 クレーター 257

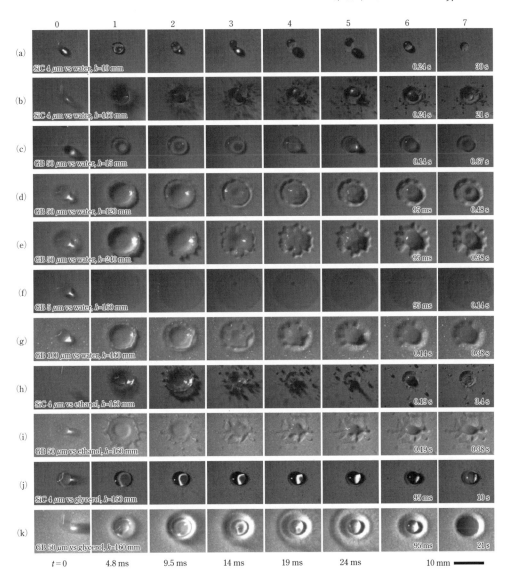

図 10.5 さまざまな衝突条件による液滴・粉体層衝突クレーター形成 (Katsuragi, 2011). 行の(a)～(k)は実験条件の違い（各左下に条件が記述されている. SiC は研磨粉, GB はガラスビーズを表し, それぞれの粒径が示された後にインパクター流体の種類と, 落下高さが示されている）を示し, 列の 0～5 は衝突後 1/210 s 間隔のスナップショットで, 6, 7 は各フレーム右下に示された時間後のクレーター形状

調で複雑な振る舞いを示す．一方で，クレーターの直径は比較的簡単なスケーリング関係に従うかもしれない．なぜなら，液滴の衝突による変形ダイナミクスは本小節の前半で議論したように比較的簡単なスケーリング関係により理解されるからである．実際，クレーターの直径が液滴の拡張の大きさによりほぼ決まるので（図 10.2(b)），クレーターの直径 D_c も液滴の拡張と同様に $D_c \sim We^{1/4}D_i$ とスケールされることが実験により確かめられた（Katsuragi, 2010, 2011）．

さて，液滴と粉体層による柔らかな衝突と固体同士の衝突によるクレーター形成の違いは，どのようにスケーリング関係に表れているのだろうか．10.3 節で議論した重力支配域でのクレーター直径スケーリング関係 $D_c \sim Fr^{1/4}D_i$ は，液滴と粉体層の衝突によるクレーター直径スケーリング関係 $D_c \sim We^{1/4}D_i$ と類似している．もっと言うと，$We^{1/4}$ と $Fr^{1/4}$ の両者は衝突速度 v に関する同じ依存性（$v^{1/2}$）を意味している．もちろん，表面張力 γ や重力加速度 g を実験で変化させて挙動を調べれば両者の違いは明らかになるが，γ は実験により多少変化させられるとしても，g を地上実験でコントロールするのは難しい．そのため，ここではスケーリング関係の密度依存性に注目することにより重力支配域のクレーター形成（$Fr^{1/4}$ スケーリング）と液滴衝突クレーター形成（$We^{1/4}$ スケーリング）の質的相違点を明らかにしたい．重力支配域のエネルギーバランスから求まるスケーリング関係の密度依存性を含んだ形式は，（10.3 節ではインパクターとターゲットの密度はほぼ等しいとしたがここでは密度比依存性を陽に残し）$D_c \sim [(\rho_i/\rho_t)Fr]^{1/4}D_i$ となる．これに対し，液滴と粉体層の衝突によるクレーター直径のスケーリング関係は，定性的に逆の密度比依存性 $D_c \sim (\rho_t/\rho_i)We^{1/4}D_i$ を持つことが実験により示された．この傾向は，これまで議論してきたクレーター形成のダイナミクスを考えると，実は自然な結果である．重力支配域での衝突クレーター形成では，密度の大きなターゲットに大きなクレーターを掘削するにはより大きな運動エネルギーが必要となる．そのため D_c と $(\rho_i/\rho_t)^{1/4}$ が比例する形となる．一方で，液滴の粉体層への衝突では，前述のようにターゲット粉体層の密度が大きい場合，液滴の水平方向への拡張が顕著となり，より直径の大きな（ただし深さは浅い）クレーターが形成される．そ

のため，D_c の密度比依存性は通常の固体弾衝突による衝突クレーター形成とは質的に逆で，(ρ_t/ρ_i) に正相関するということになる．クレーター規模のオーダーエスティメイトにおいては近似的に $\rho_t \simeq \rho_i$ を仮定しても通常は大きな問題とはならない場合が多いが，液滴衝突と重力支配域でのクレーター形成とを比較して論ずるためには密度比 ρ_t/ρ_i が重要な量となる．

　本小節では，液滴と粉体層の低速衝突によるクレーター形成の様子を概観してきた．液滴を構成する主要な要因である表面張力は，比較的小さなスケールでしか有効に働かないが，微小重力環境での変形しやすい物質の衝突では重要となる場合もあり，液滴衝突のような柔軟な衝突現象とみなせるものが宇宙のどこかでは起きているかもしれない．

10.4.3　泥団子の衝突

　柔らかな衝突によるクレーター形成現象としてもう1つ別の研究例をここで紹介したい．Pachecho-Vázquez and Ruiz-Suárez（2011）は，泥団子インパクターを粉体層ターゲットへ自由落下衝突させ，形成されるクレーターを観察した．彼らは，砂粒と水を充填率を調整しつつ混合させた泥団子を乾燥してインパクターを作成し，それを乾燥した粉体ターゲットへ自由落下衝突させた．泥団子インパクターの充填率を 0.48 から 0.66 までの範囲で変化させ，この充填率と自由落下高さを変化させることにより，さまざまなクレーター形状が形成されることが実験的に明らかになった．得られた相図を図 10.6 に示す．泥団子インパクターの充填率が高く衝突速度が比較的小さい領域では通常の固体弾衝突と同様のクレーター形成が起こり，弾丸もその形状をほぼ保存する．一方で，泥団子インパクターの充填率が低く衝突速度が大きな場合では，衝突によりインパクターは完全に破壊され，クレーター形状だけが残される．これら2つの相の中間的状態では，泥団子インパクターが一部破壊される相や，クレーターの中央にマウンド構造が作られる相などが観察される．実際の天体衝突クレーターにおいても比較的新鮮な（形成直後）クレーターではクレーターの内外に岩塊が散乱しているような地形が存在し（図 10.1(d)），10.1 節で述べたよ

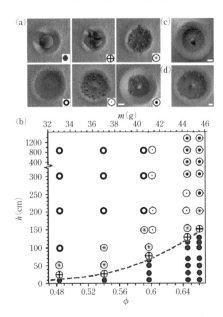

図 10.6 泥団子と粉体層の衝突により生成されるクレーター形状の相図（Pachecho-Vázquez and Ruiz-Suárez, 2011）．m, ϕ はそれぞれ泥団子インパクターの質量，充填率で，h は落下高さ

うに規模の比較的大きな（複雑）クレーターではその中央に中央丘構造を持つ（図 10.1(b)）ことが多いことも知られている．このように，泥団子インパクターの粉体層への衝突クレーターの形状についても類似している惑星スケールの天体衝突クレーターを見つけ出すことは可能だが，その類似性は今のところ「形状の相似性」に限られている．この状況は液滴と粉体層の衝突クレーターの場合とよく似ている．見た目の形状は類似しているがそれは物理機構の一致を表すわけではない．むしろ，天体衝突クレーター周囲の岩塊はインパクターではなく放出物の一部と考えられており，天体衝突クレーターにおける中央丘はターゲットの深部から上がってきた構造と考えられている．確かに図 10.6 における点在するインパクターの破砕片や中央突起と天体衝突クレーター周囲の岩塊（図 10.1(d)）や中央丘（図 10.1(b)）とはそれぞれ別物かもしれないが，泥団子のような高空隙率の構造を持つ天体は宇宙空間にもありふれている．それらの衝突を考える際には，柔らかかったり脆かったり，というような特性も重要となるかもしれない．そもそも粉体の衝突基礎物性としても，粉体 vs. 粉体という設定は興味深いものである．さらに，この実験により豊かなクレーター形成現象が確認されたのも事実である．

ちなみに，この泥団子と粉体層の衝突クレーター形成実験においても，クレーター直径が計測されている．その結果，泥団子インパクターが衝突により破壊に至らない場合は，固体弾と粉体層の衝突と同様のクレーター直径スケー

第 10 章 クレーター　261

リング関係が成り立つ（クレーター直径は衝突エネルギーの 1/4 乗でスケールされる）が，泥団子インパクターが破壊されると，クレーター直径は固体弾衝突の場合より大きくなることがわかった．これは，破片が横（水平）方向への運動量を持ってインパクター本体から分裂するためだと考えられ，泥団子の破壊により衝突エネルギーがより効率的に横方向に変換されるということを意味する．この傾向は水滴衝突の場合と定性的に似ている．興味深いことに，このときの泥団子インパクターの破壊によるクレーター直径と固体弾の粉体層への衝突によるクレーターの直径との差は，衝突速度などに依存せずほぼ定数となることも明らかにされている．

10.5　衝突によるクレーターの緩和

　前節では，「柔らかな衝突」によるクレーター形成の研究例を紹介した．衝突によりクレーターが形成されること自体は多くの方にとって直感的に無理なく理解できることだと想像される．しかし，実は衝突現象はクレーターの形成のみではなく，その緩和ももたらすと考えられていると聞くと意外に感じるかもしれない．本節ではこの緩和過程に関する理論モデルについて，ごく簡単に説明したい．

10.5.1　地形緩和の理由

　衝突による掘削と周りに飛び散る放出物がクレーター（とその周囲地形）を構成するが，この地形は衝突前の初期状態に比べて重力ポテンシャル的には不安定な状態になる．その構造は摩擦などにより当面保持されるが，永遠に不滅なわけではもちろんない．何らかの理由で擾乱が加えられると，不安定な地形は安定な（水平面に近い）地形へと緩和するのが道理である．天体地形にとってこの擾乱となるものの候補としては，天体衝突による振動，付近の天体からの潮汐力，恒星周りの自転や公転のために起きる温度サイクル，大気や水によ

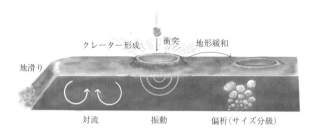

図 10.7 衝突によるクレーター形成と地形緩和・偏析・対流などについての概念図．それぞれの現象間の因果関係の詳細は明らかにされていないが，衝突がさまざまな現象を引き起こす最も主要な要因と考えられている（図は篠田明友子氏の厚意による）

る風化・侵食作用などさまざまなものが考えられる．これらのプロセスの中でも大気や水の存在する天体では風化・侵食などの影響がきわめて重要となるし，太陽（恒星）や他の天体との相互作用の状態次第では潮汐や温度変化も重要となりえる．しかし，一般の固体天体で最も普遍的に起こり，かつ大きな影響を与えられる現象は衝突による振動だろう．たとえば月面を見ればわかるように，宇宙空間では長い歴史の中で非常に大量の天体衝突が起こる．そのような状況では「どの程度の規模の衝突がどの程度の頻度で起こりえるか」を統計的に議論することが可能となる．具体的には，観測される小天体のサイズ分布を元に衝突規模頻度が数値モデルにより推定されている（O'Brien and Greenberg, 2005 ; Bottke and Greenberg, 1993）．このモデルにより，さまざまな規模の天体同士の衝突頻度を推定することができる．天体表面で繰り返し起こる衝突はそれ自身が衝突クレーターを形成するわけだが，一方で同時に周囲の既存クレーターなどの地形に擾乱を与え徐々に緩和を進めるのである．図 10.7 に天体衝突により引き起こされる諸現象の概念図を示した[10]．

---

10) それぞれの現象が関連を持ちながら発生すると考えられるが，その詳細な関係には未解明部分が多く残されている．

10.5.2 拡散的地形緩和

ここでは簡単のために十分平坦（重力方向が至るところ平行）と近似できる広い表面上にある地形（凹凸）の緩和過程を考える．地形の緩和が主として重力により支配されているとすると，最終的な安定（重力ポテンシャル最小）状態は水平地形となる．水平面に対して何らかの傾斜を持つ（地形表面の法線が重力方向から傾いている）場合は，地形緩和が起こる．地形緩和の主な素過程としては地滑りが考えられる．傾斜のある地表が衝突による振動などで流動化されると地滑りのような現象が起こる．このようなプロセスによる地形緩和の最も簡単なモデリングは，地滑りにより輸送される土砂の量を地形の傾斜に比例させることである．このモデルを具体的に書くと，土砂の流束を J，地形プロファイルを z とすると $J = -K\nabla z$ となる．ここで K は輸送（とその結果起こる地形緩和）の速さを決めるパラメータである（拡散係数）．一方，土砂の密度が至るところで一様とすると，地滑り輸送量とプロファイルの変化は連続の式で関係づけられる．このことから，地形プロファイル z の時間変化は，流束の発散により決定されることになる．定量的に書くと $\partial z/\partial t = -\nabla \cdot J$ となり，この式に J の表式を代入することにより最終的に $\partial z/\partial t = K\nabla^2 z$（拡散方程式）を得ることができる．実際は土砂の密度は変化しうるし，K は定数ではなく時間空間に依存して変化しうるが，通常はそれらの複雑な効果は無視されて（ρ, K を定数とみなして），拡散方程式によって地形緩和がモデル化されることが多い[11]．

地形緩和の近似モデルとして拡散方程式を仮定すると，最も重要な問題は拡散係数 K の値の推定となる．クレーター形状のような傾斜地形の緩和を拡散でモデル化する際の拡散係数は，傾斜地にブロックを置いて振動により有効法線応力が弱まった場合にブロックが滑るというような状況を想定することにより見積もることができる．しかし，このモデルで推定できるのは基本的には1

---

11) 非線形輸送則による非線形拡散が用いられることもあるが，緩和がある程度進んだ緩斜面では線形拡散で近似可能となる．

264 第 II 部 破壊による地形現象

回の衝突イベントでの輸送量となる．クレーター形状がどの程度の時間スケールで緩和・消去されるかを見積もるためには，単位時間あたりの天体衝突イベントの規模頻度分布も必要な情報となる．この天体衝突の規模頻度分布の推定については前小節で紹介した数値モデルを用いることができ，この分布と各衝突イベントでの拡散緩和モデルとを組み合わせることにより，衝突振動によるクレーターなどの地形緩和を天体史の時間スケールの中で評価することが可能となる．ただし，衝突イベントは間欠的に生じるので，実際の実効的拡散係数の推定には若干注意深い計算が必要となる．

　上述のようなモデリングに基づいて，天体クレーター地形の緩和がいくつかの天体上で議論されている．特に小惑星のような比較的小さな天体では，衝突により天体全体が振動する状態が比較的簡単に達成され，それによりクレーターの緩和・消去過程が著しく進行するということが考えられている．クレーター地形の緩和が拡散的であれば，より細かな構造（短波長成分）の方が（傾斜が大きくなるので輸送が速くなり）より短い時間で消去されることになる．実際，小惑星表面でのクレーターのサイズ分布ではサイズの小さな部分で顕著に数密度が減少しているという結果が探査データの解析から得られており，モデルと整合的な傾向となっている．小惑星表面でのクレーター緩和モデルの定量的理解のためにはもう少し込み入った議論が必要となるが，ここでは紙数の限界もありこれ以上の詳細は割愛する．このモデルの説明については Richardson et al.（2005）に詳しく，Katsuragi（2016）にも概説されているので必要に応じて参照いただきたい．

10.5.3　レゴリスの偏析・対流

　自己重力の小さな小天体では，衝突により表面地形の緩和のみでなく別の現象も引き起こされるかもしれない（図 10.7）．本小節ではその代表例として振動によるレゴリス[12]（天体表面の砂礫粒子群）の偏析と対流について簡単に議論

---

12) 多くの固体天体表面はレゴリスと呼ばれる砂粒のような堆積物に覆われている場合が

する．一部の小惑星の表面ではボルダーと呼ばれる比較的大きなサイズの岩塊がレゴリス層の中に点在していたり，レゴリス層とボルダー層が偏析（サイズ分級）しているように見える地形が実際に確認されている．一方，地球上で粉体層に振動を加えると対流やブラジルナッツ効果と呼ばれる偏析が容易に誘起されることも知られている．この実験事実に基づけば確かに小惑星表面でも衝突振動起因の偏析や対流が起こってもおかしくないと感じるかもしれないが，問題は時間スケールである．我々の人生にはもちろん有限の時間しか許されていないのは当然として，地球や太陽，宇宙全体でさえ有限の時間スケールの中で諸現象が起こっている．「原理的に起こりえる」現象でも，たとえば宇宙の年齢より長い時間スケールで起こる現象であれば，それは宇宙の中で「現実的に起こりえる」現象とはみなせない．

　つまり，レゴリスの偏析や対流が小惑星表面で現実的に起こりえる現象であるかどうかを判定するには，それらの現象がどのような時間スケールで起こるのかを見積もる必要がある．偏析は原理的に起こりえるが，小惑星の寿命より長い時間スケールで起こるということになれば考慮しても意味がないということになる．前述のように微小天体では重力加速度が小さいために比較的容易に（小規模の衝突により）天体の全球振動が達成されるが，一方で微小重力ゆえに対流などの諸現象はゆっくりと進行することになる[13]．両者の効果の拮抗により現象がどのような時間スケールで起こるかは，重力加速度のそれぞれの効果への寄与の仕方に依存する．そのため，小惑星上で起こる現象の時間スケールの見積もりには（10.1 節で議論したように，たとえば小惑星イトカワでは地球に比べて 5 桁も重力加速度が小さいため）注意深い計算が必要となる．まず，衝突による天体の寿命を推定する必要がある．一般に衝突の運動エネルギーが非常に大きい場合は，衝突の結果，天体が完全に破砕されることになる．便宜上，小

　　多い．このレゴリス層自体が天体衝突により放出されたエジェクタ（放出物）が堆積・破砕したものと考えられている．

13) このことはたとえば重力加速度 g の環境下で高さ h からの自由落下時間が $\sqrt{2h/g}$ と書け，g が小さくなるとこの特徴的時間スケールが長くなることにより直感的に理解できる．

266 第II部 破壊による地形現象

天体の衝突による寿命は衝突破砕後の天体質量が元の半分以下になる規模の衝突が起こる頻度で定義されることが多い．この小天体の衝突寿命も，10.5.1 小節で紹介した天体衝突の規模頻度分布モデルにより見積もることができる．モデルによると天体の寿命を決するような大規模な衝突は希なイベントで，それに比べて小規模な衝突は圧倒的に高い頻度で起こる．小天体の表面では，そのような比較的小規模な衝突の積み重ねにより，クレーター地形の緩和や表面での偏析，対流などが引き起こされていると考えられる．

衝突により誘起される振動の強さの指標としては，振動により達成される最大加速度と重力加速度の比である無次元数 Γ が用いられることが多い．Γ が 1 を超えると，振動のサイクルの中でレゴリス（粉体）層が自由落下となる状態が実現される．自由落下中のレゴリス層は流動性が増し，その結果，地形緩和や偏析，対流といった効果を及ぼす粒子流動が引き起こされる．一般にこの粒子流動の速さは振動の強さ Γ の関数として表されることが多い．一方で，衝突により誘起される振動がもたらす Γ の大きさは，衝突時のエネルギーバランスを考えることにより見積もることができる．これらの推定値を組み合わせることにより，マクロスケールでの粒子流動（対流）の速さが衝突エネルギー（インパクターの密度，サイズ，速度）の関数として求まる[14]．これと 10.5.1 小節で紹介した天体衝突の規模頻度分布モデルを組み合わせることにより，天体表面でのレゴリス流動の様子を長い時間スケールで見積もることが可能となる．

計算の詳細は割愛するが，Yamada et al.（2016）は以上で概説した手法を用いて小惑星表面で起こるレゴリス対流に要する時間スケールを推定するモデルを開発した．この推定の結果，直径がおよそ 10 km より小さい小惑星については，その寿命より十分短い時間スケールで対流によるレゴリス層の表面更新が起こりえることが示唆された．

---

14) ただし，最近の研究によると粉体の振動による対流などを特徴づけるためには Γ のみでは不十分であることが示されており，加速度比ではなく速度比に相当する無次元数の重要性などが指摘されている（たとえば Yamada and Katsuragi, 2014）．

10.6　まとめと今後の展望

　本章では，衝突により引き起こされるクレーターの形成や緩和といった地形進化過程について，無次元数を用いた解析などにより，直感的説明に重きを置いて紹介した．天体における実際の衝突クレーター形成や緩和について触れた部分もあるが，本章で紹介したいくつかの粉体による衝突実験の研究例は，現時点では天体スケール現象の縮小モデルとして必ずしも適切とは言えないものだった．これらはむしろ，天体現象の直接的説明を意識せず自由な発想による物理実験を積み重ねることにより実際の現象との接点を探るというスタンスの研究と言える．それぞれの解析やモデルについての定量的説明や動的記述は十分にできなかった部分もある．拙著 Katsugai（2016）では，定量的関係や動的モデルの記述も詳しく展開しているので，本章の内容に関心をもたれた読者はそちらもご参照いただきたい．

　宇宙空間で起こる実際の地形変化を本章で説明した効果のみで説明することは難しい．たとえば微小重力・超高真空などの極限環境でのレゴリス挙動についての理解は未だ不十分である．極限環境下での衝突地形進化の理解は今後の重要な課題となる．その際にも，極限環境下でのレゴリス（粉体）挙動の物理を自由な発想に基づいて明らかにする方向性が重要となるだろう．

　本章の内容はクレーター研究全般に関する包括的レビューとはなっていない（クレーター研究全体のレビューをまとめることは筆者の能力を超えている）．粉体物理の側面からの衝突現象のレビューとしても，すべてのトピックを紹介できたわけではない．本章で取り上げきれなかった多くの興味深い粉体衝突実験に関する話題については，Katsuragi（2016）の他に Ruiz-Suárez（2013），van der Meer（2017）にも詳しい解説がある．粉体衝突物理と天体衝突クレーターの両分野の進展と統合が今後ますます進むことを期待しつつ，本章を閉じることとする．

268　第II部　破壊による地形現象

参考文献

Barenblatt, G.I.（2003）: *Scaling*, Cambridge University Press, Cambridge.

Bottke, W. F. and Greenberg, R.（1993）: Asteroidal collision probabilities. *Geophys. Res. Lett.*, 20, 879-881.

Clanet, C., Béguin, C., Richard, D., et al.（2004）: Maximal deformation of an impacting drop. *J. Fluid Mech.*, 517, 199-208.

Holsapple, K.A.（1993）: The Scaling of impact processes in planetary sciences. *Ann. Rev. Earth Planet. Sci.*, 21, 333-373.

Katsuragi, H.（2010）: Morphology scaling of drop impact onto a granular layer. *Phys. Rev. Lett.*, 104, 218001.

Katsuragi, H.（2011）: Length and time scales of a liquid drop impact and penetration into a granular layer. *J. Fluid Mech.*, 675, 552-573.

Katsuragi, H.（2016）: *Physics of Soft Impact and Cratering*, Springer, Tokyo, LNP910.

Melosh, H. J.（1989）: *Impact Cratering*, Oxford University Press, New York.

Melosh, H. J.（2011）: *Planetary Surface Processes*, Cambridge University Press, Cambridge.

O'Brien, D. P. and Greenberg, R.（2005）: The collisional and dynamical evolution of the Main-belt and NEA size distributions. *Icarus*, 178, 179-212.

Okumura, K., Chevy, F., Richard, D., et al.（2003）: Water spring : A model for bouncing drops. *Europhys. Lett.*, 62, 237-243.

Osinski, G. R. and Pierazzo, E.（eds.）（2013）: *Impact Cratering : Processes and Products*, Wiley-Blackwell, Hoboken, NJ.

Pacheco-Vázquez, F. and Ruiz-Suárez, J.C.（2011）: Impact craters in granular media : Grains against grains. *Phys. Rev. Lett.*, 107, 218001.

Richardson Jr, J. E., Melosh, H. J., Greenberg, R. J., et al.（2005）: The global effects of impact-induced seismic activity on fractured asteroid surface morphology. *Icarus*, 179, 325-349.

Ruiz-Suárez, J. C.（2013）: Penetration of projectiles into granular targets. *Rep. Prog. Phys.*, 76, 066601.

van der Meer, D.（2017）: Impact on granular beds. *Ann. Rev. Fluid Mech.*, 49, 463-484.

Yamada, T. M. and Katsuragi, H.（2014）: Scaling of convective velocity in a vertically vibrated granular bed. *Planet. Space Sci.*, 100, 79-86.

Yamada, T. M., Ando, K., Morota, T. and Katsuragi, H.（2016）: Timescale of asteroid resurfacing by regolith convection resulting from the impact-induced global seismic shaking. *Icarus*, 272, 165-177.

（桂木洋光）

補説 地形モデリングにおける無次元化について

　地形現象のモデル化を行う際に指針となるのが相似則とレイノルズ数（Reynolds number），フルード数（Froude number），ペクレ数（Péclet number），ウェーバー数（Weber number）などの無次元数であり，本書でもいくつかの章においてそれを見ることができる．相似則については第 8 章に詳しい．フルード数は第 1 章，第 6 章および第 10 章で用いられ[1]，ペクレ数は第 9 章にて用いられ，ウェーバー数は第 10 章で解説された上で用いられている．本書の理解を助けるため，以下では，レイノルズ数，フルード数，ペクレ数について簡単に解説する．

　流体が一様な重力場中にあった時に，その速度場 $\boldsymbol{v}$ が重力場中のナビエ-ストークス方程式（Navier-Stokes equation）

$$\frac{\partial \boldsymbol{v}}{\partial t} + (\boldsymbol{v} \cdot \boldsymbol{\nabla})\boldsymbol{v} = -\frac{1}{\rho}\boldsymbol{\nabla}p + \nu\Delta\boldsymbol{v} + g\boldsymbol{e}_z \tag{1}$$

に従うとする．ここで ρ, p, ν, g はそれぞれ流体の密度，圧力，動粘性係数，重力加速度の大きさであり，$\boldsymbol{e}_z$ は鉛直下向きの単位ベクトルである．ここで，考えている対象における特徴的な長さと速度をそれぞれ L, U として，次のように無次元化する：

$$\boldsymbol{v} = U\cdot\boldsymbol{v}', \quad \boldsymbol{\nabla} = \left(\frac{1}{L}\right)\cdot\boldsymbol{\nabla}' \tag{2, 3}$$

記号にダッシュの付いているものが無次元化された量である．すると，時間微分と圧力はそれぞれ次のように無次元化される：

$$\frac{\partial}{\partial t} = \frac{U}{L}\,\frac{\partial}{\partial t'}, \quad p = \rho U^2 \cdot p' \tag{4, 5}$$

これらを用いると，元の方程式（1）は次のように無次元量に関する方程式に書き直される：

1）ただし第 6 章および第 10 章のフルード数は，この解説で定義される式（8）の 2 乗の形になっていることに注意されたい．

$$\frac{\partial \boldsymbol{v}'}{\partial t'} + (\boldsymbol{v}' \cdot \boldsymbol{\nabla}') \boldsymbol{v}' = -\frac{1}{\rho} \boldsymbol{\nabla}' p' + \left(\frac{1}{Re}\right) \Delta' \boldsymbol{v}' + \left(\frac{1}{Fr}\right)^2 \boldsymbol{e}_z \tag{6}$$

ここで Re と Fr はそれぞれレイノルズ数，フルード数と呼ばれ，以下で定義される無次元数である：

$$Re \equiv \frac{UL}{\nu}, \quad Fr \equiv \frac{U}{\sqrt{Lg}} \tag{7,8}$$

物理的には，レイノルズ数は慣性と粘性の比を表し，フルード数は慣性と重力の比を表す．

この無次元化された方程式の解 $\boldsymbol{v}'(x', y', z', t' ; Re, Fr)$ を用いると，元の方程式の解は

$$\boldsymbol{v}(x, y, z, t) = U \cdot \boldsymbol{v}' \left(\frac{x}{L}, \frac{y}{L}, \frac{z}{L}, \frac{t}{(L/U)} ; Re, Fr\right) \tag{9}$$

と表すことができる．

無次元化された方程式で流体が記述されるということは重要な意味を持つ．いま，スケールが異なる2つの環境で流れる別々の流体を考えよう．それぞれの特徴的な長さと速さをそれぞれ (L_1, U_1) および (L_2, U_2) としよう．もしも2つの環境において境界の形状が相似であり，また，2つの環境でレイノルズ数とフルード数がそれぞれ同じ値を取るならば，速度場は無次元化された方程式の同じ解から作られることになり，2つの環境における速度場の形および時間発展が相似になる．つまり，レイノルズ数とフルード数の値を合わせておけば，大きなスケール L_1 で生じている流体現象を小さなスケール L_2 で再現できるのである．このことが，縮小実験が元の流れを再現していることの基礎である．また，この系の振る舞いを特徴づけるのはレイノルズ数とフルード数であることもわかる（なお，レイノルズ数が大きい場合には式 (6) の右辺の第2項は無視できて，フルード数のみが重要となる）．

以上のように，個々の物理量のスケール（尺度）が異なる2つ以上の現象において，物理量の適当な組み合わせから共通の無次元数を探索し，スケールによらない共通の性質（あるいは類似した性質）を見出していくことを，「スケーリング」の方法と呼ぶ．スケーリングの方法は，さまざまな現象の数理モデリングや理論解析で力を発揮するだけでなく，縮小実験系の設計など，アナログモデルにおいても重要となる．

一方，ペクレ数は，物質などの流れと拡散がある場合に重要な無次元数である．いま，流体中に分布する物理量の密度 $\rho(x, y, z, t)$ が流体の速度 $\boldsymbol{v}$ と拡散によって変化

する様子を考える．この物理量の流れが $\boldsymbol{j}=\rho\boldsymbol{v}-D\boldsymbol{\nabla}\rho$ と書けるとする．ここで D は拡散係数である．連続の方程式

$$\frac{\partial\rho}{\partial t}+\boldsymbol{\nabla}\cdot\boldsymbol{j}=0 \tag{10}$$

から，次の移流拡散方程式（advection-diffusion equation）が導かれる：

$$\frac{\partial\rho}{\partial t}+\boldsymbol{\nabla}\cdot(\rho\boldsymbol{v})-D\Delta\rho=0 \tag{11}$$

系が定常的な場合を考えて，$\dfrac{\partial\rho}{\partial t}=0$ を代入したうえで上記と同じように無次元化すると，次の方程式を得る：

$$\boldsymbol{\nabla}'\cdot(\rho\boldsymbol{v}')-\frac{1}{Pe}\Delta'\rho=0 \tag{12}$$

ここで

$$Pe\equiv\frac{UL}{D} \tag{13}$$

がペクレ数である．ナビエ–ストークス方程式の場合と同様に，移流拡散方程式の定常解においても，境界が相似でペクレ数が等しい場合は解が相似になる．また，この定常解の特徴を決定づけるものは，無次元数であるペクレ数であることもわかる．物理的意味としては，ペクレ数は流れによる輸送と拡散による輸送の比を表す．第9章では，熱と含水量という異なる物理量の輸送拡散現象を比較するためにこのペクレ数が用いられている．

あとがき

　本書の編者らは，地形とその形成過程の研究分野として，モデリング，とりわけ理論モデリングを基軸とした「計算地形学」という研究分野を立ち上げることが可能だと考え，永年のあいだ議論を重ねてきた．その一環として九州大学応用力学研究所などで，「地形とその周辺」と題する研究会を継続して開催してきた（研究会の名称は何度か変更されているが，過去の記録は以下にあるのでご参照いただければ幸いである．http://phenomath.osakac.ac.jp/geomorphsympo12/Welcome.html）．研究会では，地形形成にまつわる諸現象に関して特色のある研究を行っている方々を招待したほか，地球科学，天体科学，非線形物理学，粉粒体物理学，統計力学，計算機科学など広い分野の研究者にも参加を呼びかけ，地形の普遍的な側面の理解にどのような斬新な試みがあり得るか率直なディスカッションを重ねた．

　本書は研究会の内容とその後の展開から一部をまとめ，地形に関わる現象を，主にその形成過程の動的な側面に着目し，「モデリング」という観点から，地形に共通する性質を理解するアプローチ／試みを紹介したものである．

　なお，本書のタイトルにある「地形現象」は造語である．この言葉には，一般的な意味での「地形」に限定せず，それに加えて，関連するさまざまな現象や方法論も取り込むことで地形とモデリングの関係を進化／深化させたいという気持ちが込められている．

　研究会でご講演いただいた皆様および参加者の皆様，研究会の企画および準備でお世話になった九州大学応用力学研究所の岡村誠様に深くお礼を申し上げます．本書は平成 29 年度科学研究費助成事業（研究成果公開促進費，学術図書）の助成（課題番号 JP17HP5242）を受けて出版するものです．

　最後に，本書の出版を企画され，編集作業から完成に至るまで多々アドバイスを頂いた名古屋大学出版会の神舘健司様にお礼を申し上げます．

2017 年 8 月

編者一同

索　引

A–Z

Aglaonice 砂丘地域（金星）　129
Al-Uzza Undae（金星）　129
Baré Montes（バレ山）（冥王星）　135
drag length　109
Exner 方程式　19
FMCW レーダ　159, 165, 167
Fortuna-Meshkenet 砂丘地域（金星）　129
Google Earth　122, 135
Google Mars　135, 245
Google Moon　245
Hellas（火星）　143
HiRISE　135
Menat Undae（金星）　129
PCM モデル　175
Rotne-Prager テンソル　182
Rubin らの実験　79, 81
Shangri-La 砂丘（土星衛星タイタン）　132
TITAN2D　178
Wasson の相図　71
Werner のモデル　79

ア　行

アスペクト比　17
アトラクター　59
　多重—系　59
アナログ実験　5, 97
アナログモデル　4, 5, 68, 97
安息角　112, 178
アンチデューン　17
位相差　20
I 型亀裂　225
移動座標系　33
イトカワ（小惑星）　247
移流拡散方程式　271
ウェーバー数　253
羽毛状構造　218
運動学的相似　198
運動論　190

エウロパ（木星衛星）　237
液滴　252
エンタブラチュア　217
オイラー微分　176
応力場　219
横列砂丘　70, 81, 110, 129, 138, 139
押し出し　87
オーダーエスティメイト　247
尾根列垂直方向最大流量（MGBNT）の仮説　83
御神渡り　237
温度場　219

カ　行

開水路　100
界面　15, 231
界面波　15
界面不安定現象　15
河岸満杯流量　45
拡散方程式　231, 263
河口デルタ　13
火山岩　213
河床形態　17
　小規模—　17
　中規模—　17
河床波　15
火星　1, 117, 125, 135, 226, 236
火成岩　213
仮説駆動型研究　69
仮説検証の問題　2
河川　13, 41
合体　87
ガリー　32, 146
環境変数空間　71
頑健性　60
含水量場　230
岩石砂漠　105
乾雪表層雪崩　153
乾燥亀裂　224
記憶　227

幾何学的相似　198
基準状態　25
逆断層　194
逆問題　2
吸引領域　59
キュリオシティ／Curiosity（火星探査機）
　　146
境界層　30
強度　246
強度支配域　250
亀裂　219
亀裂進展速度　227
金星　125, 128
空隙率　19
クーロン摩擦　175
屈曲度　45, 54
クレーター　243
クレーター年代　127, 137
黒部峡谷・志合谷　154
計算機実験　6
計算機モデル　6
結晶化　184
決定論的システム　59
煙型雪崩　153, 156
牽引力　186
限界水深　33
限界流速　33
懸濁液（スラリー）　225
玄武岩　129, 136, 213
孔隙　200.208, 231
孔隙流体　200, 231
交互砂州　53
　　単列—　17
合成開口レーダー　129, 131, 132
剛体モデル　174
氷　131
固着強度　199
個別性　3
固有値問題　27
孤立砂丘　86, 121
コロネード　217
混相流　73, 177

サ　行

最小二乗法　188
砂丘　67, 97, 125

砂丘列　132, 133
砂堆　106
サンドパッチ　110
3分裂　87
シオン渓谷　165
自己組織化　14
実サイズ実験　93
湿雪雪崩　153
実測主導型研究　69
質量中心　175
自明な解　28
シャープ山（火星）　146
弱非線形安定解析　37
射流　17
褶曲　203
終端速度　175
重力支配域　249
重力流　163
縦列砂丘　70, 81, 133, 138
縮小実験　5
縮小モデル　5, 198
循環水路　101
準定常の近似　22
準平原　31
条線　218
衝突クレーター形成　243
衝突現象　251
消波装置　103
擾乱　16
常流　17
植生　62
シルト・クレイ指標　45
人工雪崩実験　154, 168
侵食　31, 41, 110
水深分散　57
水槽実験　100
水成　105
水路群　31
水路網　13
数値シミュレーション　6, 97
数値モデル　6, 97
数理モデリング　190
数理モデル　4, 6, 68, 86
スキージャンプ台　164, 172
スケーリング　233, 270
スケーリング関係　249
ストークスの抵抗法則　186

索　引　277

ストークス流　181
砂砂漠　105
砂だめ　102
スノーパーティクルカウンター　167
スラッシュ雪崩　153
脆性破壊　199
正断層　194
接合　225
絶対年代　126, 127
雪泥流　153
摂動展開　25
摂動方程式　26
節理　193, 213
セルオートマトン　48
線形安定解析　16
扇状地　13
浅水流方程式　22
　2次元―　32, 46, 49
全層雪崩　153
せん断応力　176
前端角　189
せん断破壊　194
せん断流モデル　29
せん断力　193
旋風（dust devil）　136, 139, 143, 147
層（tier）構造　217
相似則　165, 198
相対年代　127
壮年期　31
造波装置　103
掃流土砂　50
粗度高さ　22
ソフトマター物理　248

タ　行

堆積　41, 110
タイタン（土星衛星）　125, 130
対流　265
多角形地形　237
卓越波数　36
多孔質　230
蛇行波長　44
蛇行流路　44, 45, 53, 55
単純クレーター　245
断層　193, 213
断層弁モデル　208

地形緩和　261
地形輪廻　31
抽象　4
柱状節理　213
超音波風向風速計　158, 167
跳動／跳躍　74, 127
直線流路　45
底面せん断力　16
底面摩擦係数　22
デューン　17, 106
転動　74
デンプン　224
土圧係数　178
動力学的相似　198
頭部-尾部構造　172, 183, 184, 188
等流状態　16
ドーム型砂丘　138, 142
特異行列　28
ドップラーレーダ　158, 165

ナ　行

内部摩擦　199
内部摩擦角　178
流れ　7
流れ型雪崩　153
流れ層　156, 172
　―全体の密度　159
雪崩　151, 171
　―の密度　166
雪崩堆積物　160
ナビエ-ストークス方程式　21, 269
ナミブ砂丘（火星）　146
ナミブ砂漠（地球）　133
南海トラフ　195
西森・山崎のモデル　73
II型亀裂　225
二次流　44
2相流体　177
二体衝突　180
ニュー・ホライズンズ／New Horizons（冥王星等探査機）　133
熱弾性効果　219
粘性土　33
ノーマルモード解析　26

ハ 行

排除体積効果　179
破壊　7
破壊靭性　219
博物学的記述スタイル　2
ハザードマップ　174
バルハノイド　110
バルハン（砂丘）　3, 68, 70, 86, 104, 138, 139, 142, 146
バルハン衝突　86, 119
バルハン衝突方程式（ABCDE）　89
バルハンリップル　110
反射法地震探査　195
非圧縮流体　174
ヒステリシス現象　37
ピストン式　103
表層環境　126, 146
表層雪崩　153, 156
表面張力　252
表面流　13
ピンポン球雪崩　165, 172
フィリピン海プレート　196
風系　126
風成　105
風紋　108
付加体　195
複雑クレーター　246
複列砂州　17
符号関数　178
フックの法則　174
物理的に相似　199
物理モデル　97
普遍性　3
浮遊土砂　50
ブラジルナッツ効果　159, 265
フラップ式　103
プランジャー式　103
フルード数　17, 163, 249, 270
ブルドーザーモデル　197
プレート沈み込み　196
プレートテクトニクス　196
プロトタイプ　98, 198
分岐現象　59
粉体の連続体モデル　177
粉粒体　125
平衡状態　16

閉水路　100
ベイスン　59
ペースト　224
ペクレ数　232, 271
偏析　265
変分原理　222
『北越雪譜』　151
星型砂丘　70, 121, 138
ボルダー　265

マ 行

マーズ・オデッセイ／Mars Odyssey（火星探査機）　138
マーズ・リコネッサンス・オービター／Mars Reconnaissance Orbiter（火星探査機）　135
マスムーブメント　146
マゼラン／Magellan（金星探査機）　129
マニング則　51
密度流モデル　177
ミニマルモデル　7
無次元化　22, 269
無次元数　248, 269
冥王星　125, 133
メタンハイドレート　197
面発生表層雪崩　153
網状流路　17, 43, 45, 55
モデリング　4
モデル　4, 68, 99
モデル実験　97
モデル実験系　5
モデル比較　60

ヤ 行

ヤルダン　129, 134
柔らかな衝突　250
ヤンセンの法則　103
有機物　131
ユーラシアプレート　196
雪煙り層　156, 172
　―の密度　159
溶結凝灰岩　216
幼年期　31

索　引　279

ラ 行

ラグランジュ微分　176
螺旋流　44
ラプラス圧　253
乱流境界層　73
乱流構造　158, 190
乱流変動　21
力学系　58
離散要素法　179
理想地形　7
リップル　17, 106
リバーシングデューン　115
隆起　31
粒子渦対流　186

粒子間孔隙　208
粒子群モデル　174, 179
粒子体積率　185
流体　125, 200
流体モデル　176
流動不安定性　183, 184, 186
流路様式　41, 49, 57
理論モデル　4, 6
レイノルズ数　181, 270
レイノルズ平均　21
レイリー・プラトー不安定性　252
レゴリス　264
連続体モデル　174
老年期　31

執筆者一覧 （五十音順，＊印は編者）

泉　典洋 （北海道大学大学院工学研究院，第 1 章）

＊遠藤徳孝 （奥付参照，第 4 章）

桂木洋光 （名古屋大学大学院環境学研究科，第 10 章）

＊小西哲郎 （奥付参照，序章・補説）

出村裕英 （会津大学コンピュータ理工学部，第 5 章）

新屋啓文 （名古屋大学大学院環境学研究科，第 7 章）

西村浩一 （名古屋大学大学院環境学研究科，第 6 章）

＊西森　拓 （奥付参照，序章・第 3 章・補説）

＊水口　毅 （奥付参照，第 9 章）

＊柳田達雄 （奥付参照，第 2 章）

山田泰広 （海洋研究開発機構 海洋掘削科学研究開発センター，第 8 章）

《編者紹介》

遠藤徳孝 (えんどうのりたか)

1995 年　大阪大学大学院理学研究科博士課程修了
現　在　金沢大学理工研究域助教，博士（理学）

小西哲郎 (こにしてつろう)

1988 年　東京大学大学院理学系研究科博士課程中途退学
現　在　中部大学工学部教授，博士（理学）

西森　拓 (にしもりひらく)

1989 年　東京工業大学大学院理工学研究科博士課程修了
現　在　広島大学大学院理学研究科教授，理学博士

水口　毅 (みずぐちつよし)

1993 年　京都大学大学院理学研究科博士後期課程単位取得退学
現　在　大阪府立大学大学院工学研究科准教授，博士（理学）

柳田達雄 (やなぎたたつお)

1995 年　総合研究大学院大学数物科学研究科博士課程中途退学
現　在　大阪電気通信大学工学部教授，博士（学術）

地形現象のモデリング

2017 年 10 月 20 日　初版第 1 刷発行

定価はカバーに
表示しています

編　者　遠藤徳孝　小西哲郎　西森　拓　水口　毅　柳田達雄

発行者　金山弥平

発行所　一般財団法人　名古屋大学出版会
〒 464-0814　名古屋市千種区不老町 1 名古屋大学構内
電話(052)781-5027 / FAX(052)781-0697

© Noritaka ENDO et al., 2017　　　　　Printed in Japan
印刷・製本 亜細亜印刷㈱　　　　　ISBN978-4-8158-0887-7
乱丁・落丁はお取替えいたします。

JCOPY 〈出版者著作権管理機構 委託出版物〉

本書の全部または一部を無断で複製（コピーを含む）することは，著作権法上での例外を除き，禁じられています。本書からの複製を希望される場合は，そのつど事前に出版者著作権管理機構（Tel：03-3513-6969, FAX：03-3513-6979, e-mail：info@jcopy.or.jp）の許諾を受けてください。

M・ワイスバーグ著　松王政浩訳
科学とモデル
―シミュレーションの哲学 入門―

A5 ・ 328 頁
本体 4,500 円

渡邊誠一郎／檜山哲哉／安成哲三編
新しい地球学
―太陽-地球-生命圏相互作用系の変動学―

B5 ・ 356 頁
本体 4,800 円

田中正明著
日本湖沼誌
―プランクトンから見た富栄養化の現状―

B5 ・ 548 頁
本体 15,000 円

田中正明著
日本湖沼誌 II
―プランクトンから見た富栄養化の現状―

B5 ・ 402 頁
本体 15,000 円

谷田一三／村上哲生編
ダム湖・ダム河川の生態系と管理
―日本における特性・動態・評価―

A5 ・ 340 頁
本体 5,600 円

坂本充／熊谷道夫編
東アジアモンスーン域の湖沼と流域
―水源環境保全のために―

A5 ・ 374 頁
本体 4,800 円

広木詔三編
里山の生態学
―その成り立ちと保全のあり方―

A5 ・ 354 頁
本体 3,800 円

清水裕之／檜山哲哉／河村則行編
水の環境学
―人との関わりから考える―

菊 ・ 328 頁
本体 4,500 円